U0744334

网络工程师的 AI之路

基于大语言模型的运维实战

王印　朱嘉盛●著

电子工业出版社

Publishing House of Electronics Industry

北京·BEIJING

内 容 简 介

这是一本专为网络工程师、运维开发人员及 AI 技术爱好者打造的实战指南，旨在帮助其掌握如何利用大语言模型（LLM）提升网络运维的智能化水平。本书以 LangChain 这一强大的 Python 框架为核心，结合在线 LLM（如 ChatGPT）和离线 LLM（如 LLaMA 3.2），详细讲解 AI 在网络配置、故障排查、自动化运维等场景中的落地应用，同时兼顾国产网络设备厂商及国产 LLM（如 DeepSeek、Qwen）的迁移和拓展。

本书亮点：LangChain 实战，深入解析 LangChain 各模块，教你如何高效集成 LLM，构建智能运维工具链；在线 LLM 与离线 LLM 相结合，既涵盖基于 ChatGPT 的云端 AI 应用，也详细讲解如何在本地部署 LLaMA 3.2 等开源模型，还探讨 DeepSeek、Qwen 等国产 LLM，满足不同的安全与性能需求；RAG 技术，利用外部知识库提升 LLM 的准确性，从而在网络运维中提供更精准、高效的解决方案；MCP 策略，通过任务分解与多模型协作，优化复杂网络问题的处理流程；真实案例驱动，涵盖网络配置生成、日志分析、故障诊断等典型场景，提供可复现的代码示例。

无论你是希望提升运维效率的网络工程师，还是渴望探索"AI+网络跨界应用"的运维开发人员或 AI 技术爱好者，本书都将为你打开一扇通往 AIOps 的大门，并通过理论与实践的结合，让你快速掌握 LLM 技术，将其转化为实际生产力！

未经许可，不得以任何方式复制或抄袭本书之部分或全部内容。

版权所有，侵权必究。

图书在版编目（CIP）数据

网络工程师的 AI 之路：基于大语言模型的运维实战 /
王印，朱嘉盛著. -- 北京：电子工业出版社，2025. 8.
ISBN 978-7-121-50930-8

Ⅰ. TP391

中国国家版本馆 CIP 数据核字第 202590KF97 号

责任编辑：董英
印　　刷：三河市良远印务有限公司
装　　订：三河市良远印务有限公司
出版发行：电子工业出版社
　　　　　北京市海淀区万寿路 173 信箱　　　　　邮编：100036
开　　本：787×980　　1/16　　印张：18　　　　字数：403.2 千字
版　　次：2025 年 8 月第 1 版
印　　次：2025 年 8 月第 1 次印刷
定　　价：89.00 元

凡所购买电子工业出版社图书有缺损问题，请向购买书店调换。若书店售缺，请与本社发行部联系，联系及邮购电话：（010）88254888，88258888。

质量投诉请发邮件至 zlts@phei.com.cn，盗版侵权举报请发邮件至 dbqq@phei.com.cn。

本书咨询联系方式：faq@phei.com.cn。

前　　言

近年来，AI 技术，尤其是 LLM 的迅猛发展，正在深刻改变着各行各业的工作方式。然而，在网络工程和运维领域，AI 的应用仍处于早期阶段。许多网络工程师虽然对 AI 充满兴趣，却缺乏系统的学习路径和实战案例，难以将 LLM 真正落地到日常运维中。

2024 年 7 月，我在知乎上发布了"AI 在计算机网络运维中的应用"一文，这篇文章是基于强化学习的 Q-learning 算法写的，该算法能在不借助任何算力资源、数据资源的前提下实现 AI 机器人的自我训练，通过不断完善 Q 值表让 AI 自动修复指定的网络故障。虽然实验成功了，效果也达到了，但若要对强化学习及 Q-learning 算法本身有更深入的应用，则需要开发者具备一定的数学基础，而数学并不是大部分网络工程师所擅长的。另外，仅通过 Q-learning 算法实现网络运维自动化，似乎仍有所欠缺，尤其是缺少了"人机互动"这一关键环节。毕竟，目前以 ChatGPT、Claude、Gemini、LLaMA、DeepSeek 等为代表的基于 LLM 的 AI 应用中都少不了真人参与环节。

众所周知，LLM 的开发、训练和优化是一项依赖先进算法的高度资源密集型任务，其流程涵盖：大规模语料（数据来源）的收集；数据的处理（数据清洗、数据格式化等）；模型的设计；模型的训练、调整和优化（比如使用 RAG 技术）；对高性能算力资源（比如成千上万个 GPU）的支持。可以说，这样复杂且要求极高的前置条件是任何一位网络工程师都不具备的，因此最初我认为，只有网络硬件厂商才具备为计算机网络的运维研发 LLM 的条件，比如几年前思科公司公布的包含"基于 LLM 的日志分析平台"（跨厂商全栈实时异常判断和根因分析）、"基于 LLM 的 AI 本地运维聊天机器人"和"基于 LLM 的 AI 辅助运维智能体"（使用自然语言生成配置）三大组件的 CX GAIOps（生成式智能运维），就是借助思科公司本身拥有的运维数据库和知识库（海量 Case、海量 Log、软件 Bug 知识库等核心数据资产），以及足够多的硬件资源和 AI 工程师团队开发出来的，任何一位网络工程师都不可能单独涉足这一领域。

在撰写本书时，我不断思考一个问题："如何让 AI 真正帮助网络工程师，而不是成为一个噱头？"作为网络运维与 AI 技术相结合的长期实践者，在进行了一段时间的研究和学习后，我深刻体会到：LLM 对网络工程师来说不是遥不可及的"黑科技"，而是可以立即提升效率的强大工具。我发现即便在不具备海量数据库和硬件资源支持的前提下，网络工程师依然可以借助当前已有的 LLM（比如 ChatGPT 和 DeepSeek）提供的 API，手动训练自己可以使用的 LLM，从而达到实现 AIOps（智能运维）的目的。其原理是，LLM 通过 NLP（Natural Language Processing，自然语言处理）与推理等技术来理解和分析用户提问的内容。作为网络工程师，我们可以通过市场上现有 LLM 提供的 API 来辅助解决问题，而 AI 对业务问题的具体响应方式，则由我们预先写入的程序代码来决定，这样做的好处如下。

（1）降低了网络工程师从头学习和自己动手搭建、开发 LLM 的时间成本与学习成本。

（2）与通过 Q-learning 算法实现的 AI 自动化运维相比，多了人机互动环节。这个环节不仅能大大提升在类似 NOC 环境里工作的 L1 和 L2 运维网络工程师处理单调、重复且量大的工单时的效率，还能提升他们在 AIOps 时代的参与感，通过这种方法最终开发出来的是一种混合型 AIOps 系统：结合了查询处理的人性化与手动脚本的精确性。

（3）省去了需要海量数据库和海量算力资源的这一前置条件，LLM 只负责理解我们发出的要求和指令，而登录网络设备，对设备的全局或端口做配置、调试，采集日志或序列号等工作的代码是我们预先写好的。

（4）因为这是一种非生成式的 AIOps 系统，能保证：可预测性，并且命令是预定义的，无须担心 LLM 生成错误或不安全的命令；简单性，避免了让 LLM 动态创建命令的复杂性；可控性，这种预定义的工作流程意味着我们对网络设备上执行的配置、调试、排错命令具有高可控性；可用性，因为借助 LLM 提供的自然语言界面处理功能，所以这意味着可以让非网络专业人士，比如公司里的领导，也能使用这套系统查询公司当前的一些网络状况。

（5）避免 vendor lock-in 的尴尬，思科公司的 CX GAIOps 只有在使用思科全家桶的公司里才能发挥最大的用处，而这种网络工程师自己写的 AIOps 系统，可以根据自身用的设备、运维需求来灵活开发。

目前，市面上大多数 AI 图书要么偏重理论，要么局限于通用场景，专门探讨 LLM 在网络运维中应用的图书几乎不存在。因此，我决定撰写本书，希望能为网络工程师、运维开发人员和 AI 技术爱好者提供一本实用、可操作、贴近真实工作场景的指南。

王印

2025 年 7 月于沙特阿拉伯

读者服务

微信扫码回复：50930

- 加入本书读者交流群，与作者互动
- 获取【百场业界大咖直播合集】（持续更新），仅需 1 元
- 更多资源可关注作者知乎专栏"网路行者""网工手艺"

致　谢

感谢所有在本书写作过程中给予我支持的家人、朋友、同事、开源社区贡献者及这几年来一直关注我的读者们。特别感谢 LangChain、Hugging Face 等项目的开发者，正是他们的工作让 LLM 的应用变得更加简单。

王印

2025 年 7 月于沙特阿拉伯

致　　谢

感谢家人的支持，让我在工作之余仍能坚持写作。

感恩母校汕头市聿怀中学、汕头市金山中学和华南理工大学的培育。感谢徐向民、陈芳炯、晋建秀、曾衍辉等恩师对我学业的指导。

感谢汕头市青年联合会和汕头市青年科技工作者协会提供的许多宝贵的交流机会。感谢黄山、杨育俊、黄逸涛、陈伟在我写作本书期间给予的鼓励。

感谢我的供职单位（各级）不仅提供给我一个营生手段，也提供给我一个不断学习和实践网络技能的平台。感谢张雄波为我们筹备了 AI 算力硬件，感谢饶新益在这些算力资源上搭建了诸多 AI 应用。

感谢王印老师在网络自动化领域的持续引领与布道。感谢董英、李秀梅、胡俊英编辑对我写作的长期指导。

感谢愿意与我一起自学自驱、持续分享的同行，他们是何平、李泽鹏、林振国、杨林森、沈卡、冉茂林、罗升华、马天宇、岳国宾、王志红、武江鹏、袁丹鹏、袁泽海、肖杨、付鹏、周阳关、杨键嘉、曾振强、牛林、赵毓琦、李旭、黄兵、侯淳鐘、王涛、连卫平、虞博健、邹志豪、瞿祖强、孟令沛……他们同样为本书做出了巨大贡献，就像本书的联合作者，我仅因幸运，成为代表！

朱嘉盛

2025 年 7 月于广东汕头

目　　录

1

第 1 章
LLM 和 ChatGPT

虽然很多读者都或多或少听说或了解过 LLM（Large Language Model，大语言模型），但是作为本书的重点内容，这里还是有必要对 LLM 做一个系统的介绍。

1.1 LLM 的历史

人工智能领域的研究从 1950 年图灵提出"图灵测试"探讨机器是否能模仿人类智能开始，2010 年进入深度学习时代，2017 年 Google 发表 *Attention is All You Need* 一文，提出 Transformer 架构并于 2018 年 10 月推出 BERT（Bidirectional Encoder Representations from Transformers，中文译为"基于变换器的双向编码器表示"，是首个基于 Transformer 架构的 LLM），2020—2024 年以 OpenAI 的 ChatGPT 系列为代表的 LLM 性能和应用规模出现爆发性增长。目前市面上主流的商业和开源 LLM 已经数不胜数。除 OpenAI 的 ChatGPT 外，其他具有代表性的 LLM 包括 Anthropic 的 Claude 系列、Meta AI 的 Llama 系列、Google 的 Gemini 系列（之前叫作 Bard）以及最近异军突起的以幻方量化的 DeepSeek 为代表的国产 LLM 等，堪称百家争鸣，作为用户的我们可选择的 LLM 越来越多。

1.2　什么是 LLM

LLM 是一种基于深度学习的人工智能模型，专门用于理解和生成自然语言文本。它在海量的 GPU 计算资源和存储空间的支持下使用大规模语料库（例如维基百科、书籍、新闻等）进行无监督预训练（所谓预训练是指学习语言的基本规律），再加上训练过程中开发者的微调，能够让 LLM 做到理解提问者语言的语义和语境，对提问进行推理，从而生成连贯、自然的文本来完成多种任务，包括文本生成、翻译、问答、文献总结、代码编写、逻辑推理、知识图谱构建等。作为网络工程师的我们最关心的功能是使用 LLM 来解释网络设备的状态或自动化执行命令，从而实现 NetDevOps 的升级版 AIOps，这也是本书将要重点讲解的内容。

1.3　在线 LLM 与离线 LLM

LLM 分为在线和离线（本地部署）两种，在线指 LLM 托管在云计算平台的服务器上，用户需要通过互联网使用 Web 浏览器或者 API 来访问和使用 LLM，它的优势在于模型的开发、维护、更新以及计算资源都由服务提供商负责，除此之外用户也无须像本地部署的 LLM 那样搭建和配置复杂环境，只需联网即可使用。其缺点在于，在线 LLM 基本都是收费的（LLM 厂商的低端和比较旧的模型版本的 Web 访问基本都免费了，但是 API 访问还是需要付费的），且存在数据隐私风险，不太适合处理敏感信息。

本地部署的离线 LLM 则恰恰相反，它的优点是完全本地运行无须依赖互联网，用户可以自定义模型和参数，甚至对模型进行微调，灵活性更高，而且无须付费，也不存在数据隐私风险，所有数据处理都在本地完成，不用担心数据泄露（比较适合高隐私性的场景，如医疗、金融、军工、政府项目等）。缺点是需要用户自己配置支持模型运行的环境（对 GPU、CPU、内存等硬件资源都有较高要求），在模型更新时需要手动下载模型文件和重新部署，维护成本和技术门槛都较高。

本书将选取 OpenAI 的 ChatGPT 和由独立的开源社区提供的 Ollama（Meta 开源的 Llama 模型的本地化运行方案，但非 Meta 官方项目）来分别讲解在线和离线 LLM 的教程内容。

1.4　ChatGPT

OpenAI 由埃隆·马斯克、山姆·奥尔特曼等创始人于 2015 年在美国旧金山联合成立，其旗下的 ChatGPT 系列是除 20 世纪 60 年代由麻省理工学院的约瑟夫·魏泽鲍姆（Joseph Weizenbaum）开发的 ELIZA 人机对话系统外，最早一批开放给全球普通用户使用的 LLM，也是全球第一个显著降低了普通用户使用 LLM 门槛的产品。2018 年 OpenAI 发布了第一代 GPT 模型 GPT-1，首次提出使用大规模无监督学习（预训练）和小规模有监督学习（微调）相结合的 LLM 训练方式。2019 年 OpenAI 发布 GPT-2，模型参数数量从 GPT-1 的 1.17 亿个增加到 15 亿个，2020 年 OpenAI 发布 GPT-3，模型参数数量达到了 1750 亿个，是当时最强大的 LLM。2022 年 11 月 OpenAI 正式将 GPT-3.5 开放给公众注册使用，截至 2025 年 1 月，最新版本的 GPT-4 的全球周活跃用户人数已经突破 2 亿，是到目前为止当之无愧的全球最具影响力的 LLM 之一。正因如此，本书的在线 LLM API 的教程和在网络运维中的使用讲解将基于 ChatGPT 来写。

1.4.1　获取 OpenAI API Key

工欲善其事，必先利其器。前面提到，本书将使用 OpenAI 的 ChatGPT 来作为我们的在线 LLM，那么我们首先要做的就是获取 OpenAI 的 API Key，方法如下：

1. 进入 OpenAI 的开发者平台，登录自己的 OpenAI 账号（如果还没有 OpenAI 账号，则需要先注册一个，这步不能省略），单击 Dashboard，如下图所示。

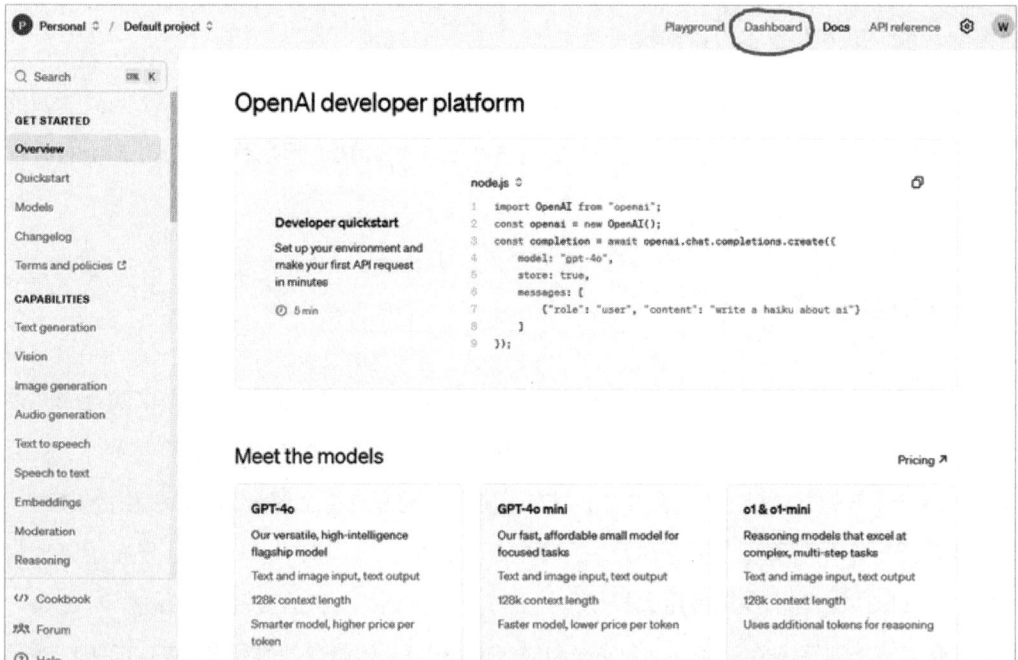

    2. 进入 Dashboard 后，单击左侧的 API keys，然后单击+ Create new secret key 按钮来创建自己的 OpenAI API key，如下图所示。

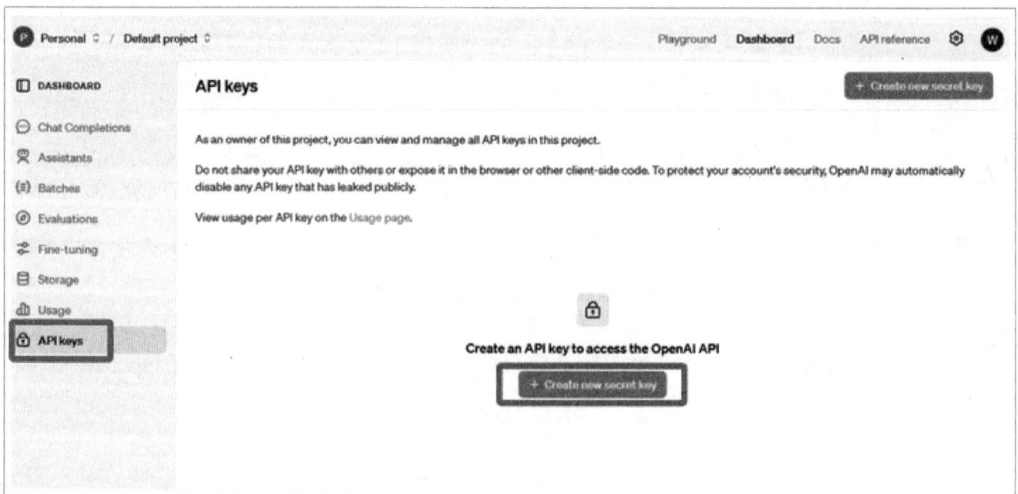

    3. 为自己的 API Key 任意取一个名字，然后单击 Create secret key 按钮，如下图所示。

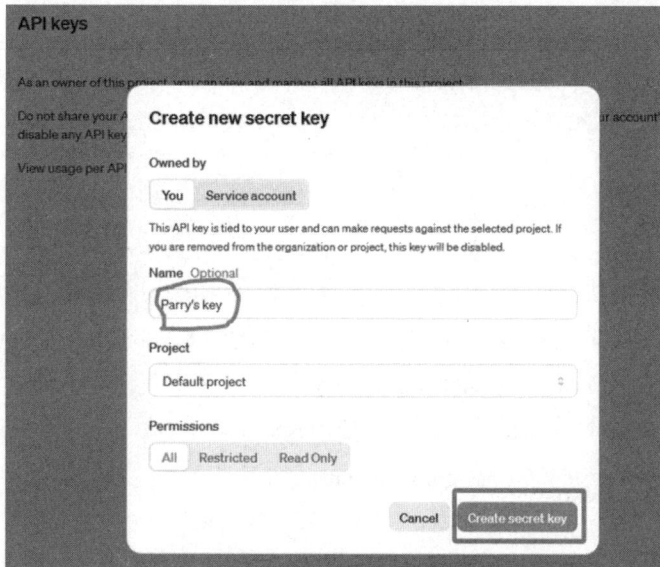

4. 这样就能得到一个 OpenAI API Key，请妥善保存这个 key，它只会在你的 OpenAI 开发者账号里出现这一次，如果丢失了，则只能重新生成一个，如下图所示。

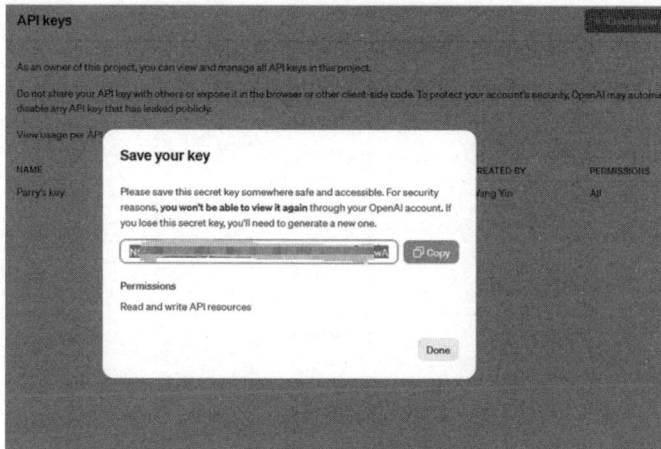

1.4.2　OpenAI API 的资费

OpenAI API key 的使用并不是免费的，我们需要在 OpenAI 开发者平台的 Billing 页面给我们的账号充值才能使用它，如果账号余额不够，那么在执行带有 ChatGPT API key 代码的 Python 程序后会返回错误码为 429 的异常：'You exceeded your current quota, please check your plan and billing details. For more information on this error, read the docs: https://platform.openai.com/docs/guides/error-codes/api-errors.'，提示用户余额不足请充值，如下图所示。

```
File "C:\Users\wangy01\AppData\Roaming\Python\Python310\site-packages\openai\_
base_client.py", line 1061, in _request
    raise self._make_status_error_from_response(err.response) from None
openai.RateLimitError: Error code: 429 - {'error': {'message': 'You exceeded you
r current quota, please check your plan and billing details. For more informatio
n on this error, read the docs: https://platform.openai.com/docs/guides/error-co
des/api-errors.', 'type': 'insufficient_quota', 'param': None, 'code': 'insuffic
ient_quota'}}
```

OpenAI API 的资费信息可以在 Pricing 页面查看，ChatGPT 的模型版本有很多种，比如 GPT-4o、GPT-4o mini、OpenAI o1、OpenAI o1-mini、GPT-3.5-turbo、davinci-002、babbage-002 等。在众多选项中，最新推出的 GPT-4o mini 版本不仅价格亲民，性能也能完全满足网络工程师构建 AIOps 系统时对 LLM 的需求，其费用为$0.150 / 1M input tokens、$0.075 / 1M cached** input tokens、$0.600 / 1M output tokens，如下图所示。

GPT-4o mini

GPT-4o mini is our most cost-efficient small model that's smarter and cheaper than GPT-3.5 Turbo, and has vision capabilities.

Learn about GPT-4o mini ↗

Model	Pricing	Pricing with Batch API*
gpt-4o-mini	$0.150 / 1M input tokens	$0.075 / 1M input tokens
	$0.075 / 1M cached** input tokens	
	$0.600 / 1M output tokens	$0.300 / 1M output tokens
gpt-4o-mini-2024-07-18	$0.150 / 1M input tokens	$0.075 / 1M input tokens
	$0.075 / 1M cached** input tokens	
	$0.600 / 1M output tokens	$0.300 / 1M output tokens
gpt-4o-mini-audio-preview	Text	
	$0.150 / 1M input tokens	
	$0.600 / 1M output tokens	
	Audio	
	$10.000 / 1M input tokens	
	$20.000 / 1M output tokens	
gpt-4o-mini-audio-preview-2024-12-17	Text	
	$0.150 / 1M input tokens	
	$0.600 / 1M output tokens	
	Audio	
	$10.000 / 1M input tokens	
	$20.000 / 1M output tokens	

这里的 1M 是 1 million，即一百万的简写。根据 OpenAI 官方的解释，1 个 token 代表一个单词，比如你想通过自己写的 LLM 程序让 ChatGPT 帮你在一个 IP 地址为 192.168.1.1 的思科交换机上输入 show clock 命令，你可以对 ChatGPT 说 "show clock on 192.168.1.1"，此时 ChatGPT 会将 show、clock、on 各算成一个 token，然后将 192.168.1.1 算成 1 个 token，因为我们是向 ChatGPT 输入文字信息，所以总共就算 4 个 input token，而这样的 input token 使用 gpt-4o-mini 模型的话，每 100 万个才会收取 0.15 美元，也就是约合 1.08 元人民币的费用。

1.4.3　为 OpenAI API 账号充值

为 OpenAI API 账号充值的步骤如下：

1. 进入 OpenAI 的开发者平台，登录自己的账号。

2. 单击右上角齿轮形状的 SETTINGS。

3. 单击左侧的 Billing，进入账单页面。

4. 单击 Add payment details 按钮，如下图所示。

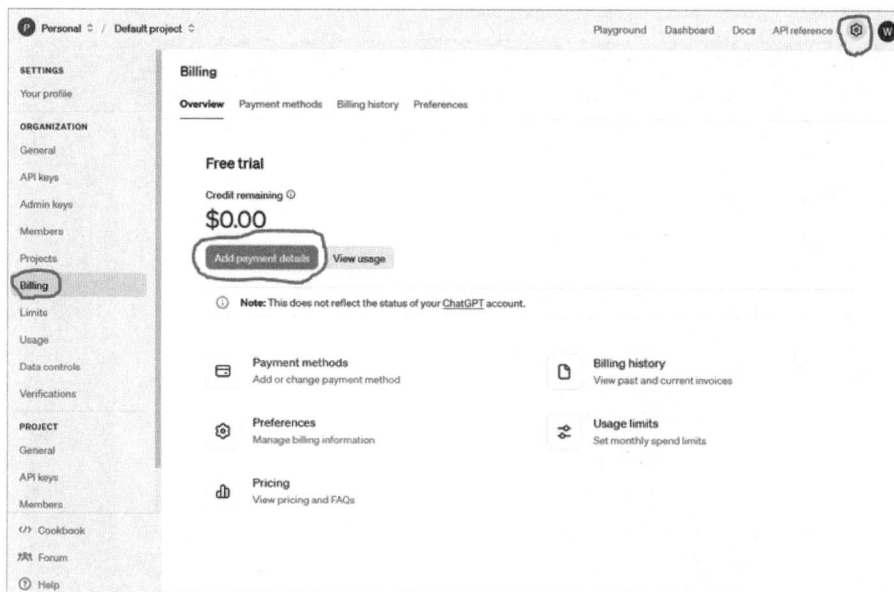

5. 根据情况选择个人充值（Individual）或代表公司充值（Company），如下图所示。

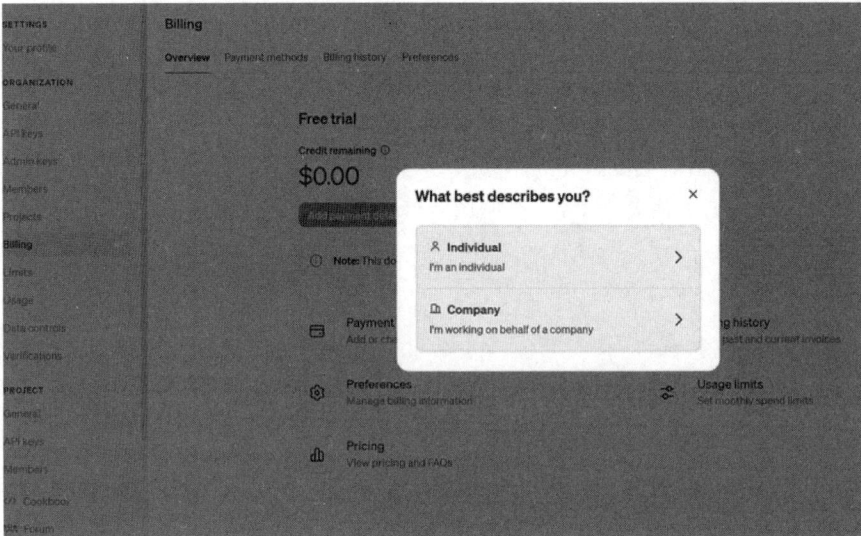

6. 进入添加付费方式页面，输入个人的信用卡后，可以选择最低充值 5 美元。OpenAI API 的收费方式是 Pay as you go，即不包月，用多少扣多少费用。根据 gpt-4o-mini 模型的资费来计算，5 美元足够我们使用 33.3333M（即 3333.33 万个）input token，这对我们个人学习 AIOps 来说，基本用上好几年也用不完。

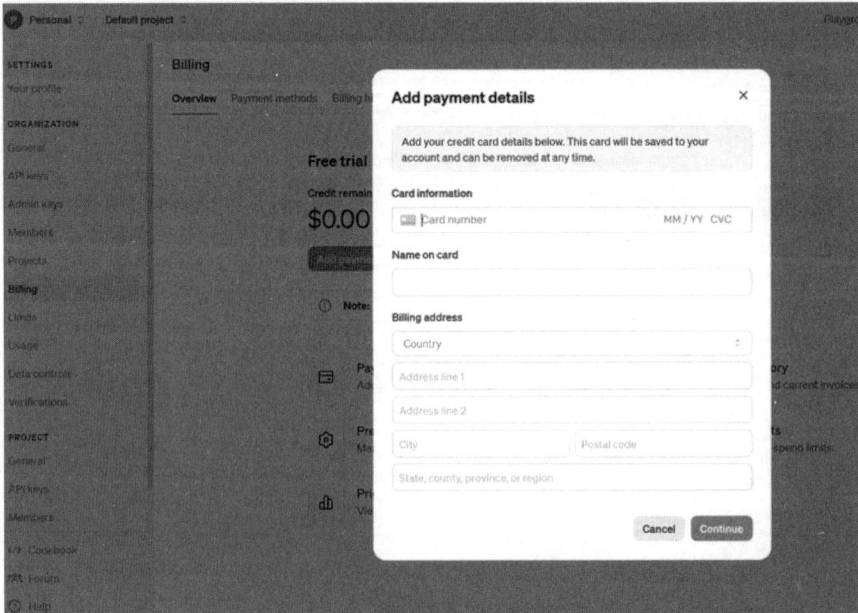

根据作者目前使用的情况来看，调用 ChatGPT 的 API 来训练、调整自己的 AIOps 程序，一个多月的时间里只用了 1 美分，如下图所示。

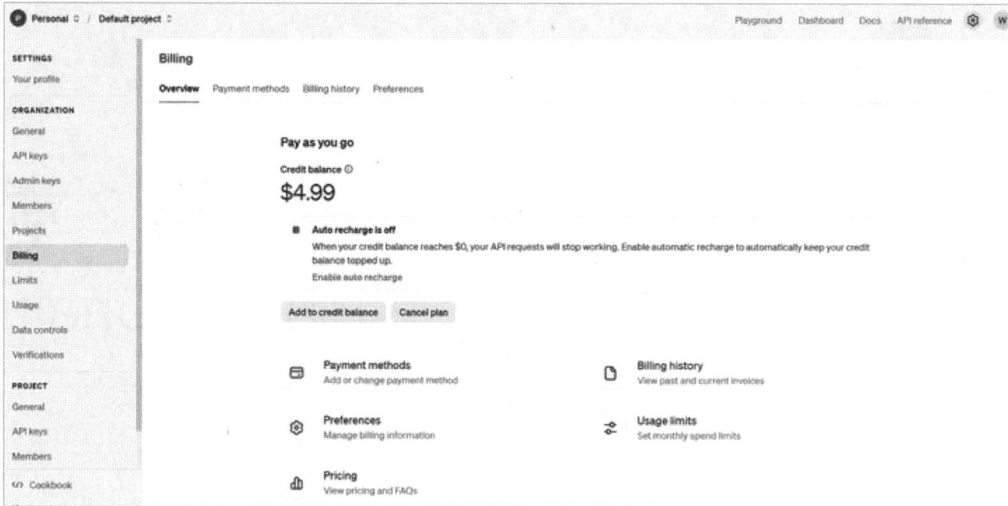

2

第 2 章
LangChain

获取了 OpenAI API key 并给 OpenAI API 账号充值后，接下来重点介绍 LangChain 这个 Python 第三方模块。前面提到，作为网络工程师的我们不需要自己开发一个 LLM，而是通过调用 ChatGPT 这个现成的 LLM 的 API 来辅助处理我们和 AI 的对话。在 Python 中，LangChain 是一个专门为构建与 LLM 互动的应用而设计的框架，由作者哈里森·蔡斯（Harrsion Chase）于 2022 年 10 月发布。最早 LangChain 是一个用来简化与 OpenAI API 交互的开源模块，由于项目开源，LangChain 很快发展为一个支持多种语言模型的模块化框架，我们不仅可以通过它来调用像 ChatGPT 这样的 LLM，还能通过它提供的框架和工具来将市面上已有的知名 LLM 和其他技术资源整合起来，更轻松地开发与 LLM 交互的复杂应用。

2.1 安装 LangChain

在详细介绍 LangChain 的功能前，我们先通过 pip 来安装下面的 LangChain 模块：

```
pip install langchain
```

```
pip install langchain-community
pip install langchain-openai
```

其中 pip install langchain 会自动安装 langchain、langchain-core、langchain-text-splitters 3 个与 LangChain 相关的模块，安装完毕后可以通过 pip list 来查看自己的环境中是否有下列 LangChain 模块，截至 2025 年 1 月 7 日各模块的版本号如下图所示。

```
P:\>pip list | findstr langchain
langchain                   0.3.14
langchain-community         0.3.14
langchain-core              0.3.29
langchain-openai            0.2.14
langchain-text-splitters    0.3.3
```

2.2　LangChain 的核心模块

LangChain 主要有五大核心模块：（1）PromptTemplate（提示词模板）；（2）LLM（大语言模型，在 LangChain 中也被叫作 Chat Model）；（3）Chains（链）和 Runnable；（4）Memory（记忆）；（5）Tools（工具）。这五大核心模块分别用来解决不同场景下的需求，下面举例对这五大核心模块合并或分开单独进行详细讲解。

2.3　PromptTemplate 和 LLM

LLM 本质上是一个文本生成模型，它会根据用户输入的 Prompt（提示词）来决定如何生成输出。

2.3.1　什么是 Prompt

在 LLM 中，所谓的 Prompt 就是作为用户的我们给 LLM 的输入，我们通过 Prompt 来告诉 LLM 我们需要什么样的回答或响应。一个好的 Prompt 可以清晰地向 LLM 指明用户期望的结果，避免 LLM 的生成结果偏离我们的需求。LLM 并不了解用户在想什么，我们需要通过 Prompt 来明确上下文，通过 Prompt 来为 LLM 提供足够的背景信息，让它生成的内容更具针对性和相关性。

举几个使用 Prompt 的例子：

不明确的 Prompt：解释 VRF 是什么。
明确的 Prompt：在网络工程领域中 VRF 是用来隔离路由表的技术，请详细解释它的工作原理。

明确的 Prompt 很重要，因为 VRF 也有可能是密码学中 Verifiable Random Function（可验证随机函数）的缩写，所以明确的 Prompt 可以帮助 LLM 消除歧义。

简单、不具备引导性的 Prompt：解释 BGP 的核心概念。
具体、具备引导性的 Prompt：你是一名资深网络工程师，用通俗易懂的语言解释 BGP 的核心概念，字数控制在 300 字以内。

我们可以通过 Prompt 为 LLM 提供背景信息，告知 LLM 它的角色以及我们对回答的要求是什么，从而让输出更符合需求。

正式语气的 Prompt：请用正式的语气解释什么是人工智能。
幽默语气的 Prompt：请用幽默的方式解释什么是人工智能。

Prompt 还可以用来设定模型回答的语气和形式，从而灵活控制生成内容的风格。

2.3.2　什么是 PromptTemplate

目前几乎所有主流 LLM 的 API 都不会将用户的 Prompt 直接发送给 LLM，而是先将其添加到一段可以对用户的 Prompt 额外添加上下文的大型文本中，这个文本就叫作 PromptTemplate（提示词模板）。LangChain 的 PromptTemplate 模块是一种构建和管理 Prompt 的工具，适用于需要动态模板填充的场景（例如需要向 PromptTemplate 中插入变量）。PromptTemplate 的原理是提前设定一个任务描述框架，其本身并不直接负责"理解用户说的话"（这是 LLM 的任务），但是作为开发者的我们可以通过 PromptTemplate 添加额外带上下文的自定义 Prompt，让 LLM 在生成内容时更贴近用户的意图。使用过 AI 的人都知道，用户向 LLM 输入的内容是开放式的，其中不乏比较模糊的输入内容，作为开发者的我们需要通过 PromptTemplate 来帮助 LLM 更好地理解和处理用户提出的比较模糊的问题，这种引导作用背后的核心技术是 LLM 本身的自然语言处理（NLP）和生成能力。

2.3.3　SystemMessage 和 HumanMessage

除了 PromptTemplate，LangChain 也支持使用 SystemMessage 和 HumanMessage 这两种消息类型来向 LLM 发送提示，SystemMessage/HumanMessage 和 PromptTemplate 的主要区别是后者通常用在需要动态填充模板（需要向模板中插入变量）和模板复用的场景中。在需求简单且不需要变量和复用模板的场景中，我们可以略过 PromptTemplate，直接使用 SystemMessage 和 HumanMessage 来向 LLM 发送 Prompt。关于 SystemMessage 和 HumanMessage 两种消息类型的用法将在后面的实验代码中详细讲解。

2.3.4　LangChain 支持的 LLM

LangChain 的 LLM 模块封装了目前绝大部分主流 LLM 的 API，包括商业化 LLM 和开源 LLM，我们可以通过它来直接使用这些主流 LLM 的 API。目前 LangChain 的 LLM 模块支持的主流商业化 LLM 和开源 LLM 的名单如下。

商业化 LLM

- OpenAI 的 ChatGPT 系列：支持 GPT-4（如最新的 gpt-4o、gpt-4o-mini）、GPT-3.5（如 gpt-3.5-turbo）、GPT-3（如 text-davinci-003）等模型。
- Anthropic 的 Claude 系列：支持 Claude 1、Claude 2、Claude 2.1、Sonnet 3.5、Sonnet 3.7 等模型。
- Google 的 Gemini 系列：支持 gemini-1.5、gemini-2.0、gemini-2.5 等模型。
- Cohere：支持 Cohere Generate、Cohere Embed 模型。
- 幻方量化的 DeepSeek 系列：支持 DeepSeek V2、V3、R1 等模型。

开源 LLM

- Meta AI 的 Llama 系列：支持 Llama 1、Llama 2、Llama 3、Llama 4 等模型。
- Microsoft 的 Phi 系列：支持 Phi-3.3、Phi-3.5、Phi-4 等模型。
- 阿里的 Qwen 系列：支持 Qwen2.5。
- Mistral AI 的 Mistral 系列：
  - Hugging Face 的 Transformer 系列：支持 Bloom、Falcon、T5、Flan-T5 等模型。
  - Open-Assistant：支持 Open-Assistant 社区模型（如 oasst 系列）。

2.3.5　实验 1：PromptTemplate 和 LLM 应用示例

下面以一段简单的代码来介绍 PromptTemplate 和 LLM 两大模块的应用（除部分实验外，本书的所有实验将基于 OpenAI 的 gpt-4o-mini 模型来写）：

```
from langchain.prompts import PromptTemplate
from langchain_openai.chat_models import ChatOpenAI
```

```
#设置 OpenAI API Key
openai_api_key = "在此处填写个人的 OpenAI API key"

#设置 PromptTemplate
topic = "Cisco"
template = "你是一名咨询助理，请为{topic}写一个简介"
prompt_template = PromptTemplate(input_variables=["topic"], template=template)
formatted_prompt = prompt_template.format(topic=topic)

#使用 OpenAI API Key，启用 ChatGPT 的 gpt-4o-mini 模型作为 LLM
llm = ChatOpenAI(model="gpt-4o-mini", temperature=0, openai_api_key=openai_api_key)

#将格式化后的 Prompt 发送给 ChatGPT，获取并打印出 ChatGPT 回答的内容
response = llm.invoke([formatted_prompt])
print(response.content)
```

代码分段讲解如下：

a. 在模块导入部分，这里我们用到了 langchain.prompts 下的 PromptTemplate，也就是本节介绍的 LangChain 的五大核心模块之一。langchain_openai.chat_models 下的 ChatOpenAI 用来调用 ChatGPT 的 API，这是作为开发者的我们可以通过 Python 和各大 LLM 直接"沟通"的重要渠道，它也是本节介绍的 LangChain 的 LLM 核心模块的代表。

```
from langchain.prompts import PromptTemplate
from langchain_openai.chat_models import ChatOpenAI
```

b. 将前文中在 OpenAI 开发者平台获取的 OpenAI API key 赋值给 open_api_key 变量，该变量在使用 gpt-4o-mini 这个 LLM 的 API 时会被用到。

```
#设置 OpenAI API Key
openai_api_key = "在此处填写个人的 OpenAI API key"
```

c. 设置 PromptTemplate，我们将 topic（主题）定义为 Cisco，然后定义一个字符串模板变量 template = "你是一名咨询助理，请为{topic}写一个简介."，其中{topic}是一个占位符，后面会被变量 topic 的值替代，这里我们实际想要向 ChatGPT 发出的 Prompt（即请求）是"你是一名咨询助理，请为 Cisco 写一个简介"。

```
#设置 PromptTemplate
topic = "Cisco"
template = "你是一名咨询助理，请为{topic}写一个简介"
```

　　d. 我们通过 PromptTemplate() 来创建一个 PromptTemplate，PromptTemplate() 中有两个参数：第一个参数 input_variables 用来指定模板中使用的变量名，也就是这里的 {topic}；第二个参数 template 用来传入上一步中定义的模板字符串，即变量 template。PromptTemplate 设置好后，我们继续调用 format() 函数将 PromptTemplate 中的占位符 {topic} 替换为实际的变量值 topic（即这里的 "Cisco"），从而生成一个经过格式化的字符串，待格式化完成后，将最终的 PromptTemplate 赋值给变量 formatted_prompt。

```
prompt_template = PromptTemplate(input_variables=["topic"], template=template)

formatted_prompt = prompt_template.format(topic=topic)
```

　　e. 调用 langchain_openai.chat_models 下的 ChatOpenAI() 函数，将其赋值给变量 llm，ChatOpenAI() 函数包含 3 个参数，这里一一讲解：

　　第一个参数 model 为我们将要使用的 ChatGPT 模型 gpt-4o-mini（model="gpt-4o-mini"），读者也可以根据自身需要选择其他的 ChatGPT 模型，比如 gpt-3.5-turbo，当然费用不一样（参考前文提到的 OpenAI 开发者平台里的 Pricing 页面）。

　　第二个参数 temperature（温度）需要重点解释一下。在自然语言处理框架中，temperature 是一个浮点数，其值介于 0.0 和 2.0 之间，它的作用是控制文本生成时的随机性和多样性，temperature 值越低 LLM 生成的文本的确定性越高，模型倾向于选择概率最高的词，temperature 值越高则 LLM 生成的文本的确定性越低（即随机性越高），模型会选择出现概率较低的词，从而生成更加具有多样性和创造性的内容。一般来说，当我们需要保证 LLM 给出最精确的回答（如科学事实、定义）或者处理一致性很高的任务时（比如数学计算、代码生成），那么将 temperature 值设为 0 或接近 0 是最优的做法。当我们需要 LLM 的输出更加随机，更加具有创造性和多样性时（比如写故事、诗歌创作等），那么可以将 temperature 值设为 1.0 或接近 1.0（如果大于 1.0，LLM 的输出可能会非常随机且出现内容不连贯的情况）。这里我们将 temperature 值设为 0（如果不设置 temperature 值，ChatGPT 默认的 temperature 值为 0.7），这是因为我们希望 ChatGPT 对"请为 Cisco 写一个简介"这个 Prompt 做一个精确、严谨的回答。

　　最后一个参数 openai_api_key 很好理解，我们通过它传入我们的 OpenAI API key，从而与我们选定的 ChatGPT 模型完成连接和互动。

```
#使用 OpenAI API Key，启用 ChatGPT 的 gpt-4o-mini 模型作为 LLM
llm = ChatOpenAI(model="gpt-4o-mini", temperature=0, openai_api_key=openai_api_key)
```

f. 通过 invoke()函数正式将格式化后的用户 Prompt 发送给 ChatGPT，将 ChatGPT 返回的值赋值给变量 response 并将其打印出来。

```
#将格式化后的 Prompt 发送给 ChatGPT，获取并打印出 ChatGPT 回答的内容
response = llm.invoke([formatted_prompt])
print(response.content)
```

运行实验代码查看效果，如下图所示。

注意：运行代码后，因为以上关于思科（Cisco）公司介绍的内容是我们代码中选用的 OpenAI 的 gpt-4o-mini 模型生成并回答的，所以除了提问时产生的 input token，这段代码还会产生 output token 的资费，关于 gpt-4o-mini 的资费可以看前文介绍，或者登录 OpenAI 的开发者平台查看。

这里我们还可以将代码中的 temperature 值改为 1.0，然后看看 gpt-4o-mini 给出的回答内容有什么区别，具体如下图所示。

```
test.py - C:\Users\wangy0l\Desktop\test.py (3.10.6)
File Edit Format Run Options Window Help
from langchain.prompts import PromptTemplate
from langchain_openai.chat_models import ChatOpenAI

#设置OpenAI API Key
openai_api_key = "s                                               su

#设置PromptTemplate
topic = "Cisco"
template = "你是一名咨询助理，请为{topic}写一个简介"
prompt_template = PromptTemplate(input_variables=["topic"], template=template)
formatted_prompt = prompt_template.format(topic=topic)

#使用OpenAI API Key，启用ChatGPT的gpt-4o-mini模型作为LLM
llm = ChatOpenAI(model="gpt-4o-mini", temperature=1.0, openai_api_key=openai_api

#将Prompt发送给ChatGPT，获取并打印出ChatGPT回复的内容
response = llm.invoke([formatted_prompt])
print(response.content)
```

将temperature值设为1.0

再次运行代码，效果如下图所示。

```
IDLE Shell 3.10.6
File Edit Shell Debug Options Window Help
    Python 3.10.6 (tags/v3.10.6:9c7b4bd, Aug  1 2022, 21:53:49) [MSC v.1932 64 bit (
    AMD64)] on win32
    Type "help", "copyright", "credits" or "license()" for more information.
>>>
    ================== RESTART: C:\Users\wangy0l\Desktop\test.py ==================
    思科系统公司（Cisco Systems, Inc.）是一家总部位于美国加利福尼亚州圣荷西的全球领先网络和通信
    技术公司。成立于1984年，思科主要提供网络硬件、软件和服务，涵盖路由器、交换机、安全设备以及云计
    算和数据中心解决方案。思科致力于通过创新技术推动数字化转型，提供企业级网络解决方案，增强网络安
    全和提高效率。此外，思科还积极参与物联网（IoT）、人工智能（AI）和远程协作等领域的开发与应用。
    作为全球网络行业的先锋，思科在技术标准、产业合作和可持续发展方面也发挥了重要作用。
>>>
```

可以看出，当 temperature 值为 1.0 时，ChatGPT 对同一个问题生成的内容字数略多于 temperature 值为 0 时生成的内容，但是可读性则稍弱。

2.3.6　实验 2：SystemMessage 和 HumanMessage 应用示例

接下来我们看看怎么用 SystemMessage 和 HumanMessage 向 ChatGPT 发送和使用 PromptTemplate 时发送的同样的 Prompt，代码如下：

```
from langchain.schema import HumanMessage, SystemMessage
from langchain_openai.chat_models import ChatOpenAI

#设置 OpenAI API Key
openai_api_key = "在此处填写个人的 OpenAI API key"

#设置 HumanMessage 和 SystemMessage
messages = [
    SystemMessage(content="You're a consulting assistant."),
    HumanMessage(content="Please write a summary about Cisco.")
]

#使用 OpenAI API Key，启用 ChatGPT 的 gpt-4o-mini 模型作为 LLM
llm = ChatOpenAI(model="gpt-4o-mini", temperature=0, openai_api_key=openai_api_key)

#将 Prompt 发送给 ChatGPT，获取并打印出 ChatGPT 回答的内容
response = llm.invoke(messages)
print(response.content)
```

代码分段讲解如下：

a. 在 LangChain 中，SystemMessage 和 HumanMessage 是用来构建对话的基本消息类型，它们都是从 LangChain 基础的 BaseMessage 类继承而来的，而 BaseMessage 又是定义在 LangChain 的消息模式（schema）中的，因此在模块导入部分，我们用 from langchain.schema import HumanMessage, SystemMessage 来导入 SystemMessage 和 HumanMessage 两个消息类型。

```
from langchain.schema import HumanMessage, SystemMessage
from langchain_openai.chat_models import ChatOpenAI
```

b. 我们使用 SystemMessage 和 HumanMessage 将要发送给 ChatGPT 的 Prompt 准备好，

对 SystemMessage 和 HumanMessage 的解释如下：

- SystemMessage 是 LangChain 的 schema 模块定义的一个消息类型，它的主要参数为 content，作用是向 LLM 传递系统级指令，比如定义 AI 的角色（身份）、行为或整体的语境，这样可以帮助 AI 从更专业的角度来理解用户的提问和需求。这里我们用 SystemMessage(content="You're a consulting assistant.")来告诉 ChatGPT，它的身份是一个擅长文字总结的咨询助理。
- HumanMessage 也是 LangChain 的 schema 模块定义的一个消息类型，顾名思义它代表的是用户向 AI 发出的具体问题或需求，HumanMessage 的主要参数也为 content，这里我们将字符串"Please write a summary about Cisco."赋值给该参数，这步等同于 PromptTemplate 实验代码中的 response = llm.invoke([formatted_prompt])。

将 SystemMessage()和 HumanMessage()以元素的方式放入列表变量 messages 中，为下一步做准备。

```
#设置 OpenAI API Key
openai_api_key = "在此处填写个人的 OpenAI API key"

#设置 HumanMessage 和 SystemMessage
messages = [
    SystemMessage(content="You're a consulting assistant."),
    HumanMessage(content="Please write a summary about Cisco.")
]
```

c. 通过 invoke()函数正式将格式化后的 Prompt 发送给 ChatGPT，将 ChatGPT 返回的值赋值给变量 response 并将其打印出来，这里我们是用英文向 ChatGPT 提问的，自然 ChatGPT 的输出内容也是英文的。

```
#使用 OpenAI API Key, 启用 ChatGPT 的 gpt-4o-mini 模型作为 LLM
llm = ChatOpenAI(model="gpt-4o-mini", temperature=0, openai_api_key=openai_api_key)

#将 Prompt 发送给 ChatGPT, 获取并打印出 ChatGPT 回答的内容
response = llm.invoke(messages)
print(response.content)
```

运行代码，效果如下图所示。

```
IDLE Shell 3.10.6                                              —    □    ×
File Edit Shell Debug Options Window Help
Python 3.10.6 (tags/v3.10.6:9c7b4bd, Aug  1 2022, 21:53:49) [MSC v.1932 64 bit (
AMD64)] on win32
Type "help", "copyright", "credits" or "license()" for more information.
>>>
==================== RESTART: C:\Users\wangy01\Desktop\test.py ====================
Cisco Systems, Inc. is a multinational technology company headquartered in San J
ose, California, specializing in networking hardware, software, telecommunicatio
ns equipment, and high-technology services and products. Founded in 1984, Cisco
is a leader in the development of Internet Protocol (IP)-based networking soluti
ons and plays a crucial role in the growth of the Internet. The company offers a
 wide range of products, including routers, switches, cybersecurity solutions, a
nd collaboration tools like Webex. Cisco is also involved in cloud computing, Io
T (Internet of Things), and artificial intelligence. With a strong focus on inno
vation and sustainability, Cisco aims to connect people and devices securely and
 efficiently, driving digital transformation across various industries.
>>>
```

虽然从输出内容来看，使用 SystemMessage/HumanMessage 和使用 PromptTemplate 是等价的，但两者还是有比较明显的区别的，如下图所示。

对比维度	PromptTemplate	System Message/HumanMessage
设计目的	用于创建和格式化单一Prompt文本	用于构建类似对话的交互流程
使用场景	需要复用模板的场景、批量生成Prompt的场景	需要明确角色设定、需要保持对话上下文
数据格式	生成单个字符串	生成消息对象或消息列表
变量支持	支持在模板中使用多个变量	需要手动在消息内容中进行字符串拼接
上下文管理	不保持上下文，每次都是独立的Prompt	可以通过消息列表维护完整对话历史
角色定义	需要在模板内容中描述	通过SystemMessage明确定义
扩张性	适合固定格式的Prompt生成	更灵活，可以动态调整对话流程

可以看到，使用 SystemMessage/HumanMessage 的主要好处是让系统消息和用户消息分离，方便用户在多轮对话中管理模型的行为。而 PromptTemplate 的优势则在于支持动态生成输入提示，并且支持模板复用。两者都有各自的特点，没有绝对优劣的区别，可以根据我们的需要灵活使用。

2.4　Chains 和 Runnable

在 LangChain 框架中，Chains 模块主要用于将多个 LangChain 的组件，比如 LLM、PromptTemplate、工具等组合起来，形成一个有逻辑、统一的处理流程，也就是链，从而使 LLM 的调用更加高效、可控和可扩展。在较新版本的 LangChain 中，Runnable 正逐渐取代 Chains 成为更常用的功能，但链的相关知识我们仍然需要深入理解和掌握。

链主要由以下几个部分组成：

- PromptTemplate：前面已经讲到 PromptTemplate 用于生成带上下文的 Prompt，可以帮助 LLM 更好地理解自身的角色，从而更好地帮助用户回答问题或者完成任务。
- LLM：负责生成自然语言的输出结果，比如商业化的 OpenAI 的 ChatGPT、Anthropic 的 Claude，开源化的 Meta AI 的 Llama 2、Hugging Face 的 Transformers 等。
- 工具：在链中我们可以调用外部工具或 API，比如搜索引擎、数据库检索等。前文中提到，Tools 也是 LangChain 的核心模块之一，后文中我们会对其做详细介绍。
- 输出解析（OutputParser）：链支持将 LLM 的文本输出内容做解析，比如在文本输出内容中提取关键字，对文本内容进行裁剪，或者将文本内容转换成不同的目标格式，比如 JSON、结构化文本等。

2.4.1　Chains 的基本应用

接下来举例演示 Chains 最基本的功能和应用方法，代码如下：

```
from langchain.chains import LLMChain
from langchain.prompts import PromptTemplate
from langchain_openai.chat_models import ChatOpenAI

#设置 OpenAI API Key
openai_api_key = "在此处填写个人的 OpenAI API key"

#设置 PromptTemplate
prompt_template = PromptTemplate(
    input_variables=["question"],
    template="你是一位资深网络工程师，请回答以下问题：{question}"
```

```
)

#使用 OpenAI API Key，启用 ChatGPT 的 gpt-4o-mini 模型作为 LLM，temperature 值默认为 0.7
llm = ChatOpenAI(model="gpt-4o-mini", openai_api_key=openai_api_key)

#创建链，调用 LLM 和 PromptTemplate
chain = LLMChain(llm=llm, prompt=prompt_template)

#执行链，将 ChatGPT 的回答赋值给变量 result 并打印出来
result = chain.run(question="网络工程师需要学英语吗？")
print(result)
```

代码分段讲解如下：

a. 在模块导入部分，这里我们导入了 LangChain 的 Chains 模块 langchain.chains 及其下面的 LLMChain，它的作用是创建带 LLM 和 PromptTemplate 的链，因为只是一个简单的演示，所以这里我们没有导入 SystemMessage 和 HumanMessage 两个模块，而是单独使用 PromptTemplate 模块。

```
from langchain.chains import LLMChain
from langchain.prompts import PromptTemplate
from langchain_openai.chat_models import ChatOpenAI
```

b. 下面这段代码前面已经讲解过，这里需要提一下，我们在设置 PromptTemplate 时没有再像之前讲 PromptTemplate 和 LLM 的案例中那样使用主题变量 topic 和 PromptTemplate() 的 format() 函数，原因是之前我们是使用 prompt_template.format(topic=topic) 手动将生成的格式化后的字符串传递给 LLM 的，而 LangChain 的 Chains 模块则将这步封装进了 LLMChain 模块，帮助我们自动管理了 PromptTemplate 的格式化和 LLM 的调用过程。另外在启用 gpt-4o-mini 模型时我们也没有设置 temperature 值，这意味着这里我们使用 ChatGPT 默认的 temperature 值 0.7。

```
#设置 OpenAI API Key
openai_api_key = "在此处填写个人的 OpenAI API key"

#设置 PromptTemplate
prompt_template = PromptTemplate(
    input_variables=["question"],
    template="你是一位资深网络工程师，请回答以下问题：{question}"
)
```

```
#使用 OpenAI API Key, 启用 ChatGPT 的 gpt-4o-mini 模型作为 LLM, temperature 值默认为 0.7
llm = ChatOpenAI(model="gpt-4o-mini", openai_api_key=openai_api_key)
```

  c. 使用 LLMChain 来创建链，前面提到了 LangChain 的链主要由 PromptTemplate、LLM、工具、输出解析等部分组成，这里我们只简单调用其中的 LLM 和 PromptTemplate 来组成一个链，并赋值给变量 chain，工具和输出解析的用法将在后文给出讲解和演示。

```
#创建链, 调用 LLM 和 PromptTemplate
chain = LLMChain(llm=llm, prompt=prompt_template)
```

  d. 调用 chain.run() 来执行链，LLMChain 的 run() 方法中的参数 question 就是我们向 LLM 提出的问题。

```
#执行链, 将 ChatGPT 的回答赋值给变量 result 并打印出来
result = chain.run(question="网络工程师需要学英语吗？")
print(result)
```

  最后运行代码查看效果，如下图所示。

```
IDLE Shell 3.10.6                                                    —    □    ×
File Edit Shell Debug Options Window Help
    Python 3.10.6 (tags/v3.10.6:9c7b4bd, Aug  1 2022, 21:53:49) [MSC v.1932 64 bit (AMD64)
    ] on win32
    Type "help", "copyright", "credits" or "license()" for more information.
>>>
    ==================== RESTART: C:\Users\wangy01\Desktop\test.py ====================

    Warning (from warnings module):
      File "C:\Users\wangy01\Desktop\test.py", line 15
        chain = LLMChain(llm=llm, prompt=prompt_template)
    LangChainDeprecationWarning: The class `LLMChain` was deprecated in LangChain 0.1.17 a
    nd will be removed in 1.0. Use :meth:`~RunnableSequence, e.g., `prompt | llm` instead.

    Warning (from warnings module):
      File "C:\Users\wangy01\Desktop\test.py", line 18
        result = chain.run(question="网络工程师需要学英语吗？")
    LangChainDeprecationWarning: The method `Chain.run` was deprecated in langchain 0.1.0
    and will be removed in 1.0. Use :meth:`~invoke` instead.
    是的，网络工程师需要学习英语。以下是几个原因：

    1. **技术文档**：大多数网络设备的用户手册、配置指南和技术文档都是用英语编写的。掌握英语可以帮助工程师
    更好地理解和使用这些文档。

    2. **国际标准**：许多网络协议和标准（如TCP/IP、HTTP等）都是用英语描述的。了解这些标准对于网络工程师
    的工作至关重要。

    3. **社区和论坛**：许多技术社区、论坛和在线资源（如Stack Overflow、Cisco的支持论坛等）主要使用英
    语。参与这些社区可以获取更多的知识和解决方案。

    4. **培训和认证**：许多网络工程师的培训课程和认证考试（如Cisco的CCNA、CCNP等）都是用英语进行的。掌
    握英语有助于顺利通过这些考试。

    5. **职业发展**：在全球化的工作环境中，许多公司要求员工具备一定的英语沟通能力，以便与国际团队合作或与
    客户进行交流。

    总之，学习英语对于网络工程师的职业发展和技术能力提升都是非常有帮助的。
>>>
```

这里可以看到，LLMChain 和 Chain.run 已经分别在 LangChain 0.1.17 和 0.1.0 版本中被标记为废弃（deprecated），它们的替代方案会在稍后讲 Runnable 时提到。

2.4.2 输出解析

除了 LLM 和 PromptTemplate，输出解析（OutputParser）也是链重要的组件之一，顾名思义，它的作用是对 LLM 输出内容做解析和处理，例如对输出内容进行格式化（使用 strip() 方法去除输出内容中的多余字符，或者通过 upper()、lower() 等方法将英文文本统一转换为全大写或全小写格式）、将输出内容转换为 JSON 格式、提取输出内容中的关键信息等。下面用 3 个例子来对输出解析功能进行简单的讲解。

1. 使用输出解析去除 LLM 输出内容前后多余的空格，并将输出的文本内容全部转换为大写英文字母，代码如下：

```
from langchain.chains import LLMChain
from langchain.prompts import PromptTemplate
from langchain_openai.chat_models import ChatOpenAI
from langchain.schema import BaseOutputParser

#定义一个 OutputParser
class OutputParser(BaseOutputParser):
    def parse(self, text):
        #在这里对 LLM 的输出进行处理，比如去除多余字符
        parsed_text = text.strip()  # 去掉前后多余的空格
        #也可以对 LLM 的输出做进一步格式化，比如将所有内容转换为大写英文字母
        parsed_text = parsed_text.upper()
        return parsed_text

#设置 OpenAI API Key
openai_api_key = "在此处填写个人的 OpenAI API key"

#设置 PromptTemplate
prompt_template = PromptTemplate(
    input_variables=["question"],
    template="You are a seasoned network engineer, answer the question: {question}"
)
```

```
#使用 OpenAI API Key，启用 ChatGPT 的 gpt-4o-mini 模型作为 LLM，temperature 值默认为 0.7
llm = ChatOpenAI(model="gpt-4o-mini", openai_api_key=openai_api_key)

#创建链，指定 PromptTemplate 和 OutputParser
chain = LLMChain(llm=llm, prompt=prompt_template, output_parser=OutputParser())

#执行链，并将结果打印出来
result = chain.run(question="Does a network engineer need to learn English? ")
print(result)
```

代码分段讲解如下：

a. 在模块导入部分，这里我们从 langchain.schema 导入了 BaseOutputParser，该模块用来实现输出解析功能。

```
from langchain.chains import LLMChain
from langchain.prompts import PromptTemplate
from langchain_openai.chat_models import ChatOpenAI
from langchain.schema import BaseOutputParser
```

b. 自定义一个名为 OutputParser 的类（这个类的名字可自定义，为了便于理解，推荐使用 OutputParser 作为类名）来继承导入的 BaseOutputParser，随后再定义一个 parse()函数，parse()函数中的参数 text 就是 LLM 输出的文本内容（该参数的名字可自定义，推荐使用 text，便于理解），然后我们针对 LLM 输出的文本内容做两次处理，第一次调用 strip()方法去除前后文多余的空格（也可以用 strip('*')方法去除输出内容中的星号*，strip()方法的用法属于 Python 的基本语法范畴，这里不做讲解），第二次调用是我们对 LLM 的输出内容做进一步格式化，将文本内容中的英文字母全部转换成大写英文字母。

```
#定义一个 OutputParser
class OutputParser(BaseOutputParser):
    def parse(self, text):
        #在这里对 LLM 的输出进行处理，比如去除多余字符
        parsed_text = text.strip()  # 去掉前后多余的空格
        #也可以对 LLM 的输出做进一步格式化，比如将所有内容转换为大写英文字母
        parsed_text = parsed_text.upper()
        return parsed_text
```

c. 因为要演示对 LLM 输出内容调用 upper()方法，所以这里我们在 PromptTemplate 中使用英文来向 LLM 做出提示"You are a seasoned network engineer, answer the question:"，让它从一位资深网络工程师的角度来回答后面代码中的问题"Does a network engineer need to learn English?"

```
#设置 OpenAI API Key
openai_api_key = "在此处填写个人的 OpenAI API key"

#设置 PromptTemplate
prompt_template = PromptTemplate(
    input_variables=["question"],
    template="You are a seasoned network engineer, answer the question: {question}"
)

#使用 OpenAI API Key, 启用 ChatGPT 的 gpt-4o-mini 模型作为 LLM, temperature 值默认为 0.7
llm = ChatOpenAI(model="gpt-4o-mini", openai_api_key=openai_api_key)
```

d. 在创建链时，在 LLMChain()中传入 output_parser 参数，它的值就是前面我们自定义的类 OutputParser()，可以看出 LLMChain()就像一条链条一样把 LangChain 的这些重要组件连在了一起。最后执行链，并将结果打印出来。

```
#创建链, 指定 PromptTemplate 和 Output Parser
chain = LLMChain(llm=llm, prompt=prompt_template, output_parser=OutputParser())

#执行链, 并将结果打印出来
result = chain.run(question="Does a network engineer need to learn English? ")
print(result)
```

运行代码查看效果，可以看到 ChatGPT 回答的英文内容全部为大写形式，如下图所示。

2. 我们继续演示如何使用输出解析将 LLM 回答的 JSON 格式的文本内容以字典形式展示，代码如下：

```
from langchain.chains import LLMChain
from langchain.prompts import PromptTemplate
```

```python
from langchain_openai.chat_models import ChatOpenAI
from langchain.schema import BaseOutputParser
import json
from pprint import pprint

#定义一个 OutputParser
class OutputParser(BaseOutputParser):
    def parse(self, text):
        try:
            #将 LLM 返回的 JSON 文本转换为字典形式
            return json.loads(text)
        except json.JSONDecodeError:
            raise ValueError(f"Invalid JSON output: {text}")

#设置 OpenAI API Key
openai_api_key = "在此处填写个人的 OpenAI API Key"

#设置 PromptTemplate
prompt_template = PromptTemplate(
    input_variables=["question"],
    template="你是一位资深的网络工程师，请以 JSON 格式和中文回答以下问题：{question}"
)

#使用 OpenAI API Key，启用 ChatGPT 的 gpt-4 模型作为 LLM，temperature 值默认为 0.7
llm = ChatOpenAI(model="gpt-4", openai_api_key=openai_api_key)

#创建链
chain = LLMChain(llm=llm, prompt=prompt_template, output_parser=OutputParser())

#执行链，并将结果打印出来
result = chain.run(question="网络工程师需要掌握的核心技能是什么？")
pprint(result)
```

代码分段讲解如下：

a. 这里我们在前面代码的基础上多引入了 Json 和 Pprint 模块，前者的作用是将 LLM 返回的 JSON 格式数据转换成 Python 字典形式，后者的作用则是以更美观、更易读的格式将内容打印出来。

```
from langchain.chains import LLMChain
from langchain.prompts import PromptTemplate
from langchain_openai.chat_models import ChatOpenAI
from langchain.schema import BaseOutputParser
import json
from pprint import pprint
```

b. 在 OutputParse 类下面，我们使用 json.loads()方法将 LLM 返回的 JSON 文本转换为字典形式。

```
#定义一个 OutputParser
class OutputParser(BaseOutputParser):
    def parse(self, text):
        try:
            #将 LLM 返回的 JSON 文本转换为字典形式
            return json.loads(text)
        except json.JSONDecodeError:
            raise ValueError(f"Invalid JSON output: {text}")
```

c. 这里没有使用 ChatGPT 的 gpt-4o-mini，而是用的 gpt-4，原因是经过我多次测试，gpt-4o-mini 和 gpt-4o 都不支持返回 JSON 格式的文本，只有 gpt-4 和 gpt-3.5-turbo 支持，但是 gpt-3.5-turbo 回答的内容质量明显不如 gpt-4，因此这里使用 gpt-4 来做演示。另外，即便我使用中文让 gpt-4 回答"网络工程师需要掌握的核心技能是什么？"有时 gpt-4 还是会用英文回答，所以在 PromptTemplate 中我刻意让 gpt-4"请以 JSON 格式和中文回答以下问题"。

```
#设置 OpenAI API Key
openai_api_key = "在此处填写个人的 OpenAI API Key"

#设置 PromptTemplate
prompt_template = PromptTemplate(
    input_variables=["question"],
    template="你是一位资深的网络工程师，请以 JSON 格式和中文回答以下问题: {question}"
)

#使用 OpenAI API Key，启用 ChatGPT 的 gpt-4 模型作为 LLM, temperature 值默认为 0.7
llm = ChatOpenAI(model="gpt-4", openai_api_key=openai_api_key)

#创建链
chain = LLMChain(llm=llm, prompt=prompt_template, output_parser=OutputParser())
```

```
#执行链，并将结果打印出来
result = chain.run(question="网络工程师需要掌握的核心技能是什么？")
pprint(result)
```

运行代码查看效果，可以看到 LLM 回答的内容是以字典形式展示的，如下图所示。

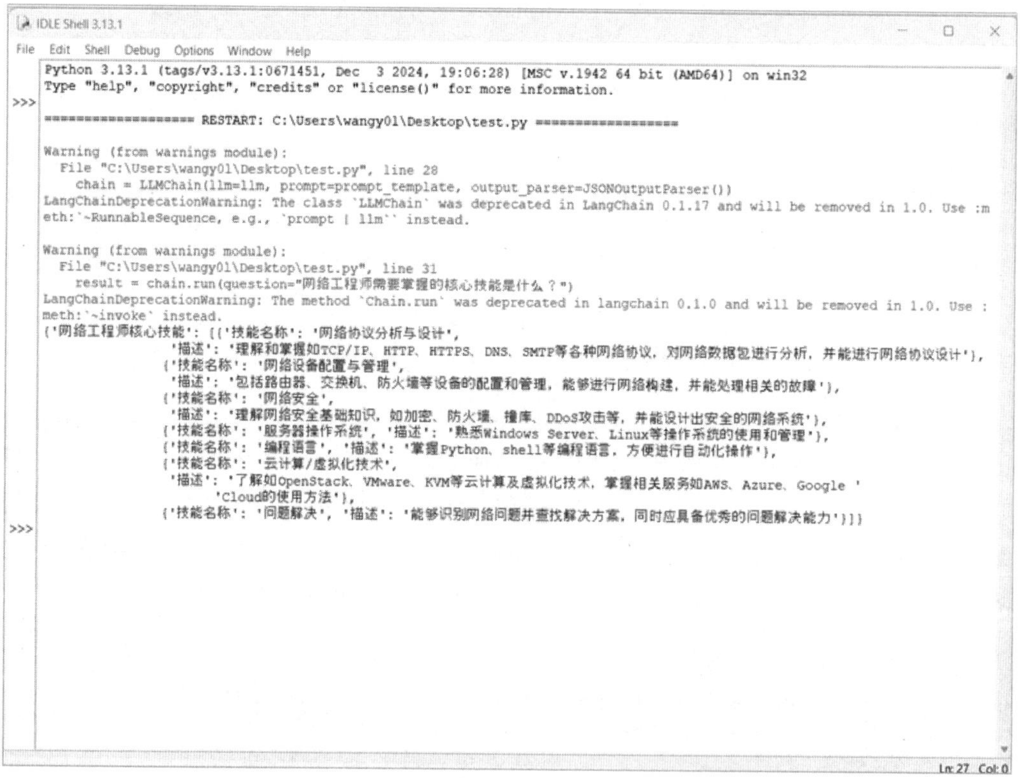

3. 从上面的例子可以看出，LLM 输出内容中有很多"技能名称""描述"之类意义不大的冗余信息，下面再举一例来看如何使用输出解析从 LLM 输出内容中提取关键信息，代码如下：

```
from langchain.chains import LLMChain
from langchain.prompts import PromptTemplate
from langchain_openai.chat_models import ChatOpenAI
from langchain.schema import BaseOutputParser
from pprint import pprint
```

```
#定义一个 OutputParser
class OutputParser(BaseOutputParser):
    def parse(self, text):
        #提取 LLM 输出文本中的键值对
        lines = text.splitlines()
        result = {}
        for line in lines:
            if ":" in line:
                key, value = line.split(":", 1)
                result[key.strip()] = value.strip()
        return result

#设置 OpenAI API Key
openai_api_key = "在此处填写个人的 OpenAI API Key"

#设置 PromptTemplate
prompt_template = PromptTemplate(
    input_variables=["question"],
    template="你是一名资深的网络工程师，请用键值对格式并以中文回答：{question}"
)

#使用 OpenAI API Key, 启用 ChatGPT 的 gpt-4o-mini 模型作为 LLM
llm = ChatOpenAI(model="gpt-4o-mini", openai_api_key=openai_api_key)
#创建链
chain = LLMChain(llm=llm, prompt=prompt_template, output_parser=OutputParser())

#执行链，并将结果打印出来
result = chain.run(question="网络工程师的主要职责是什么？")
pprint(result)
```

代码分段讲解如下：

a. 在模块导入部分，我们去掉了 Json 模块，因为本例是让 LLM 以键值对（字典）的形式来输出内容，所以不需要用到 Json 模块。

```
from langchain.chains import LLMChain
from langchain.prompts import PromptTemplate
from langchain_openai.chat_models import ChatOpenAI
from langchain.schema import BaseOutputParser
```

```
from pprint import pprint
```

b. 在输出解析部分我们将 LLM 输出的键值对提取出来，去掉其中的冗余信息。

```
#定义一个 Output Parser
class OutputParser(BaseOutputParser):
    def parse(self, text):
        #提取 LLM 输出文本中的键值对
        lines = text.splitlines()
        result = {}
        for line in lines:
            if ":" in line:
                key, value = line.split(":", 1)
                result[key.strip()] = value.strip()
        return result
```

c. 在 PromptTemplate 中我们让 LLM 以键值对的格式输出文本内容，因为不需要用到 JSON 格式，所以这里我们用回之前使用的 gpt-4o-mini 模型。

```
#设置 OpenAI API Key
openai_api_key = "在此处填写个人的 OpenAI API Key"

#设置 PromptTemplate
prompt_template = PromptTemplate(
    input_variables=["question"],
    template="你是一名资深的网络工程师，请用键值对格式并以中文回答：{question}"
)

#使用 OpenAI API Key，启用 ChatGPT 的 gpt-4o-mini 模型作为 LLM
llm = ChatOpenAI(model="gpt-4o-mini", openai_api_key=openai_api_key)

#创建链
chain = LLMChain(llm=llm, prompt=prompt_template, output_parser=OutputParser())

#执行链，并将结果打印出来
result = chain.run(question="网络工程师的主要职责是什么？")
pprint(result)
```

运行代码查看效果，如下图所示，通过不一样的输出解析后冗余信息已经没有了，可读性更强了。

```
IDLE Shell 3.13.1                                              —    □    ×

File  Edit  Shell  Debug  Options  Window  Help

Python 3.13.1 (tags/v3.13.1:0671451, Dec  3 2024, 19:06:28) [MSC v.1942 64 bit (
AMD64)] on win32
Type "help", "copyright", "credits" or "license()" for more information.
>>>
=================== RESTART: C:\Users\wangy01\Desktop\test.py ===================

Warning (from warnings module):
  File "C:\Users\wangy01\Desktop\test.py", line 34
    chain = LLMChain(llm=llm, prompt=prompt_template, output_parser=OutputParser
())
LangChainDeprecationWarning: The class `LLMChain` was deprecated in LangChain 0.
1.17 and will be removed in 1.0. Use :meth:`~RunnableSequence, e.g., `prompt | l
lm`` instead.

Warning (from warnings module):
  File "C:\Users\wangy01\Desktop\test.py", line 38
    result = chain.run(question=question)
LangChainDeprecationWarning: The method `Chain.run` was deprecated in langchain
0.1.0 and will be removed in 1.0. Use :meth:`~invoke` instead.
{'"培训与指导"': '"对团队成员或用户进行网络知识培训，提高整体技术水平。"',
'"安全管理"': '"实施网络安全策略，防范网络攻击与威胁，确保数据安全。"',
'"技术支持"': '"为用户提供网络相关的技术支持，解答他们在使用中的问题。"',
'"故障排除"': '"排查网络故障，分析原因并进行修复，以保证网络的稳定性。"',
'"文档管理"': '"编写和维护网络相关的文档，记录配置、变更及故障处理过程。"',
'"网络监控"': '"使用监控工具实时监测网络性能，及时发现并解决问题。"',
'"网络设计"': '"根据需求设计网络架构，包括拓扑结构和设备配置。"',
'"设备配置"': '"配置路由器、交换机、防火墙等网络设备，确保其正常运行。"'}
>>>


                                                              Ln: 23 Col: 0
```

2.4.3　什么是 Runnable

前面提到，在新的 LangChain 版本中 Chains 模块的部分功能已经被融入 Runnable，这也是为什么我们在运行链相关的代码时看到“*LangChainDeprecationWarning: The class `LLMChain` was deprecated in LangChain 0.1.17 and will be removed in 1.0. Use: meth:`~RunnableSequence, e.g., `prompt | llm`` instead.*”，提示我们 LLMChain 模块在 LangChain 0.1.17 中被废除并将在未来版本 1.0 中被完全移除，需要我们转用 RunnableSequence。在讲解 RunnableSequence 之前，我们首先需要了解什么是 Runnable。

Runnable 是 LangChain 的一个接口，LangChain 中的很多组件，比如 Prompt、LLM、输出解析（OutputParser）、检索器（Retriever）、工具（Tools）等都用到了该接口。根据组件（Component）的不同，Runnable 接口的输入类型（Input Type）和输出类型（Output Type）也不尽相同，如下表所示。

组件（Component）	输入类型（Input Type）	输出类型（Output Type）
Prompt	Dictionary	PromptValue
ChatModel	String、List of ChatMessage或PromptValue	ChatMessage
LLM	String、List of ChatMessage或PromptValue	String
OutputParser	LLM或ChatModel的输出	取决于具体解析器
Retriever	String	List of Document
Tools	String或Dictionary，取决于具体工具	取决于具体工具

最常见的 Runnable 接口的调用方式有如下 3 种。

- Invoked：将单个输入转换成输出。
- Batched：批处理，将多个输入转换成输出。
- Streamed：流式生成，支持流式处理输入或输出，适合逐步生成内容的场景，比如流式生成文本。

网络工程师必须掌握 Invoked 调用方式，对于 Batched 和 Streamed 调用方式，理解即可。

2.4.4 Runnable 的用法

Runnable 的具体实现有很多种，常见的有 RunnableLambda、RunnableSequence、RunnableMap 等，下面举例说明它们的用法。

RunnableLambda 的用法

RunnableLambda 是 Runnable 的核心模块，无论是 Invoked、Batched 还是 Streamed 调用方式都要用到它。RunnableLambda 的主要用法是封装自定义函数（可以是普通函数，也可以是 lambda 函数），支持对数据做预处理或者后处理，处理步骤之间没有依赖关系（这是和 RunnableSequence 最大的差别）。下面举例说明 RunnableLambda 的用法。

1. RunnableLambda 处理单个任务的简单用法，代码如下：

```
from langchain.schema.runnable import RunnableLambda

#创建一个 Runnable，其作用是将输入文本转换为大写形式
uppercase_runnable = RunnableLambda(lambda x: x.upper())

#执行 Runnable
result = uppercase_runnable.invoke("hello world")
print(result)
```

代码分段讲解如下：

a. 在模块导入部分，我们从 langchain.schema.runnable 导入了 RunnalbeLambda。

```
from langchain.schema.runnable import RunnableLambda
```

b. RunnableLambda 作用的对象可以是 lambda 函数，也可以是普通函数，这里我们使用 lambda 函数。在本例中，lambda 函数的功能是将输入文本转换为大写形式，所以运行代码后预期会得到 HELLO WORLD。注意，调用 RunnableLambda 后其返回实例的数据类型是 langchain_core.runnables.base.RunnableLambda，这点可以用 type() 函数验证。另外注意，result = uppercase_runnable.invoke("hello world") 对类型为 langchain_core.runnables.base.RunnableLambda 的实例用到了 Runnable 最常见的调用方式 Invoked，其对应的 invoke() 函数不会改变原始函数的返回类型，这里我们的 lambda 函数的返回类型是字符串，那么 invoke() 函数的返回类型也是字符串，如果 lambda 函数的返回类型是列表，那么 invoke() 函数的返回类型也是列表，以此类推。

```
#创建一个 Runnable，其作用是将输入文本转换为大写形式
uppercase_runnable = RunnableLambda(lambda x: x.upper())

#执行 Runnable
result = uppercase_runnable.invoke("hello world")
print(result)
```

运行代码查看效果，如下图所示。

2. RunnableLambda 也可以集成 LLM 和 PromptTemplate 向 ChatGPT 提问，代码如下：

```python
from langchain.prompts import PromptTemplate
from langchain.schema.runnable import RunnableLambda
from langchain_openai.chat_models import ChatOpenAI

#配置 OpenAI API Key
openai_api_key = "在此处填写个人 OpenAI API Key"

#配置 PromptTemplate
prompt_template = PromptTemplate(
    input_variables=["question"],
    template="你是一名资深网络工程师，请回答以下问题：\n{question}"
)

#使用 OpenAI API Key，启用 ChatGPT 的 gpt-4o-mini 模型作为 LLM
llm = ChatOpenAI(model="gpt-4o-mini", openai_api_key=openai_api_key)

#使用 RunnableLambda 将 LLM 和 PromptTemplate 串联起来
runnable = RunnableLambda(
```

```
    lambda inputs:
llm.invoke(prompt_template.format(question=inputs["question"])).content
)

#使用 invoke()函数调用 Runnable 并获取回答
response = runnable.invoke({"question": "网络工程师需要优先掌握的技能是什么？"})
print(response)
```

代码分段讲解如下：

a. 以下代码之前都讲解过，这里不再赘述。

```
from langchain.prompts import PromptTemplate
from langchain.schema.runnable import RunnableLambda
from langchain_openai.chat_models import ChatOpenAI

#配置 OpenAI API Key
openai_api_key = "在此处填写个人 OpenAI API Key"

#配置 PromptTemplate
prompt_template = PromptTemplate(
    input_variables=["question"],
    template="你是一名资深网络工程师，请回答以下问题：\n{question}"
)

#使用 OpenAI API Key，启用 ChatGPT 的 gpt-4o-mini 模型作为 LLM
llm = ChatOpenAI(model="gpt-4o-mini", openai_api_key=openai_api_key)
```

b. 这里我们使用 RunnableLambda 将 LLM 和 PromptTemplate 串联起来，注意 lambda inputs: llm.invoke(prompt_template.format(question=inputs["question"])).content 最后的属性 content，如果不添加这个属性，则最后执行 print(response)时会看到 LLM 输出文本里的原始数据（meta data），原始数据包括此次使用 ChatGPT API 总共消耗了多少 input token 和 output token，使用的 LLM 是什么，还有系统指纹等信息，通常来说我们不需要这些信息，所以在这里添加了 content 属性。如果你需要这些原始数据，则去掉 content 属性即可。

```
#使用 RunnableLambda 将 LLM 和 PromptTemplate 串联起来
runnable = RunnableLambda(
    lambda inputs:
llm.invoke(prompt_template.format(question=inputs["question"])).content
```

```
)

#使用 invoke() 函数调用 Runnable 并获取回答
response = runnable.invoke({"question": "网络工程师需要优先掌握的技能是什么？"})
print(response)
```

运行代码查看效果，如下图所示。

RunnableSequence 的用法

对于 RunnableSequence，我们并不陌生。前面提到，从 LangChain 0.1.17 开始，LLMChain 模块已经被废弃（deprecated），未来将在 LangChain 1.0 中被正式移除，而替代 LLMChain 的正是 RunnableSequence。RunnableSequence 可看作链的升级版（更轻量级的链式处理方式），它采用"流水线式"设计，在有多个 Runnable 任务时，负责组织每个任务的执行顺序，每个 Runnable 任务的输出都会自动成为下一个任务的输入，这也意味着 RunnableSequence 用于处理具有先后依赖关系的任务流程（和 RunnableLambda 相反）。接下来举两个例子来讲解 RunnableSequence 的用法。

1. 使用 RunnableSequence 处理简单文本任务，代码如下：

```
from langchain.schema.runnable import RunnableSequence, RunnableLambda

#创建去除文本中空格的自定义函数
def clean_text(text):
    return text.strip()

#创建将文本转换为大写形式的自定义函数
def to_upper(text):
    return text.upper()

#创建为文本添加前缀的自定义函数
def add_prefix(text):
    return f"处理结果: {text}"

#通过 RunnableLambda 封装自定义函数
clean_step = RunnableLambda(clean_text)
upper_step = RunnableLambda(to_upper)
prefix_step = RunnableLambda(add_prefix)

#创建 RunnableSequence，调用每个通过 RunnableLambda 封装的对象
text_chain = RunnableSequence(clean_step, upper_step, prefix_step)

#使用 invoke()函数调用 RunnableSequence，按顺序依次处理文本
result = text_chain.invoke(" hello world ")
print(result)
```

代码分段讲解如下：

a. 在 RunnableLambda 的基础上，从 langchain.schema.runnable 导入 RunnableSequence。

```
from langchain.schema.runnable import RunnableSequence, RunnableLambda
```

b. 创建 3 个自定义函数，依次对它们调用 RunnableLambda 进行封装。

```
#创建去除文本中空格的自定义函数
def clean_text(text):
    return text.strip()

#创建将文本转换为大写形式的自定义函数
def to_upper(text):
    return text.upper()

#创建为文本添加前缀的自定义函数
def add_prefix(text):
    return f"处理结果: {text}"

#通过 RunnableLambda 封装自定义函数
clean_step = RunnableLambda(clean_text)
upper_step = RunnableLambda(to_upper)
prefix_step = RunnableLambda(add_prefix)
```

c. 这里我们使用 RunnableSequence 来调用每个 RunnableLambda 实例，前文讲到，RunnableSequence 采用"流水线式"设计，在有多个 Runnable 任务时负责组织每个任务的执行顺序，每个 Runnable 任务的输出都会自动成为下一个任务的输入。这里我们依次调用 clean_step、upper_step、prefix_step 这 3 个 Runnable 任务，clean_step 任务用 strip()方法将文本内容的首尾空格去掉，upper_step 任务将首尾去掉空格后的文本转换为大写形式，prefix_step 任务在文本的前面添加前缀，即"处理结果："这个文本内容。因为 RunnableSequence 本身是一种升级版的链，所以这里我们将 RunnableSequence 返回的实例赋值给了一个叫作 text_chain 的变量。最后我们使用 invoke()函数调用 Runnable 接口，对首尾各带两个空格的" hello world "文本内容进行处理并打印结果。

```
#创建 RunnableSequence，调用每个通过 RunnableLambda 封装的对象
text_chain = RunnableSequence(clean_step, upper_step, prefix_step)

#使用 invoke()函数调用 RunnableSequence，按顺序依次处理文本
result = text_chain.invoke(" hello world ")
print(result)
```

运行代码查看效果，如下图所示。

2. 再举一例，看看如何使用 RunnableSequence 和 LLM 互动，代码如下：

```
from langchain.schema.runnable import RunnableSequence, RunnableLambda
from langchain_openai.chat_models import ChatOpenAI
from langchain.schema import HumanMessage, SystemMessage

#设置 OpenAI API Key
openai_api_key = "在此处填写个人 OpenAI API key"

#使用 OpenAI API Key，启用 ChatGPT 的 gpt-4o-mini 模型作为 LLM，将 temperature 值设为 0
llm = ChatOpenAI(model="gpt-4", temperature=0, openai_api_key=openai_api_key)

#使用 SystemMessage 和 HumanMessage 创建一个生成 Prompt 的自定义函数
def create_prompt(question):
    return [
        SystemMessage(content="你是一名网络自动化运维工程师。"),
        HumanMessage(content=question)
    ]
```

```
#获取 ChatGPT 输出内容
def get_response(messages):
    return llm.invoke(messages).content

#通过 RunnableLambda 封装自定义函数
prompt_step = RunnableLambda(create_prompt)
response_step = RunnableLambda(get_response)

#创建 RunnableSequence，调用每个 RunnableLambda 实例
qa_chain = RunnableSequence(prompt_step, response_step)

#使用 invoke() 函数调用 RunnableSequence，按顺序依次处理任务
response = qa_chain.invoke("请简要介绍一下 Netdevops 的历史")
print("回答:", response)
```

代码分段讲解如下：

a. 在模块导入部分，我选择放弃 PromptTempate，只用 HumanMessage 和 SystemMessage 来演示。为了让 ChatGPT 回答的内容更精确，这里将 temperature 值设为 0。

```
from langchain.schema.runnable import RunnableSequence, RunnableLambda
from langchain_openai.chat_models import ChatOpenAI
from langchain.schema import HumanMessage, SystemMessage

#设置 OpenAI API Key
openai_api_key = "在此处填写个人 OpenAI API key"

#使用 OpenAI API Key，启用 ChatGPT 的 gpt-4o-mini 模型作为 LLM，将 temperature 值设为 0
llm = ChatOpenAI(model="gpt-4", temperature=0, openai_api_key=openai_api_key)
```

b. 这里首先创建两个自定义函数，create_prompt() 函数用来调用 SystemMessage 和 HumanMessage，get_response() 函数用来获取 ChatGPT 输出内容，然后通过 RunnableLambda 封装这两个函数，将 RunnableLambda 返回的 Runnable 任务通过 RunnableSequence 生成链，最后使用 invoke() 函数调用 RunnableSequence，按顺序依次处理任务，并将 ChatGPT 输出内容打印出来。

```
#使用 SystemMessage 和 HumanMessage 创建一个生成 Prompt 的自定义函数
def create_prompt(question):
```

```
    return [
        SystemMessage(content="你是一名网络自动化运维工程师。"),
        HumanMessage(content=question)
    ]

#获取 ChatGPT 输出内容
def get_response(messages):
    return llm.invoke(messages).content

#通过 RunnableLambda 封装自定义函数
prompt_step = RunnableLambda(create_prompt)
response_step = RunnableLambda(get_response)

#创建 RunnableSequence，调用每个 RunnableLambda 实例
qa_chain = RunnableSequence(prompt_step, response_step)

#使用 invoke()函数调用 RunnableSequence，按顺序依次处理任务
response = qa_chain.invoke("请简要介绍一下 Netdevops 的历史")
print("回答:", response)
```

运行代码查看效果，如下图所示。

RunnableMap 的用法

最后我们来看 RunnableMap 的用法。前面提到，RunnableLambda 的作用是封装自定义函数（可以是普通函数，也可以是 lambda 函数），支持对数据做预处理或者后处理，处理步骤之间没有依赖关系。RunnableSequence 的作用是"流水线式"串行执行多个 Runnable 任务，其任务执行顺序分先后，每个任务之间有依赖关系。

RunnableMap 则可被视为 RunnableLamba 和 RunnableSequence 的结合，它和 RunnableLambda、RunnableSequence 的主要区别在于，RunnableMap 支持并行处理多个任务链，且用户的输入或 Prompt 可被所有任务链共享。RunnableMap 中的每个任务均独立运行且无依赖关系，这一特性与 RunnableLambda 的设计理念一致，不同的地方在于 RunnableLambda 针对单个函数执行，而 RunnableMap 针对多个任务并行执行。

另外，RunnableMap 的输入类型必须为字典（而 RunnableLambda 和 RunnableSequence 的输入类型可以为任何类型），输出类型默认为字典（可以通过 return_keys 参数来修改类型，了解该功能即可），键是定义 RunnableMap 时指定的键名。

接下来举一个例子来介绍 RunnableMap 的用法，代码如下：

```python
from langchain.schema.runnable import RunnableMap
from langchain_openai.chat_models import ChatOpenAI
from langchain.schema import HumanMessage, SystemMessage

#设置 OpenAI API Key
openai_api_key = "在此处填写个人 OpenAI API Key"
#使用 OpenAI API Key，启用 ChatGPT 的 gpt-4o-mini 模型作为 LLM
llm = ChatOpenAI(model="gpt-4o-mini", temperature=0, openai_api_key=openai_api_key)

#创建让 LLM 总结用户输入内容的函数
def get_summary_messages(text):
    return [
        SystemMessage(content="你是一个专业的文本总结助手，请用一句话总结用户的输入。"),
        HumanMessage(content=text)
    ]

#创建让 LLM 翻译用户输入内容的函数
def get_translation_messages(text):
    return [
```

```
        SystemMessage(content="你是一个专业的翻译助手，请将用户的输入准确翻译成英文。"),
        HumanMessage(content=text)
    ]

#创建两个任务链函数，分别对应让 LLM 对用户发送的文本做总结和翻译两项任务
def summary_chain(text):
    messages = get_summary_messages(text)
    return llm.invoke(messages).content
def translation_chain(text):
    messages = get_translation_messages(text)
    return llm.invoke(messages).content

#使用 RunnableMap 对任务链进行并行处理
parallel_chain = RunnableMap({
    "summary": lambda x: summary_chain(x["text"]),
    "translation": lambda x: translation_chain(x["text"])
})

#将需要 LLM 总结和翻译的文本内容通过并行链发送给 LLM，并打印出 LLM 返回的摘要和翻译两项内容
result = parallel_chain.invoke({"text": "工作会占据生活的大部分时间，只有去做自己认为伟大的工
作，才能获得满足感。伟大的工作，是你热爱的东西。如果你还没有找到，请继续寻找，别停下来。正如所有心爱之
物，找到后自然就知道了。"})
print("摘要:", result["summary"])
print("翻译:", result["translation"])

#异步处理示例
async def process_async():
    result = await parallel_chain.ainvoke({"text": text})
    return result
```

代码分段讲解如下：

a. 和 RunnableLambda、RunnableSequence 一样，这里我们从 langchain.schema.runnable 导入 RunnableMap，注意，和 RunnableSequence 不同，RunnableMap 无须依赖 RunnableLambda，它可以独立使用。

```
from langchain.schema.runnable import RunnableMap
from langchain_openai.chat_models import ChatOpenAI
from langchain.schema import HumanMessage, SystemMessage
```

```
#设置 OpenAI API Key
openai_api_key = "在此处填写个人 OpenAI API Key"

#使用 OpenAI API Key，启用 ChatGPT 的 gpt-4o-mini 模型作为 LLM
llm = ChatOpenAI(model="gpt-4o-mini", temperature=0, openai_api_key=openai_api_key)
```

b. 前面讲到，RunnableMap 用于处理多个任务链，这里我们创建两个带 SystemMessage 和 HumanMessage 的自定义函数，分别让 LLM 帮我们总结和翻译后面我们发给 LLM 的一段话。然后我们针对两个自定义函数分别创建对应的任务链，它们返回的值就是 LLM 输出内容。

```
#创建让 LLM 总结用户输入内容的函数
def get_summary_messages(text):
    return [
        SystemMessage(content="你是一个专业的文本总结助手，请用一句话总结用户的输入。"),
        HumanMessage(content=text)
    ]

#创建让 LLM 翻译用户输入内容的函数
def get_translation_messages(text):
    return [

        SystemMessage(content="你是一个专业的翻译助手，请将用户的输入准确翻译成英文。"),
        HumanMessage(content=text)
    ]

#创建任务链函数
def summary_chain(text):
    messages = get_summary_messages(text)
    return llm.invoke(messages).content

def translation_chain(text):
    messages = get_translation_messages(text)
    return llm.invoke(messages).content
```

c. 我们使用 RunnableMap 对两个任务链进行并行处理，将需要 LLM 总结和翻译的文本内容通过并行链发送给 LLM，并打印出 LLM 返回的摘要和翻译两项内容。这里选取一段史蒂夫·乔布斯的名言发送给 gpt-4o-mini，让它对这段话进行总结并翻译。

```
#使用 RunnableMap 对任务链进行并行处理
parallel_chain = RunnableMap({
    "summary": lambda x: summary_chain(x["text"]),
    "translation": lambda x: translation_chain(x["text"])
})

#将需要 LLM 总结和翻译的文本内容通过并行链发送给 LLM，并打印出 LLM 返回的摘要和翻译两项内容
result = parallel_chain.invoke({"text": "工作会占据生活的大部分时间，只有去做自己认为伟大的工
作，才能获得满足感。伟大的工作，是你热爱的东西。如果你还没有找到，请继续寻找，别停下来。正如所有心爱之
物，找到后自然就知道了。"})
print("摘要:", result["summary"])
print("翻译:", result["translation"])
```

　　d. 前面讲到，RunnableMap 支持并行处理任务链，它并行时用到的不再是 invoke()函数
而是 ainvoke()函数，这里我们通过 Python 的 async 异步语句配合 ainvoke()函数对任务链进
行并行处理。下面这段代码仅用于并行，将它去掉也不影响整个程序的运行。因为我们只
用到了两个任务链，所以这里感受不到并行带来的速度优势，但是如果有几十上百个任务
需要同时发送给 LLM，那么并行处理相比同步处理的速度优势就会显现。

```
#异步并行处理示例
async def process_async():
    result = await parallel_chain.ainvoke({"text": text})
    return result
```

　　运行代码查看效果，如下图所示。

```
IDLE Shell 3.13.1                                               —    □    ×
File  Edit  Shell  Debug  Options  Window  Help
   Python 3.13.1 (tags/v3.13.1:0671451, Dec  3 2024, 19:06:28) [MSC v.1942 64 bit (
   AMD64)] on win32
   Type "help", "copyright", "credits" or "license()" for more information.
>>>
   ==================== RESTART: C:\Users\wangy01\Desktop\test.py ====================
   摘要: 追求自己热爱的伟大工作是获得生活满足感的关键，若尚未找到，需持续探索。
   翻译: Work will take up a large part of your life, and the only way to achieve s
   atisfaction is to do what you believe is great work. Great work is something you
    love. If you haven't found it yet, keep searching and don't settle. Just like w
   ith all things you cherish, once you find it, you'll know.
>>>
```

2.5　Memory

在 LangChain 中，Memory（记忆）的作用是跟踪对话历史，让 LLM 在和用户的多轮对话中"记住"上下文，从而产生更连贯的对话。你也许会问：在多轮对话中"记住"上下文这件事难道不是 LLM（比如 ChatGPT）本身要做的事吗？这和我们在 LangChain 中使用 Memory 有什么关系？

在多轮对话中，LLM 确实可以"记住"上下文，但这种记忆和我们在 LangChain 中使用的 Memory 是有区别的，这个问题涉及 LangChain 的 Memory 角色和 LLM 内部机制之间的关系，下面对两者做个大致的介绍和对比。

2.5.1　LLM 的上下文记忆机制

LLM（比如 ChatGPT）在设计上是"无状态"的，它没有真正的长期记忆。LLM 对上下文的"记忆"仅在单次使用 LLM 或者调用 LLM API 时有效，每次"新的使用"都是独立的，LLM 不会记住之前和用户的对话。另外，LLM 本身还受上下文窗口（Context Window）的限制。所谓上下文窗口是指 LLM 在处理输入时能够同时考虑的最大 token 数量，这个 token 数量是用户输入的 Prompt（input token）和 LLM 输出（output token）的 token 数量的总和。举例来说，如果一个 LLM 的上下文窗口是 4000 个 token，那么当用户输入 3000 个 input token 时，LLM 最多只能生成 1000 个 output token。在 gpt-3.5-turbo 中，token 的总数是 4000，在 gpt-4 中是 8000，在 Claude 中是 100000，在本地 LLM Llama 2 中则是 4000。LLM 的上下文窗口这一机制导致用户不能直接输入超过窗口大小的 Prompt 和文档（如果超过的话，则需要分块处理长文本），更不能无限制地保存和 LLM 的对话历史。

2.5.2　Memory 的上下文记忆机制

LangChain 的 Memory 模块则通过在本地存储对话历史来解决 LLM 的"无状态"问题。Memory 会将每次对话的内容都存储起来，在后续对话中自动将这些内容作为上下文添加到输入中。每次我们通过 LangChain 调用 LLM API 时，Memory 都会自动把对话历史也发送给 LLM，向其提供完整的上下文，相当于我们自动管理了"给 LLM 的参考资料"，向 LLM 提供了一份"备忘录"。另外，用户在和 LLM 的多轮对话中不是每次都需要完整的历史记录，LangChain 的 Memory 能灵活地根据任务需求选择保存的内容，比如只保存关键信息（用户意图等）或提取并保存结构化知识（比如知识图谱）。

2.5.3　Memory 的应用

LangChain 提供了多种类型的 Memory，包括 ConversationBufferMemory、Conversation-SummaryMemory、ConversationBufferWindowMemory、ConversationKGMemory 等，最常见的是前两种，这里举例介绍它们的使用方法，后两种不在本书的讨论范围，有兴趣的读者可以自行扩展阅读。

1. ConversationBufferMemory 在本地最基础的用法，示例代码如下：

```
from langchain.memory import ConversationBufferMemory

#创建 ConversationBufferMemory
memory = ConversationBufferMemory()

#保存对话内容
memory.save_context(
    {"input": "你好。"},
    {"output": "你好! 有什么可以帮你的吗? "}
)

#获取对话历史
history = memory.load_memory_variables({})
print("对话历史: ", history)
```

代码分段讲解如下：

a. 模块导入部分很直观，我们从 LangChain 核心模块之一的 Memory 导入 Conversation-BufferMemory。ConversationBufferMemory 是 LangChain 提供的一个简单的对话记忆组件，它会按时间顺序存储所有对话历史。

```
from langchain.memory import ConversationBufferMemory
```

b. 调用 ConversationBufferMemory()后，我们使用 save_context()来模拟一轮用户和 LLM 之间的对话，其中{"input": "你好。"}模拟的是用户输入的 Prompt，{"output": "你好! 有什么可以帮你的吗? "}模拟的是 LLM 回答的内容。每次我们调用 save_context()就相当于记录了一轮对话。后面调用 load_memory_variables()时，就可以获取之前存储的所有对话历史。

这对于需要理解上下文的对话场景很有用，因为可以让 LLM 看到之前的对话内容以便保持对话的连贯性。

```python
#创建 ConversationBufferMemory
memory = ConversationBufferMemory()

#保存对话内容
memory.save_context(
    {"input": "你好。"},
    {"output": "你好! 有什么可以帮你的吗? "}
)

#获取对话历史
history = memory.load_memory_variables({})
print("对话历史: ", history)
```

运行代码查看效果，如下图所示。

```
IDLE Shell 3.10.6                                                    —    □    ×
File Edit Shell Debug Options Window Help
    Python 3.10.6 (tags/v3.10.6:9c7b4bd, Aug  1 2022, 21:53:49) [MSC v.1932 64 bit (
    AMD64)] on win32
    Type "help", "copyright", "credits" or "license()" for more information.
>>>
    ==================== RESTART: C:\Users\wangy01\Desktop\test.py ====================

    Warning (from warnings module):
      File "C:\Users\wangy01\Desktop\test.py", line 4
        memory = ConversationBufferMemory()
    LangChainDeprecationWarning: Please see the migration guide at: https://python.l
    angchain.com/docs/versions/migrating_memory/
    对话历史: {'history': 'Human: 你好。\nAI: 你好! 有什么可以帮你的吗? '}
>>>
```

可以看到，在输出对话历史的时候，之前我们输入的字典{"input": "你好。"}被格式化为"Human: 你好。"，输出的字典{"output": "你好！有什么可以帮你的吗？"}被格式化为"AI: 你好！有什么可以帮你的吗？"，这个字符串格式的转换是由 ConversationBufferMemory 的内部格式化器（formatter）完成的。这种格式化是为了让存储的对话历史更清晰地表明每句话的来源，方便 LLM 后续更好地理解对话的上下文。另外，图中的 Warning 提示 LangChain 有意在将来把 Memory 迁移到 LangGraph 中，LangGraph 不在本书讨论范围，有兴趣的读者可以自行扩展阅读。

2. ConversationBufferMemory 的在线使用方式，示例代码如下：

```
from langchain.memory import ConversationBufferMemory
from langchain.prompts import PromptTemplate
from langchain_openai.chat_models import ChatOpenAI

#设置 OpenAI API Key
openai_api_key = "在此处填写个人的 OpenAi API key"

#使用 OpenAI API Key，启用 ChatGPT 的 gpt-4o-mini 模型作为 LLM
llm = ChatOpenAI(model="gpt-4o-mini", temperature=0, openai_api_key=openai_api_key)

#创建带记忆的对话 PromptTemplate
template = """对话历史:
{history}
Human: {input}
AI: """
prompt_template = PromptTemplate(input_variables=["history",
"input"],template=template)

#创建 ConversationBufferMemory
memory = ConversationBufferMemory()
#开始对话循环
print("开始对话 (输入 'quit' 结束对话)")
while True:
    user_input = input("你: ")
    if user_input.lower() == 'quit':
        #在退出时打印完整的对话历史
        history = memory.load_memory_variables({})
        print("\n=== 完整的对话历史 ===")
        print(history.get('history', '没有对话历史'))
        print("==================\n")
```

```
        break

    #获取对话历史
    history = memory.load_memory_variables({})

    #构建完整的 PromptTemplate
    formatted_prompt = prompt_template.format(
        history=history.get('history', ''),
        input=user_input
    )

    #获取 LLM 输出内容
    response = llm.predict(formatted_prompt)
    print("AI:", response)
    #保存对话内容
    memory.save_context(
        {"input": user_input},
        {"output": response}
    )
```

代码分段讲解如下：

a. 前面部分代码没有太多可讲的，这里只需要注意我们创建了一个带记忆的对话 PromptTemplate，包含对话历史，以及用户输入内容和 LLM 输出内容。

```
from langchain.memory import ConversationBufferMemory
from langchain.prompts import PromptTemplate
from langchain_openai.chat_models import ChatOpenAI

#设置 OpenAI API Key
openai_api_key = "在此处填写个人的 OpenAi API key"

#使用 OpenAI API Key，启用 ChatGPT 的 gpt-4o-mini 模型作为 LLM
llm = ChatOpenAI(model="gpt-4o-mini", temperature=0, openai_api_key=openai_api_key)

#创建带记忆的对话 PromptTemplate
template = """对话历史:
{history}
Human: {input}
AI: """

prompt_template = PromptTemplate(input_variables=["history",
"input"],template=template)
```

```
#创建 ConversationBufferMemory
memory = ConversationBufferMemory()
```

　　b. 既然要用到 Memory 记录对话历史的功能，那肯定需要我们和 LLM 进行多轮对话，这里我们首先用 while True 循环来实现，然后通过输入 quit 来结束对话。在对话过程中我们会调用 ConversationBufferMemory 的 load_memory_variables({})来获取对话历史并赋值给 history 变量（注意 load_memory_variables({})返回的值为字典），每次我们向 LLM 发送新的 Prompt 时，都会把之前的对话历史一起发送给 LLM，这样 LLM 每次回答时都能看到完整的对话上下文，从而达到帮助它"记忆"的目的。对话结束后，我们继续调用字典的 get()函数来打印对话历史。如果我们运行程序后没有向 LLM 输入任何信息就直接退出了，那么对话历史内容将为"没有对话历史"（get()函数的默认值）。

　　另外注意，这里我们用 llm.predict(formatted_prompt)向 LLM 发送 Prompt 并获取回答，而非 invoke()。predict()相较于 invoke()来说是一个更简单的函数，它直接返回 LLM 的字符串格式的回答内容，而 invoke()则返回更复杂的对象，包含完整的输入输出信息和原始数据（meta data）。对于简单的对话场景使用 predict()更直接，如果需要访问更多原始数据或做更复杂的处理，则使用 invoke()更合适（比如，前面在讲 RunnableLambda 时我们就提到了，可以通过不加 content 属性的 invoke()看到原始数据）。

```
#开始对话循环
print("开始对话 (输入 'quit' 结束对话)")
while True:
    user_input = input("你: ")
    if user_input.lower() == 'quit':
        #在退出时打印完整的对话历史
        history = memory.load_memory_variables({})
        print("\n=== 完整的对话历史 ===")
        print(history.get('history', '没有对话历史'))
        print("==================\n")
        break

    #获取对话历史
    history = memory.load_memory_variables({})

    #构建完整的 PromptTemplate
    formatted_prompt = prompt_template.format(
        history=history.get('history', ''),
        input=user_input
```

```
    )

    #获取 LLM 输出内容
    response = llm.predict(formatted_prompt)

print("AI:", response)

    #保存对话内容
    memory.save_context(
        {"input": user_input},
        {"output": response}
    )
```

运行代码查看效果，这里我用英文向 gpt-4o-mini 模型发送了 3 个 Prompt，在输入 quit 结束对话后程序打印出了完整的对话历史，如下图所示。

3. 继续举例讲解 ConversationSummaryMemory 的使用方法。ConversationSummaryMemory 和 ConversationBufferMemory 的使用方法类似，不同点在于 ConversationSummaryMemory 自带对用户和 LLM 的对话内容做总结的功能，这里我们直接使用上面的例子，将 ConversationSummaryMemory 替换为 ConversationBufferMemory 即可，代码如下：

```python
from langchain.memory import ConversationSummaryMemory
from langchain_openai.chat_models import ChatOpenAI
from langchain.prompts import PromptTemplate

#设置 OpenAI API Key
openai_api_key = "在此处填写个人的 OpenAI API key"

#使用 OpenAI API Key，启用 ChatGPT 的 gpt-4o-mini 模型作为 LLM
llm = ChatOpenAI(model="gpt-4o-mini", temperature=0, openai_api_key=openai_api_key)

#创建带总结功能的记忆对象
memory = ConversationSummaryMemory(llm=llm)

#创建 PromptTemplate
template = """对话总结:
{history}
Human: {input}
AI: """

prompt_template = PromptTemplate(
    input_variables=["history", "input"],
    template=template
)

#开始对话循环
print("开始对话 (输入 'quit' 结束对话)")
while True:
    user_input = input("你: ")
    if user_input.lower() == 'quit':
        #退出时显示对话总结
        history = memory.load_memory_variables({})
```

```
    print("\n=== 对话总结 ===")
    print(history.get('history', '没有对话记录'))
    print("==============\n")
    break

#获取对话总结
history = memory.load_memory_variables({})

#构建完整 PromptTemplate
formatted_prompt = prompt_template.format(
    history=history.get('history', ''),
    input=user_input
)

#获取 LLM 输出内容
response = llm.predict(formatted_prompt)
print("AI:", response)

#保存对话用于总结
memory.save_context(
    {"input": user_input},
    {"output": response}
)
```

ConversationSummaryMemory 和 ConversationBufferMemory 的用法几乎完全一致，此处不再赘述代码的具体实现细节，我们直接运行代码查看效果，如下图所示。

```
IDLE Shell 3.13.1                                              —    □    ×
File  Edit  Shell  Debug  Options  Window  Help
Python 3.13.1 (tags/v3.13.1:0671451, Dec  3 2024, 19:06:28) [MSC v.1942 64 bit (
AMD64)] on win32
Type "help", "copyright", "credits" or "license()" for more information.
>>>
==================== RESTART: C:\Users\wangy01\Desktop\test.py ====================

Warning (from warnings module):
  File "C:\Users\wangy01\Desktop\test.py", line 12
    memory = ConversationSummaryMemory(llm=llm)
LangChainDeprecationWarning: Please see the migration guide at: https://python.l
angchain.com/docs/versions/migrating_memory/
开始对话 (输入 'quit' 结束对话)
你: 你好

Warning (from warnings module):
  File "C:\Users\wangy01\Desktop\test.py", line 47
    response = llm.predict(formatted_prompt)
LangChainDeprecationWarning: The method `BaseChatModel.predict` was deprecated i
n langchain-core 0.1.7 and will be removed in 1.0. Use :meth:`~invoke` instead.
AI: 你好！有什么我可以帮助你的吗？
你: 今天是几号？
AI: AI: 今天是几号我不太清楚，但你可以查看你的设备上的日期。还有其他我可以帮助你的吗？
你: 今天新加坡的天气怎么样？
AI: AI可以提供新加坡的天气信息，建议人类查看天气应用或网站以获取最新的天气预报。如果需要其他
帮助，AI也乐意提供支持。
你: quit

=== 对话总结 ===
The human greets the AI in Chinese, and the AI responds warmly, asking if there
is anything it can help with. The human then asks what the date is, and the AI r
eplies that it is unsure but suggests checking the device for the date, offering
 further assistance if needed. The human inquires about the weather in Singapore
, and the AI offers to provide weather information, recommending that the human
check a weather app or website for the latest forecast, while also expressing wi
llingness to assist further if needed.
================

>>>
                                                              Ln: 28  Col:
```

可以看到，我们是用中文向 LLM 发送 Prompt 的，但是 ConversationSummaryMemory 在总结的时候使用的是英文，这是因为它默认使用英文 PromptTemplate，要让它生成中文总结，我们需要自定义总结的 PromptTemplate：

```
#创建 PromptTemplate
template = """请用中文做对话总结:
{history}
Human: {input}
AI: """
```

2.6 Tools

接下来，我们学习 LangChain 中最后一个核心模块 Tools（工具）。工具通常来说是一个可调用的函数，具有名称、描述和实际执行逻辑，它能够协助 LLM 执行搜索、计算、API 调用等外部操作。接下来举例讲解 Tools 的用法。

2.6.1 使用 Tools 集成的搜索工具

LangChain 自带了一些现成的工具，比如搜索引擎的 API，这里举例讲解，代码如下：

```python
from langchain.tools import Tool
from langchain_community.tools import DuckDuckGoSearchResults

#创建搜索工具
search_tool = Tool(
    name="DuckDuckGo Search",
    description="用于进行网络搜索查询的工具",
    func=DuckDuckGoSearchResults().run
)

#执行搜索任务
search_result = search_tool.run("Netmiko 最新版本特性")
print("搜索结果:", search_result)
```

代码分段讲解如下：

a. LangChain 的 Tools 模块中主要集成了两个搜索工具：GoogleSerperAPIWrapper 和 DuckDuckGoSearchResults。其中 GoogleSerperAPIWrapper 需要在 Serper（一家专门做 Google 搜索 API 的公司）的官网注册并获取 Serper API Key 才能使用，而且 Serper API Key 并不是免费的。而 DuckDuckGoSearchResults（DuckDuckGoSearch 是一个不追踪用户搜索历史、注重用户隐私的独立搜索引擎）则无须 API Key 就可以免费使用，因此这里我们通过 from langchain_community.tools import DuckDuckGoSearchResults 导入已经集成在 LangChain 的 Tools 模块里的 DuckDuckGoSearchResults。

```python
from langchain.tools import Tool
from langchain_community.tools import DuckDuckGoSearchResults
```

注意，虽然 DuckDuckGoSearchResults 本身已经集成在了 langchain_community.tools 里，但我们还是必须通过 pip 安装 duckduckgo-search 模块后才能使用，如下图所示。

```
C:\Users\wangy0l>pip install -U duckduckgo-search
Collecting duckduckgo-search
  Downloading duckduckgo_search-7.2.1-py3-none-any.whl.metadata (17 kB)
Collecting click>=8.1.7 (from duckduckgo-search)
  Downloading click-8.1.8-py3-none-any.whl.metadata (2.3 kB)
Collecting primp>=0.10.0 (from duckduckgo-search)
  Downloading primp-0.10.1-cp38-abi3-win_amd64.whl.metadata (12 kB)
Collecting lxml>=5.3.0 (from duckduckgo-search)
  Downloading lxml-5.3.0-cp313-cp313-win_amd64.whl.metadata (3.9 kB)
Requirement already satisfied: colorama in c:\users\wangy0l\appdata\local\programs\python\python313\lib\site-packages (f
rom click>=8.1.7->duckduckgo-search) (0.4.6)
Downloading duckduckgo_search-7.2.1-py3-none-any.whl (19 kB)
Downloading click-8.1.8-py3-none-any.whl (98 kB)
Downloading lxml-5.3.0-cp313-cp313-win_amd64.whl (3.8 MB)
   ━━━━━━━━━━━━━━━━━━━━━━━━━━━━━━━━━━━━━━━━ 3.8/3.8 MB 6.1 MB/s eta 0:00:00
Downloading primp-0.10.1-cp38-abi3-win_amd64.whl (3.2 MB)
   ━━━━━━━━━━━━━━━━━━━━━━━━━━━━━━━━━━━━━━━━ 3.2/3.2 MB 7.8 MB/s eta 0:00:00
Installing collected packages: primp, lxml, click, duckduckgo-search
Successfully installed click-8.1.8 duckduckgo-search-7.2.1 lxml-5.3.0 primp-0.10.1

C:\Users\wangy0l>
```

b. 前面提到，LangChain 的工具是一个可调用的函数，具有名称、描述和实际执行逻辑，分别对应 Tool()函数中的 name、description 和 func 参数，把 Tool()赋值给变量 search_tool 后直接调用 run()函数，把我们想要搜索的内容放进 run()函数中就能用了，这里我们通过 DuckDuckGoSearch 来搜索“Netmiko 最新版本特性”。

```
#创建搜索工具
search_tool = Tool(
    name="DuckDuckGo Search",
    description="用于进行网络搜索查询的工具",
    func=DuckDuckGoSearchResults().run
)

#执行搜索任务
search_result = search_tool.run("Netmiko 最新版本特性")
print("搜索结果:", search_result)
```

运行代码查看效果，如下图所示。

```
IDLE Shell 3.13.1                                                  —    □    ×
File  Edit  Shell  Debug  Options  Window  Help
Python 3.13.1 (tags/v3.13.1:0671451, Dec  3 2024, 19:06:28) [MSC v.1942 64 bit (
AMD64)] on win32
Type "help", "copyright", "credits" or "license()" for more information.
>>>
==================== RESTART: C:\Users\wangy01\Desktop\test.py ====================
搜索结果: snippet: Netmiko's session_log has certain scenarios where it was faili
ng to hide the default no_log items ("secret" and "password"). This bug has gene
rally been fixed though there are likely edge scenarios where this could still h
appen. Given the nature of the session_log it should always be viewed as a secur
ity sensitive file., title: Releases · ktbyers/netmiko - GitHub, link: https://g
ithub.com/ktbyers/netmiko/releases, snippet: Netmiko aims to accomplish both of
these operations and to do it across a very broad set of platforms. It seeks to
do this while abstracting away low-level state control (i.e. eliminate low-level
 regex pattern matching to the extent practical). Getting Started. Getting Start
ed;, title: netmiko - PyPI, link: https://pypi.org/project/netmiko/, snippet: 相
较于Paramiko，Netmiko将很多细节优化和简化，比如不需要导入time模块做休眠，输入每条命令不需
要在后面加换行符\n，不需要执行config term，exit，end等命令，提取、打印回显内容更方便，可以
配合Jinja2模块调用配置模板，以及配合TextFSM、pyATS、Genie等模块将回显 ..., title: 网络
工程师的Python之路 -- Netmiko终极指南 - 知乎, link: https://zhuanlan.zhihu.com/p/36
7962211, snippet: Netmiko simplifies connecting to a variety of network devices,
 including Cisco, Juniper, and Arista hardware. To begin, let's establish a conn
ection to a Cisco router and retrieve basic information., title: Getting Started
 with Netmiko in Python - Medium, link: https://medium.com/@ccpythonprogramming/
getting-started-with-netmiko-in-python-ca068d64927a
>>>
```

可以看到，只靠 DuckDuckGoSearchResults 得到的搜索结果不仅重点不突出，还很不易读，我们需要借助 LLM 来帮我们归纳、总结和提取有用的信息。

2.6.2　使用 Tools 集成的搜索工具配合 LLM

接下来，我们看看怎么使用 Tools 集成的搜索工具配合 LLM，让 LLM 帮我们提炼和总结 DuckDuckGoSearch 返回的搜索内容，代码如下：

```python
from langchain_community.tools import DuckDuckGoSearchResults
from langchain_core.tools import Tool
from langchain_openai.chat_models import ChatOpenAI
from langchain.prompts import PromptTemplate
from langchain.agents import initialize_agent, AgentType

#设置 OpenAI API Key
```

```
openai_api_key = "在此处填写个人的 OpenAI API key"

#使用 OpenAI API Key 启用 ChatGPT 的 gpt-4o-mini 模型作为 LLM
llm = ChatOpenAI(model="gpt-4o-mini", temperature=0, openai_api_key=openai_api_key)

#创建搜索工具
def search_tool_func(query):
    search_results = DuckDuckGoSearchResults(num_results=3).run(query)
    return search_results

search_tool = Tool(
    name="DuckDuckGo Search",
    func=search_tool_func,
    description="用于获取最新网络搜索结果的工具"
)

#创建智能体
agent = initialize_agent(
    tools=[search_tool],
    llm=llm,
    agent=AgentType.ZERO_SHOT_REACT_DESCRIPTION,
)

#示例任务：根据搜索结果总结摘要并打印出来
def generate_summary(topic):
    #使用智能体执行搜索任务并总结摘要
    result = agent.invoke({"input": f"搜索有关{topic}的信息，生成一个简洁的摘要"})
    return result["output"]
summary = generate_summary("Netmiko 最新版本特性")
print(summary)
```

代码分段讲解如下：

a. 在模块导入部分，这里我们导入了 LangChain 的另外一个模块 Agent（智能体）里的 initialize_agent 和 AgentType。之前我们在讲链的时候提到了 Tools 是链的组件之一，可以在 LLMChain 中被直接调用，但是因为 LLMChain 已经被 LangChain 官方宣布废弃，并将在未来的 1.0 版本中被正式删掉，所以这里我们用 Agent 来替代链。Agent 和链、Runnable 的共同点在于它们都支持将 LangChain 的关键组件（LLM、PromptTemplate、OutputParser 和 Tools），封装在一个统一的执行框架中。不同点在于 Agent 相较于链和 Runnable 具有推理和决策能力，它能够根据上下文判断任务目标，适合在执行过程中需要调用多个工具完成的复杂任务（比如根据实时数据生成报告），更多关于 Agent 的内容会在第 4 章中详细介绍，这里简单了解即可。

```
from langchain_community.tools import DuckDuckGoSearchResults
from langchain_core.tools import Tool
from langchain_openai.chat_models import ChatOpenAI
from langchain.prompts import PromptTemplate
from langchain.agents import initialize_agent, AgentType
```

b. 我们首先启用 LLM、创建搜索工具，然后通过 Agent 的 initialize_agent()将它们放在一起（类似于 LLMChain 和 RunnableSequence），分别赋值给 initialize_agent()里的 llm 和 tools 参数，第三个参数 agent=AgentType.ZERO_SHOT_REACT_DESCRIPTION 用来描述 Agent 的推理和决策模式，这里的"ZERO_SHOT"意味着 Agent 无须预先训练就能处理新任务，它能根据任务描述和可用工具直接推理解决方案（有点类似于人类遇到新问题时的即兴思考），"REACT"代表 Reasoning and Acting（推理与行动），其工作流程大致为：理解问题→推理需要哪些步骤→选择合适工具→执行并评估结果，"DESCRIPTION"则用来向 Agent 提供关于工具和任务的文字描述，Agent 通过这些描述来理解如何使用工具。

最后使用 Agent 执行搜索任务，并配合 LLM 对搜索结果做总结。和上面的例子一样，这里我们也在 DuckDuckGoSearch 里搜索"Netmiko 最新版本特性"相关的信息。

```
#设置 OpenAI API Key
openai_api_key = "在此处填写个人的 OpenAI API key"

#使用 OpenAI API Key 启用 ChatGPT 的 gpt-4o-mini 模型作为 LLM
llm = ChatOpenAI(model="gpt-4o-mini", temperature=0, openai_api_key=openai_api_key)

#创建搜索工具
def search_tool_func(query):
    search_results = DuckDuckGoSearchResults(num_results=3).run(query)
    return search_results

search_tool = Tool(
    name="DuckDuckGo Search",
    func=search_tool_func,
    description="用于获取最新网络搜索结果的工具"
)
```

```
#创建智能体
agent = initialize_agent(
    tools=[search_tool],
    llm=llm,
    agent=AgentType.ZERO_SHOT_REACT_DESCRIPTION,
)

#示例任务：根据搜索结果总结摘要并打印出来
def generate_summary(topic):
    #使用智能体执行搜索任务并总结摘要
    result = agent.invoke({"input": f"搜索有关{topic}的信息，生成一个简洁的摘要"})
    return result["output"]
summary = generate_summary("Netmiko 最新版本特性")
print(summary)
```

运行代码查看效果，如下图所示。

可以清晰地看到，通过使用 Agent 的调度，LLM 能够将 DuckDuckGoSearch 搜索获取的“Netmiko 最新版本特性”信息进行系统性的梳理和总结，大大提升了搜索内容的质量和可读性。

3

第 3 章

AI 在计算机网络运维中
的应用（在线 LLM）

在前面的章节中已经对 ChatGPT API 和 LangChain 的用法进行了详细介绍，在本章中将以实例讲解如何通过它们来将 LLM 应用到计算机网络运维中，从而实现 AIOps。本章中所有的实验案例均取材于作者工作中实际验证过的代码，并做了相应的脱敏处理。作者在开展实验时，所用的实验设备是真实的思科 9300 交换机。如果读者使用的是其他厂商的设备，可以根据自身设备的实际情况，将实验中涉及的命令替换为对应厂商设备的命令。代码里的大部分注释部分采用英文书写，并在 PromptTemplate 中用英文向 LLM 发送 Prompt。另外，在开始实验前，务必确保运行 AIOps 脚本的主机与本地或远程网络设备能够正常通信。

3.1 实验 1：使用 ChatGPT 登录交换机并执行单个 show 命令

我们从一个最简单的 AIOps 应用开始，看看如何通过 LangChain 的 LLM 模块来调用 gpt-4o-mini 模型，通过 API 向 ChatGPT 发送 PromptTemplate，让它登录指定的交换机，输入 show 命令并返回响应内容，实验代码如下：

```
from netmiko import ConnectHandler
from langchain.prompts import PromptTemplate
from langchain_openai import ChatOpenAI
from langchain_core.runnables import RunnableLambda


OPENAI_API_KEY = "在此处填写个人的 OpenAI API key"
USERNAME = "在此处填写个人用 SSH 登录交换机的用户名"
PASSWORD = "在此处填写个人用 SSH 登录交换机的密码"


def run_commands_on_switch(device_ip, username, password, command):
    try:
        print(f"Connecting to {device_ip}...")
        device = {
            "device_type": "cisco_ios",
            "ip": device_ip,
            "username": username,
            "password": password,
        }
        with ConnectHandler(**device) as ssh_conn:
            print(f"Running command: {command}")
            output = ssh_conn.send_command(command)
            return f"\n=== Output for '{command}' ===\n{output}"
    except Exception as e:
        return f"Error: {str(e)}"


llm = ChatOpenAI(model="gpt-4o-mini", openai_api_key=OPENAI_API_KEY)

prompt = PromptTemplate(
    input_variables=["user_query"],
    template="""

    You are a network assistant. Parse the user's query to extract the following:
    1. The command to run on the switch
    2. The IP address of the switch

    Query: "{user_query}"
    Response Format:
    Command: <command>
```

```
    IP: <switch_ip>
    """
)

parse_chain = RunnableLambda(
    lambda inputs: llm.invoke(prompt.format(user_query=inputs["user_query"]))
)

#Process a user query, parse it, connect to the switch and run the commands.
def process_query(user_query, username, password):
    #Step 1: Parse the query using LLM
    print("Parsing user query...")
    parsed_response = parse_chain.invoke({"user_query": user_query})
    parsed_content = parsed_response.content
    print("Parsed Response:\n", parsed_content)

    command, device_ip = None, None
    for line in parsed_content.splitlines():
        if line.startswith("Command:"):
            command = line.split("Command:")[1].strip()
        elif line.startswith("IP:"):
            device_ip = line.split("IP:")[1].strip()

    if not command or not device_ip:
        return "Could not parse the query. Ensure you specify a command and device IP."

    #Step 2: Run the command on the switch
    print(f"Executing command '{command}' on device {device_ip}...")
    result = run_command_on_switch(device_ip, username, password, command)
    return result

if __name__ == "__main__":
    print("\n=== LLM-Powered Network Automation ===\n")
    while True:
        user_query = input("Enter your query (e.g., 'Run show version on 172.16.x.x') or
type 'exit' to quit: ")
        if user_query.lower() == 'exit':
            print("Exiting... Goodbye!")
            break
        output = process_query(user_query, USERNAME, PASSWORD)
```

```
    print("\n=== Command Output ===")
    print(output)
```

代码分段讲解如下：

a. 在模块导入部分，用到了 LangChain 的 PromptTemplate、ChatOpenAI 和 RunnableLambda，关于它们的作用和用法已经在前面进行了详细的讲解。除此以外，我们还导入了 NetDevOps 网络工程师的"老朋友"netmiko，因为需要通过它来实现网络设备的 SSH 远程登录。关于 netmiko 的用法，请参考《网络工程师的 Python 之路》一书，本书中不再赘述。

```
from netmiko import ConnectHandler
from langchain.prompts import PromptTemplate
from langchain_openai import ChatOpenAI
from langchain_core.runnables import RunnableLambda
```

b. 在下面的代码中，创建了一个调用 netmiko 的自定义函数 run_command_on_switch (device_ip, username, password, command)，启用了 ChatGPT 的 gpt-4o-mini 模型作为 LLM，并采用了 ChatGPT 默认的 temperature 值 0.7（在某些场景下可能需要调整，这将在后面的实验 3 和实验 4 中详细说明）。

```
OPENAI_API_KEY = "在此处填写个人的 OpenAI API key"
USERNAME = "在此处填写个人用 SSH 登录交换机的用户名"
PASSWORD = "在此处填写个人用 SSH 登录交换机的密码"

def run_commands_on_switch(device_ip, username, password, command):
    try:
        print(f"Connecting to {device_ip}...")
        device = {
            "device_type": "cisco_ios",
            "ip": device_ip,
            "username": username,
            "password": password,
        }
        with ConnectHandler(**device) as ssh_conn:
            print(f"Running command: {command}")
            output = ssh_conn.send_command(command)
            return f"\n=== Output for '{command}' ===\n{output}"
    except Exception as e:
        return f"Error: {str(e)}"
```

```
llm = ChatOpenAI(model="gpt-4o-mini", openai_api_key=OPENAI_API_KEY)
```

  c. 在设置 PromptTemplate 的部分告诉 gpt-4o-mini 模型：它是一名网络助手，它的职责是对我们向它发送的 Prompt 进行解析，从中提取两个关键词：向交换机发送的 show 命令和登录交换机的 IP 地址，这两个关键词将作为参数供后面调用 netmiko 的 run_command_on_switch(device_ip, username, password, command)函数使用。

```
prompt = PromptTemplate(
    input_variables=["user_query"],
    template="""
You are a network assistant. Parse the user's query to extract the following:
1. The command to run on the switch
2. The IP address of the switch

Query: "{user_query}"
Response Format:
Command: <command>
IP: <switch_ip>
    """
)

parse_chain = RunnableLambda(
    lambda inputs: llm.invoke(prompt.format(user_query=inputs["user_query"]))
)
```

  d. 接着，创建一个 process_query(user_query, username, password)自定义函数来处理用户的 Prompt，其原理是用 RunnableLambda 的 invoke()将用户的 Prompt 发送给 LLM 进行理解。举个例子，假设我们向 LLM 发送 Prompt "run show clock on 172.16.1.1"，因为前面已经通过 PromptTemplate 告诉 LLM 它的身份是一名网络助理，在这种语境下，LLM 会自动将 "run show clock on 172.16.1.1" 这句 Prompt 里面的 show clock 理解为命令，将 172.16.1.1 理解为 IP 地址，那么 LLM 在返回给我们的内容里（即 parsed_content = parsed_response.content）会帮我们将 show clock 归类为 Command:，将 172.16.1.1 归类为 IP:，我们对 LLM 返回的字符串内容调用 splitlines()，将其转换成列表，用 for 循环遍历列表里的每一个字符串元素（for line in parsed_content.splitlines():），将以 Command:和 IP:开头的字符串元素里的命令和 IP 地址提取出来，将其赋值给 command 和 device_ip 这两个变量。

```
#Process a user query, parse it, connect to the switch and run the commands.
def process_query(user_query, username, password):
    #Step 1: Parse the query using LLM
    print("Parsing user query...")
    parsed_response = parse_chain.invoke({"user_query": user_query})
    parsed_content = parsed_response.content
    print("Parsed Response:\n", parsed_content)
    command, device_ip = None, None
    for line in parsed_content.splitlines():
        if line.startswith("Command:"):
            command = line.split("Command:")[1].strip()
        elif line.startswith("IP:"):
            device_ip = line.split("IP:")[1].strip()

    if not command or not device_ip:
        return "Could not parse the query. Ensure you specify a command and device IP."
```

　　e. 把 command 和 device_ip 两个变量放入 netmiko 相关的 run_command_on_switch (device_ip, username, password, command) 函数里，就可以实现登录交换机并执行命令的任务了。简而言之，其核心原理是：通过 LangChain 向 LLM 发送 Prompt，LLM 从我们的 Prompt 中提取关键信息，找出设备命令和 IP 地址两个参数，将这两个参数放入 netmiko 中执行，netmiko 实际通过 SSH 登录指定的交换机、执行命令并返回响应内容。这几个步骤是在本地计算机上完成的，与 LLM 无关，这样我们就实现了一个最简单的 AIOps 应用。

```
    #Step 2: Run the command on the switch
    print(f"Executing command '{command}' on device {device_ip}...")
    result = run_command_on_switch(device_ip, username, password, command)
    return result

if __name__ == "__main__":
    print("\n=== LLM-Powered Network Automation ===\n")
    while True:
        user_query = input("Enter your query (e.g., 'Run show version on 172.16.x.x') or
type 'exit' to quit: ")
        if user_query.lower() == 'exit':
            print("Exiting... Goodbye!")
            break
        output = process_query(user_query, USERNAME, PASSWORD)
```

```
print("\n=== Command Output ===")
print(output)
```

运行代码查看效果，如下图所示。

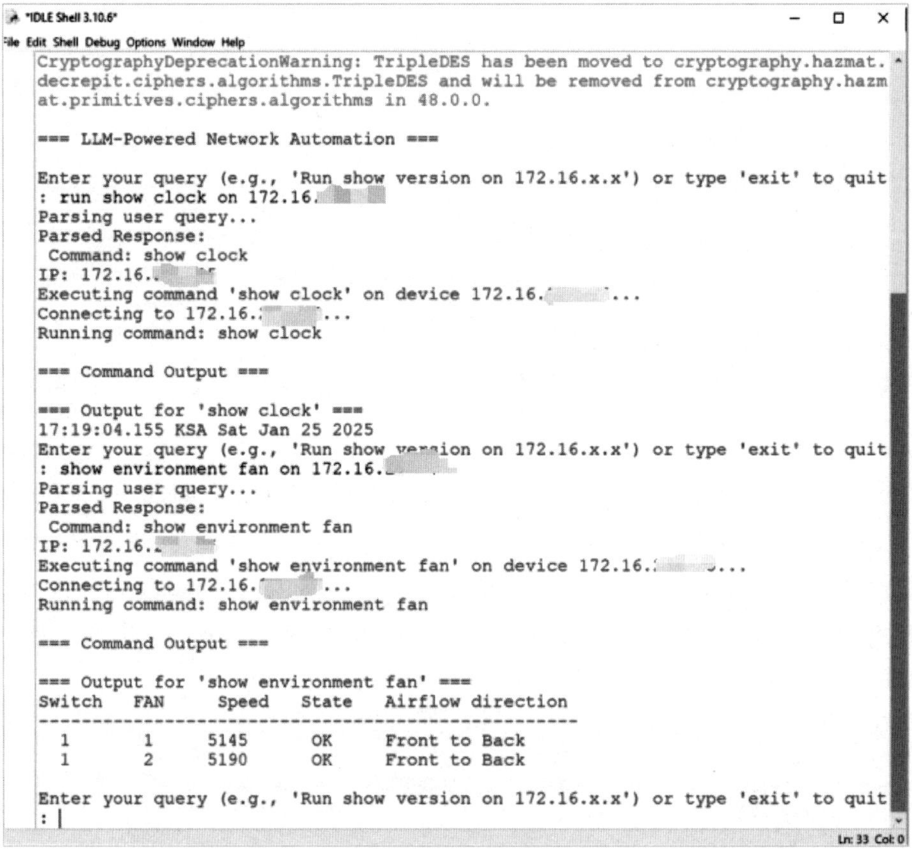

在这里，我们向 LLM 发送了两个 Prompt。第一次我们用"run show clock on 172.16.x.x"让 LLM 登录交换机 172.16.x.x，执行命令 show clock 并返回响应内容，在=== Output for 'show clock' ===下面可以看到 17:19:04.155 KSA Sat Jan 25 2025 的文字，说明我们的第一个 AIOps 脚本运行成功。因为在代码中用到了 while True，所以我们还可以继续向 LLM 发送 Prompt。第二次我们发送"show environment fan on 172.16.x.x"给 LLM，注意这里故意去掉了第一次 Prompt 中的第一个单词"run"，但是 LLM 依然能够正确理解我们的意思，登录了交换机 172.16.x.x，执行了命令 show environment fan，获得了交换机风扇相关的运维信息并返回了响应内容。由于类似 ChatGPT 的商业化 LLM 是按 Token 的使用情况来收费的，因此我们可以在不影响使用的情况下用最简短的句子向 LLM 发送 Prompt，这样从长远来说，可以达到节省输入 Token，降低 LLM 资费的目的。

3.2　实验 2：使用 ChatGPT 登录交换机并执行多个 show 命令

在开始实验 2 之前，我们再次运行实验 1 的代码，这次我们尝试让 LLM 同时在交换机上执行 show clock 和 show environment fan 命令，如下图所示。

可以看到发送这样的 Prompt 之后，LLM 并没有正确地理解我们的意思，而是将两个命令合并，即 show clock and show environment fan，并将该命令当成我们要执行的命令，结果当然是收到了交换机的报错信息。要解决这个问题，我们需要对上述脚本做一些微调，代码如下：

```python
from netmiko import ConnectHandler
from langchain.prompts import PromptTemplate
from langchain_openai import ChatOpenAI
from langchain_core.runnables import RunnableLambda
OPENAI_API_KEY = "在此处填写个人的 OpenAI API key"
USERNAME = "在此处填写个人用于 SSH 登录交换机的用户名"
PASSWORD = "在此处填写个人用于 SSH 登录交换机的密码"

def run_commands_on_switch(device_ip, username, password, commands):
    try:
        print(f"Connecting to {device_ip}...")
        device = {
            "device_type": "cisco_ios",
            "ip": device_ip,
            "username": username,
            "password": password,
        }
        with ConnectHandler(**device) as ssh_conn:
            results = []
            for command in commands:
                print(f"Running command: {command}")
                output = ssh_conn.send_command(command)
                results.append(f"\n=== Output for '{command}' ===\n{output}")
            return "\n".join(results)
    except Exception as e:
        return f"Error: {str(e)}"

llm = ChatOpenAI(model="gpt-4o-mini", openai_api_key=OPENAI_API_KEY)

prompt = PromptTemplate(
    input_variables=["user_query"],
    template="""
    You are a network assistant. Parse the user's query to extract the following:
    1. The commands to run on the switch (multiple commands separated by commas)
    2. The IP address of the switch
```

```
    Ignore unnecessary words like 'run', 'execute', or 'please' if they are part of the
command.

    Query: "{user_query}"

    Response Format:
    Commands: <command1>, <command2>, ...
    IP: <switch_ip>
    """
)

parse_chain = RunnableLambda(
    lambda inputs: llm.invoke(prompt.format(user_query=inputs["user_query"]))
)


#Process a user query, parse it, connect to the switch and run the commands.
def process_query(user_query, username, password):
    # Step 1: Parse the query using LLM
    print("Parsing user query...")
    parsed_response = parse_chain.invoke({"user_query": user_query})
    parsed_content = parsed_response.content
    print("Parsed Response:\n", parsed_content)

    commands, device_ip = None, None
    for line in parsed_content.splitlines():
        if line.startswith("Commands:"):
            commands = [cmd.strip() for cmd in line.split("Commands:")[1].split(",")]
        elif line.startswith("IP:"):
            device_ip = line.split("IP:")[1].strip()

    cleaned_commands = [cmd.replace("run ", "").replace("execute ", "").strip() for cmd
in commands]

    if not cleaned_commands or not device_ip:
        return "Could not parse the query. Ensure you specify commands and device IP."

    # Step 2: Run the commands on the switch
    print(f"Executing commands {cleaned_commands} on device {device_ip}...")
```

```
    result = run_commands_on_switch(device_ip, username, password, cleaned_commands)
    return result

if __name__ == "__main__":
    print("\n=== LLM-Powered Network Automation ===\n")
    while True:
        user_query = input("Enter your query (e.g., 'Run show version on 172.16.x.x') or
type 'exit' to quit: ")
        if user_query.lower() == 'exit':
            print("Exiting... Goodbye!")
            break
        output = process_query(user_query, USERNAME, PASSWORD)
        print("\n=== Command Output ===")
        print(output)
```

代码分段讲解如下：

a. 相较于实验 1，实验 2 的代码只做了一些微调，我们只对微调的部分做一下讲解（加粗部分为微调的代码）。首先是 netmiko 相关的 run_commands_on_switch(device_ip, username, password, commands) 自定义函数，我们将实验 1 中的参数 command 更名为 commands，这是因为需要让 LLM 明确识别我们期望的是批量命令而非单个命令的设备输入，然后我们将每个命令的响应内容都放入一个列表变量 results 中，在运行脚本后，将每个命令对应的响应内容都分开打印。

```
def run_commands_on_switch(device_ip, username, password, commands):
    try:
        print(f"Connecting to {device_ip}...")
        device = {
            "device_type": "cisco_ios",
            "ip": device_ip,
            "username": username,
            "password": password,
        }
        with ConnectHandler(**device) as ssh_conn:
            results = []
            for command in commands:
                print(f"Running command: {command}")
                output = ssh_conn.send_command(command)
                results.append(f"\n=== Output for '{command}' ===\n{output}")
```

```
            return "\n".join(results)
    except Exception as e:
        return f"Error: {str(e)}"
```

b. 对于 PromptTemplate 部分，在实验 1 代码的基础上，我们额外告知 LLM 用逗号将不同的命令隔开，这样在我们发送 Prompt "run show clock and show environment fan on 172.16.x.x" 给 LLM 后，LLM 会把 show clock 和 show environment fan 两个命令分开，而不是将它们合并成一个叫作 show clock and show environment fan 的命令，并且后面在 Response Format 部分，我们要求 LLM 把两个命令用<command1>, <command2>的格式分别返回给我们，这样就能配合前面 netmiko 的 run_commands_on_switch()自定义函数把 show clock 和 show environment fan 两个命令分开执行且分别打印出各自的响应内容。最后，我们还额外添加了一句 Prompt "Ignore unnecessary words like 'run', 'execute', or 'please' if they are part of the command." 给 LLM，因为每个用户向 LLM 发送的 Prompt 风格不同，有些人会说 "run xxx on x.x.x.x"，有些人会说 "execute xxx on x.x.x.x"，还有些人会说 "please xxx on x.x.x.x"。在使用 gpt-4o-mini 模型实验多次后可以发现，LLM 有一定的概率将像 run、execute、please 的"干扰词"混在命令中，比如偶尔会出现命令 show clock 变成了 please show clock 的情况。因此，为了保险起见，额外在 PromptTemplate 里加上这句 Prompt 能帮助 LLM 更清晰地区分命令和"干扰词"，这也正是我们网络工程师根据实际需求对 AIOps 代码进行针对性优化的价值和乐趣所在。

```
prompt = PromptTemplate(
    input_variables=["user_query"],
    template="""
    You are a network assistant. Parse the user's query to extract the following:
    1. The commands to run on the switch (multiple commands separated by commas)
    2. The IP address of the switch

    Ignore unnecessary words like 'run', 'execute', or 'please' if they are part of the
command.

    Query: "{user_query}"

    Response Format:
    Commands: <command1>, <command2>, ...
    IP: <switch_ip>
    """
)
```

c. 在最后的 process_query()部分，由于 LLM 会在 Parsed Reponse 的 Commands 字段里返回多个命令，因此我们创建了一个叫作 commands 的列表变量，将每个命令都作为元素加入其中，这样设计是为了后续能够使用 for 循环，通过 netmiko 逐个执行这些命令。另外，为了保险起见，我们创建了一个叫作 cleaned_commands 的列表变量，它的作用是遍历 commands 中的每个命令，如果它们有以 run 或 replace 开头的，就用 replace()将它们拿掉，确保每个命令的准确性，这和先前在 PromptTemplate 里添加额外内容的目的一致，起到了"双保险"的作用。

```python
#Process a user query, parse it, connect to the switch and run the commands.
def process_query(user_query, username, password):
    #Step 1: Parse the query using LangChain
    print("Parsing user query...")
    parsed_response = parse_chain.invoke({"user_query": user_query})
    parsed_content = parsed_response.content
    print("Parsed Response:\n", parsed_content)

    commands, device_ip = None, None
    for line in parsed_content.splitlines():
        if line.startswith("Commands:"):
            commands = [cmd.strip() for cmd in line.split("Commands:")[1].split(",")]
        elif line.startswith("IP:"):
            device_ip = line.split("IP:")[1].strip()

    cleaned_commands = [cmd.replace("run ", "").replace("execute ", "").strip() for cmd
in commands]

    if not cleaned_commands or not device_ip:
        return "Could not parse the query. Ensure you specify commands and device IP."

    # Step 2: Run the commands on the switch
    print(f"Executing commands {cleaned_commands} on device {device_ip}...")
    result = run_commands_on_switch(device_ip, username, password, cleaned_commands)
    return result
```

最后运行实验 2 的代码查看效果，如下图所示。

```
*IDLE Shell 3.10.6*                                          —   □   ×
File Edit Shell Debug Options Window Help
Warning (from warnings module):
  File "C:\Users\wangy01\AppData\Roaming\Python\Python310\site-packages\paramiko
\transport.py", line 253
    "class": algorithms.TripleDES,
CryptographyDeprecationWarning: TripleDES has been moved to cryptography.hazmat.
decrepit.ciphers.algorithms.TripleDES and will be removed from cryptography.hazm
at.primitives.ciphers.algorithms in 48.0.0.

=== LLM-Powered Network Automation ===

Enter your query (e.g., 'Run show version on 172.16.x.x') or type 'exit' to quit
: run show clock, show environment fan, show boot on 172.16.
Parsing user query...
Parsed Response:
 Commands: show clock, show environment fan, show boot
IP: 172.16.
Executing commands ['show clock', 'show environment fan', 'show boot'] on device
 172.16.        ...
Connecting to 172.16.         ...
Running command: show clock
Running command: show environment fan
Running command: show boot

=== Command Output ===

=== Output for 'show clock' ===
17:07:22.340 KSA Sun Jan 26 2025

=== Output for 'show environment fan' ===
Switch  FAN    Speed  State  Airflow direction
-----------------------------------------------
  1      1     5160    OK    Front to Back
  1      2     5190    OK    Front to Back

=== Output for 'show boot' ===
-------------------------
Switch 1
-------------------------
Current Boot Variables:
BOOT variable = flash:packages.conf;

Boot Variables on next reload:
BOOT variable = flash:packages.conf;
Manual Boot = no
Enable Break = no
Boot Mode = DEVICE
iPXE Timeout = 0
Enter your query (e.g., 'Run show version on 172.16.x.x') or type 'exit' to quit
:
                                                            Ln: 20 Col: 0
```

在这里，我们在 show clock 和 show environment fan 的基础上额外添加了一个 show boot 命令，LLM 依然能准确地将它们区分出来，并且去掉了前面的干扰词"run"，最后通过 netmiko 顺利地在目标交换机上执行命令，并返回了每个命令各自的响应内容，实验成功。

3.3　实验 3：让 ChatGPT 自行决定输入命令

在实验 1 和实验 2 的例子中，ChatGPT 是在 Prompt 的明确要求下配合 netmiko 向指定设备输入 show clock、show environment fan、show boot 等命令的，那么是否存在一种可能，即 ChatGPT 不需要我们向它明确提示命令，只需给出大概的需求，即可自主决策并在交换机上执行相应的命令呢？答案是肯定的，但是这种方法略有瑕疵，接下来我们以实际案例来做演示和讲解。

实验 3 的脚本和实验 2 的脚本完全一致，不需要做任何改动，我们直接再次运行实验 2 的脚本，尝试验证，实验效果如下图所示。

```
*IDLE Shell 3.10.4*                                          —    □    ×
File Edit Shell Debug Options Window Help
        Python 3.10.4 (tags/v3.10.4:9d38120, Mar 23 2022, 23:13:41) [MSC v.1929 64 bit (
        AMD64)] on win32
>>>     Type "help", "copyright", "credits" or "license()" for more information.

        ================ RESTART: C:\Users\a-wangy01\Desktop\lab3.py ================

        === LLM-Powered Network Automation ===

        Enter your query or type 'exit' to quit: what's the date and time on 172.16.   .

        Parsing user query...
        Parsed Response:
          Commands: show clock
        IP: 172.16.2
        Executing commands ['show clock'] on device 172.16.2      ...
        Connecting to 172.16.      ...
        Running command: show clock

        === Command Output ===

        === Output for 'show clock' ===
        20:38:22.480 KSA Sun Jan 26 2025
        Enter your query or type 'exit' to quit: what's the fan status on 172.16.      .
        Parsing user query...
        Parsed Response:
          Commands: show environment fan status
        IP: 172.16.
        Executing commands ['show environment fan status'] on device 172.16.      5...
        Connecting to 172.16.      ...
        Running command: show environment fan status

        === Command Output ===

        === Output for 'show environment fan status' ===
                                                ^
        % Invalid input detected at '^' marker.

        Enter your query or type 'exit' to quit: |

                                                              Ln: 36 Col: 41
```

从图中可以看出，当我们第一次向 LLM（gpt-4o-mini）发送 Prompt "what's the date and time on 172.16.x.x?" 时，LLM 在解析了我们的需求后自行给出了正确的方案，即执行命令 show clock，并返回交换机当前的时间和日期，第一次实验成功。

第二次我们向 LLM 发送另一个 Prompt "what's the fan status on 172.16.x.x?"。这一次 LLM 在解析了 Prompt 后理解了我们的意思，给出的命令却有瑕疵，思科 9300 交换机查看风扇状态的正确命令是 show environment fan，但是 LLM 通过 Prompt 给出的命令是 show environment fan status，这个命令在思科 9300 交换机上是不存在的，导致响应内容中出现了交换机报错信息 "% Invalid input detected at '^' marker."，第二次实验失败。这说明：当仅提供大致需求让 ChatGPT 自主解析并判断所需命令时，其执行成功率并非百分之百。这也是目前 LLM 应用于 AIOps 时还不算完善的地方，在某些情况下，需要我们对代码做手动微调或者给出更清晰、明确的 Prompt。

这时，我们可以尝试对 ChatGPT 的 temperature 参数做一些调整，在实验 1 和实验 2 中，我们在调用 LangChain 的 LLM 模块（ChatOpenAI）时，没有设置 temperature 参数，这意味着此时的 temperature 值是默认的 0.7：

```
llm = ChatOpenAI(model="gpt-4o-mini", openai_api_key=OPENAI_API_KEY)
```

我们尝试将 temperature 值设为 0：

```
llm = ChatOpenAI(model="gpt-4o-mini", temperature = 0, openai_api_key=OPENAI_API_KEY)
```

再次调用脚本，向 LLM 发送同样的 Prompt "what's the fan status on 172.16.x.x?"。这一次可以看到，虽然 ChatGPT 给出了正确的命令 show environment fan，但同时给出了一个对思科 9300 交换机来说无效的命令 show system status，修改 temperature 值的效果依然不够理想，如下图所示。

```
*IDLE Shell 3.10.4*                                          —   □   ×
File Edit Shell Debug Options Window Help
Python 3.10.4 (tags/v3.10.4:9d38120, Mar 23 2022, 23:13:41) [MSC v.1929 64 bit (
AMD64)] on win32
Type "help", "copyright", "credits" or "license()" for more information.
>>>
================= RESTART: C:\Users\a-wangy01\Desktop\lab3.py =================

=== LLM-Powered Network Automation ===

Enter your query or type 'exit' to quit: what's the fan status on 172.16.
Parsing user query...
Parsed Response:
 Commands: show env fan, show system status
IP: 172.16.       5
Executing commands ['show env fan', 'show system status'] on device 172.16.
 .
Connecting to 172.16.       .
Running command: show env fan
Running command: show system status

=== Command Output ===

=== Output for 'show env fan' ===
Switch    FAN    Speed    State    Airflow direction
-----------------------------------------------------
  1        1      5175     OK      Front to Back
  1        2      5205     OK      Front to Back


=== Output for 'show system status' ===
                                             ^
% Invalid input detected at '^' marker.

Enter your query or type 'exit' to quit: |
                                                               Ln: 31 Col: 4
```

注：通过随后多次测试可以发现，即使将 temperature 值设为 0，LLM 依然有一定
的概率给出错误的命令 show environment fan status。在这种情况下，我们必须
给出明确的 Prompt，才能让 LLM 输入正确的 show environment fan 命令。

最后我们再测试一次，向 LLM 发送 Prompt"what's the CPU utilization on 172.16.x.x?"。
这一次 ChatGPT 给出了正确的命令 show process cpu 和响应内容，但模型额外生成了一个虽
然语法正确却与需求无关的 show version 命令，如下图所示。

```
*IDLE Shell 3.10.4*                                                     —    □    ×

File  Edit  Shell  Debug  Options  Window  Help
      Python 3.10.4 (tags/v3.10.4:9d38120, Mar 23 2022, 23:13:41) [MSC v.1929 64 bit (AMD64)] on
      win32
      Type "help", "copyright", "credits" or "license()" for more information.
>>>
      ================== RESTART: C:\Users\a-wangy01\Desktop\lab3.py ==================

      === LLM-Powered Network Automation ===

      Enter your query or type 'exit' to quit: what's the CPU utilization on 172.16.▓▓▓.▓▓
      Parsing user query...
      Parsed Response:
       Commands: show processes cpu, show version
      IP: 172.16.▓▓▓
      Executing commands ['show processes cpu', 'show version'] on device 172.16.▓▓▓.▓▓...
      Connecting to 172.16.▓▓▓▓▓▓...
      Running command: show processes cpu
      Running command: show version

      === Command Output ===

      === Output for 'show processes cpu' ===
      CPU utilization for five seconds: 4%/1%; one minute: 2%; five minutes: 2%
       PID Runtime(ms)     Invoked     uSecs  5Sec   1Min   5Min TTY Process
         1         32         452        70 0.00%  0.00%  0.00%   0 Chunk Manager
         2       4586     2149702         2 0.00%  0.00%  0.00%   0 Load Meter
         3          0           1         0 0.00%  0.00%  0.00%   0 PKI Trustpool
         4          0           1         0 0.00%  0.00%  0.00%   0 Retransmission o
         5          0           1         0 0.00%  0.00%  0.00%   0 IPC ISSU Dispatc
         6         56          15      3733 0.00%  0.00%  0.00%   0 RF Slave Main Th
         7          0           1         0 0.00%  0.00%  0.00%   0 RO Notify Timers
         8         80      358284         0 0.00%  0.00%  0.00%   0 VIDB BACKGD MGR
         9    9309333     1636362      5689 0.71%  0.11%  0.06%   0 Check heaps
        .10     207285      179142      1157 0.00%  0.00%  0.00%   0 Pool Manager
        11          0           1         0 0.00%  0.00%  0.00%   0 DiscardQ Backgro
        12          0           2         0 0.00%  0.00%  0.00%   0 Timers
        13        179       10955        16 0.00%  0.00%  0.00%   0 WATCH_AFS
        14      94881     1974085        48 0.00%  0.00%  0.00%   0 DB Lock Manager
        15        926    10748504         0 0.00%  0.00%  0.00%   0 GraphIt
        16          0           1         0 0.00%  0.00%  0.00%   0 DB Notification
        17        411     5374226         0 0.00%  0.00%  0.00%   0 IOSXE heartbeat
        18         12          12      1000 0.00%  0.00%  0.00%   0 PrstVbl
        19          0           1         0 0.00%  0.00%  0.00%   0 IPC Apps Task
        20    9047710    69499897       130 0.00%  0.13%  0.13%   0 ARP Input
        21       1669    11211622         0 0.00%  0.00%  0.00%   0 ARP Background
        22         12           5      2400 0.00%  0.00%  0.00%   0 AAA_SERVER_DEADT
        23          0           1         0 0.00%  0.00%  0.00%   0 Policy Manager
        24          0           2         0 0.00%  0.00%  0.00%   0 DDR Timers
        25        179          43      4162 0.00%  0.00%  0.00%   0 Entity MIB API
        26          0           1         0 0.00%  0.00%  0.00%   0 ifIndex Receive
```

3.4　实验 4：辅助 ChatGPT 完成特定任务

从实验 3 中可以看到，当前的在线 LLM 在没有给出精确的 Prompt 的情况下无法完美
做到生成正确的命令，进一步地也就无法替我们完成相应的任务。实验 3 中让 LLM 告诉我
们获取交换机风扇的当前状况其实是一个比较直观、简单的任务，因为只需输入一个 show
environment fan 命令并显示响应内容即可。对于某些特定任务场景（不仅需要执行命令获取

输出，还需要进行额外的分析处理），LLM 的实际表现会如何呢？接下来，我们再做一个实验：继续使用实验 2 的代码，让 ChatGPT 告诉我们指定交换机上当前有多少个端口的状态是 up，多少个端口的状态是 down，实验效果如下图所示。

```
*IDLE Shell 3.10.4*                                          —    □    ×
File  Edit  Shell  Debug  Options  Window  Help

>>>
================ RESTART: C:\Users\a-wangy01\Desktop\lab3.py ================

=== LLM-Powered Network Automation ===

Enter your query or type 'exit' to quit: tell me how many ports are up and how m
any ports are down on 172.16.
Parsing user query...
Parsed Response:
 Commands: show ip interface brief
IP: 172.16.
Executing commands ['show ip interface brief'] on device 172.16         ...
Connecting to 172.16.            .
Running command: show ip interface brief

=== Command Output ===

=== Output for 'show ip interface brief' ===
Interface              IP-Address      OK? Method Status                Protocol
Vlan1                  unassigned      YES NVRAM  administratively down  down
Vlan2020                               YES DHCP   up                     up
Vlan2216                               YES DHCP   up                     up
Vlan3999                               YES NVRAM  up                     up
GigabitEthernet0/0                     YES NVRAM  down                   down
GigabitEthernet1/0/1   unassigned      YES unset  down                   down
GigabitEthernet1/0/2   unassigned      YES unset  up                     up
GigabitEthernet1/0/3   unassigned      YES unset  down                   down
GigabitEthernet1/0/4   unassigned      YES unset  down                   down
GigabitEthernet1/0/5   unassigned      YES unset  down                   down
GigabitEthernet1/0/6   unassigned      YES unset  down                   down
GigabitEthernet1/0/7   unassigned      YES unset  down                   down
GigabitEthernet1/0/8   unassigned      YES unset  down                   down
GigabitEthernet1/0/9   unassigned      YES unset  down                   down
GigabitEthernet1/0/10  unassigned      YES unset  down                   down
GigabitEthernet1/0/11  unassigned      YES unset  down                   down
GigabitEthernet1/0/12  unassigned      YES unset  up                     up
GigabitEthernet1/0/13  unassigned      YES unset  down                   down
GigabitEthernet1/0/14  unassigned      YES unset  down                   down
GigabitEthernet1/0/15  unassigned      YES unset  up                     up
GigabitEthernet1/0/16  unassigned      YES unset  down                   down
GigabitEthernet1/0/17  unassigned      YES unset  down                   down
GigabitEthernet1/0/18  unassigned      YES unset  down                   down
GigabitEthernet1/0/19  unassigned      YES unset  down                   down
GigabitEthernet1/0/20  unassigned      YES unset  down                   down
GigabitEthernet1/0/21  unassigned      YES unset  down                   down
GigabitEthernet1/0/22  unassigned      YES unset  down                   down
GigabitEthernet1/0/23  unassigned      YES unset  up                     up
GigabitEthernet1/0/24  unassigned      YES unset  down                   down
GigabitEthernet1/1/1   unassigned      YES unset  down                   down
GigabitEthernet1/1/2   unassigned      YES unset  up                     up
GigabitEthernet1/1/3                    YES NVRAM  down                   down
GigabitEthernet1/1/4   unassigned      YES unset  down                   down
Enter your query or type 'exit' to quit: |
                                                              Ln: 10 Col: 0
```

在这里，我们向 LLM 发送 Prompt "tell me how many ports are up and how many ports are down on 172.16.x.x"。虽然 LLM 正确理解了我们的意思并生成了命令 show ip interface brief，且在指定的交换机上通过 netmiko 执行该命令并返回了响应内容，但是它并未按要求告诉我们当前交换机有多少个端口的状态是 up，多少个端口的状态是 down。针对此类特定任务，我们显然不能完全依赖 LLM 自动完美执行，而需要通过代码层面的优化来辅助其完成任务。接下来看看如何实现这个目的，实验代码如下：

```python
from netmiko import ConnectHandler
from langchain.prompts import PromptTemplate
from langchain_openai import ChatOpenAI
from langchain_core.runnables import RunnableLambda

OPENAI_API_KEY = "在此处填写个人的 OpenAI API key"
USERNAME = "在此处填写个人用 SSH 登录交换机的用户名"
PASSWORD = "在此处填写个人用 SSH 登录交换机的密码"

def run_command_on_switch(device_ip, username, password, commands):
    try:
        print(f"Connecting to {device_ip}...")
        device = {
            "device_type": "cisco_ios",
            "ip": device_ip,
            "username": username,
            "password": password,
        }
        with ConnectHandler(**device) as ssh_conn:
            results = []
            for command in commands:
                print(f"Running command: {command}")
                output = ssh_conn.send_command(command)
                results.append(f"\n=== Output for '{command}' ===\n{output}")
            return "\n".join(results)
    except Exception as e:
        return f"Error: {str(e)}"

llm = ChatOpenAI(model="gpt-3.5-turbo", temperature = 0.3,
openai_api_key=OPENAI_API_KEY)

prompt = PromptTemplate(
    input_variables=["user_query"],
    template="""
```

```
    You are a network assistant. Parse the user's query to extract the following:
    1. The commands to run on the switch (multiple commands separated by commas)
    2. The IP address of the switch

    Query: "{user_query}"

    Response Format:
    Commands: <command1>, <command2>, ...
    IP: <switch_ip>
    """
)

parse_chain = RunnableLambda(
    lambda inputs: llm.invoke(prompt.format(user_query=inputs["user_query"]))
)


#Define a function that counts the number of 'up' and 'down' interfaces in the output
of 'show ip int brief'."""
def count_interfaces(output):
    up_count = 0
    down_count = 0
    for line in output.splitlines():
        parts = line.split()
        if len(parts) >= 6:
            if parts[4].lower() == 'up' and parts[5].lower() == 'up':
                up_count += 1
            elif parts[4].lower() == 'down' and parts[5].lower() == 'down':
                down_count += 1
    return up_count, down_count

def process_query(user_query, username, password):
    # Step 1: Parse the query using LLM
    print("Parsing user query...")
    parsed_response = parse_chain.invoke({"user_query": user_query})
    parsed_content = parsed_response.content
    print("Parsed Response:\n", parsed_content)

    commands, device_ip = None, None
    for line in parsed_content.splitlines():
        if line.startswith("Commands:"):
            commands = [cmd.strip() for cmd in line.split("Commands:")[1].split(",")]
        elif line.startswith("IP:"):
            device_ip = line.split("IP:")[1].strip()
```

```
if not commands or not device_ip:
    return "Could not parse the query. Ensure you specify commands and device IP."

# Step 2: Run the commands on the switch
print(f"Executing commands {commands} on device {device_ip}...")
result = run_command_on_switch(device_ip, username, password, commands)

# Step 3: Post-process the output if 'show ip int brief' was run
if "show ip int brief" in commands:
    up_count, down_count = count_interfaces(result)
    result += f"\n\nNumber of interfaces that are 'up': {up_count}"
    result += f"\nNumber of interfaces that are 'down': {down_count}"
return result

if __name__ == "__main__":
    print("\n=== LLM-Powered Network Automation ===\n")
    while True:
        user_query = input("Enter your query or type 'exit' to quit: ")
        if user_query.lower() == 'exit':
            print("Exiting... Goodbye!")
            break
        output = process_query(user_query, USERNAME, PASSWORD)
        print("\n=== Command Output ===")
        print(output)
```

实验 4 的代码基于实验 2 的代码进行了适当的调整，并新增了自定义函数。在后续的代码解析中，我们将重点讲解关键修改部分。

在经过多次实验后我们发现，gpt-4o-mini 模型在处理特定任务时表现得很不稳定。比如，本次实验的目的是让 LLM 告诉我们指定交换机上有多少个端口的状态是 up，多少个端口的状态是 down，无论怎么修改 Prompt，gpt-4o-mini 总会得到各种不尽理想的结果（这里就不截图演示了，读者可以自行尝试）。最后我们发现，在使用 ChatGPT 的 gpt-3.5-turbo 模型并将 temperature 值设为 0.3 时，本次实验达到了 100% 的成功率（这也许就是 gpt-3.5-turbo 的资费高于 gpt-4o-mini 的原因），因此在实验 4 的脚本里首先要做的微调就是将 ChatGPT 模型改为 gpt-3.5-turbo，将 temperature 值设为 0.3。

```
    llm = ChatOpenAI(model="gpt-3.5-turbo", temperature = 0.3, openai_api_key=
OPENAI_API_KEY)
```

a. 在实验 2 代码的基础上，额外加上一个基于 show ip interface brief 的响应内容，以及统计交换机有多少个端口的状态是 up，多少个端口的状态是 down 的 count_interfaces()自定义函数。

```python
#Define a function that counts the number of 'up' and 'down' interfaces in the output
of 'show ip int brief'."""
def count_interfaces(output):
    up_count = 0
    down_count = 0
    for line in output.splitlines():
        parts = line.split()
        if len(parts) >= 6:
            if parts[4].lower() == 'up' and parts[5].lower() == 'up':
                up_count += 1
            elif parts[4].lower() == 'down' and parts[5].lower() == 'down':
                down_count += 1
    return up_count, down_count
```

b. 在 process_query()函数中将新创建的 count_interfaces()自定义函数（加粗显示）作为第三部分调用。它的作用是继第一步使用 LLM 对 Prompt 进行解析，第二步调用 netmiko 执行命令和返回响应内容后，于第三步基于响应内容来统计有多少个端口的状态是 up 和多少个端口的状态是 down，最终给出我们想要的结果。

```python
def process_query(user_query, username, password):
    # Step 1: Parse the query using LLM
    print("Parsing user query...")
    parsed_response = parse_chain.invoke({"user_query": user_query})
    parsed_content = parsed_response.content
    print("Parsed Response:\n", parsed_content)

    commands, device_ip = None, None
    for line in parsed_content.splitlines():
        if line.startswith("Commands:"):
            commands = [cmd.strip() for cmd in line.split("Commands:")[1].split(",")]
        elif line.startswith("IP:"):
            device_ip = line.split("IP:")[1].strip()

    if not commands or not device_ip:
        return "Could not parse the query. Ensure you specify commands and device IP."

    # Step 2: Run the commands on the switch
    print(f"Executing commands {commands} on device {device_ip}...")
    result = run_command_on_switch(device_ip, username, password, commands)
```

```
# Step 3: Post-process the output if 'show ip int brief' was run
if "show ip int brief" in commands:
    up_count, down_count = count_interfaces(result)
    result += f"\n\nNumber of interfaces that are 'up': {up_count}"
    result += f"\nNumber of interfaces that are 'down': {down_count}"
    return result
```

运行代码查看效果，如下图所示。

```
================= RESTART: C:\Users\a-wangy01\Desktop\lab3.py =================

=== LLM-Powered Network Automation ===

Enter your query or type 'exit' to quit: show ip int brief on 172.16.    tel
l me how many ports are up, how many ports are down
Parsing user query...
Parsed Response:
 Commands: show ip int brief
IP: 172.16.2
Executing commands ['show ip int brief'] on device 172.16.      ...
Connecting to 172.16.2     ...
Running command: show ip int brief

=== Command Output ===

=== Output for 'show ip int brief' ===
Interface              IP-Address      OK? Method Status                Protocol
Vlan1                  unassigned      YES NVRAM  administratively down down
Vlan2020                               YES DHCP   up                    up
Vlan2216                               YES DHCP   up                    up
Vlan3999                               YES NVRAM  up                    up
GigabitEthernet0/0                     YES NVRAM  down                  down
GigabitEthernet1/0/1   unassigned      YES unset  down                  down
GigabitEthernet1/0/2   unassigned      YES unset  up                    up
GigabitEthernet1/0/3   unassigned      YES unset  down                  down
GigabitEthernet1/0/4   unassigned      YES unset  down                  down
GigabitEthernet1/0/5   unassigned      YES unset  down                  down
GigabitEthernet1/0/6   unassigned      YES unset  down                  down
GigabitEthernet1/0/7   unassigned      YES unset  down                  down
GigabitEthernet1/0/8   unassigned      YES unset  down                  down
GigabitEthernet1/0/9   unassigned      YES unset  down                  down
GigabitEthernet1/0/10  unassigned      YES unset  down                  down
GigabitEthernet1/0/11  unassigned      YES unset  down                  down
GigabitEthernet1/0/12  unassigned      YES unset  up                    up
GigabitEthernet1/0/13  unassigned      YES unset  down                  down
GigabitEthernet1/0/14  unassigned      YES unset  down                  down
GigabitEthernet1/0/15  unassigned      YES unset  up                    up
GigabitEthernet1/0/16  unassigned      YES unset  down                  down
GigabitEthernet1/0/17  unassigned      YES unset  down                  down
GigabitEthernet1/0/18  unassigned      YES unset  down                  down
GigabitEthernet1/0/19  unassigned      YES unset  down                  down
GigabitEthernet1/0/20  unassigned      YES unset  down                  down
GigabitEthernet1/0/21  unassigned      YES unset  down                  down
GigabitEthernet1/0/22  unassigned      YES unset  down                  down
GigabitEthernet1/0/23  unassigned      YES unset  up                    up
GigabitEthernet1/0/24  unassigned      YES unset  down                  down
GigabitEthernet1/1/1   unassigned      YES unset  down                  down
GigabitEthernet1/1/2   unassigned      YES unset  up                    up
GigabitEthernet1/1/3                   YES NVRAM  down                  down
GigabitEthernet1/1/4   unassigned      YES unset  down                  down

Number of interfaces that are 'up': 8
Number of interfaces that are 'down': 24
Enter your query or type 'exit' to quit:
```

Ln: 24 Col: 61

在经过一系列的调整后，我们终于辅助 LLM 成功完成了任务。

3.5 实验 5：使用 ChatGPT 分析交换机日志并给出建议

在前面介绍 LLM 的时候曾提到：LLM 在经过海量文本内容的预训练后具备对给定文本内容进行上下文逻辑推理，对文本内容生成归纳总结和建议的能力。我们同样可以充分利用 LLM 的文本分析能力来处理交换机日志，因为日志数据本质上也是一种结构化文本信息。LLM 会根据交换机日志的内容识别以下信息。

- **问题**：是否有登录失败、资源耗尽、配置错误等问题。
- **潜在原因**：结合网络运维知识，判断问题出现的原因。

基于这些问题和潜在原因，LLM 还会额外给出：

- **解决建议**：给出修复问题或优化配置的具体措施。
- **优化机会**：比如对日志缓冲（log buffer）大小的调整、启用特定功能等。

实验 5 将演示如何使用 ChatGPT 来对交换机日志进行分析并给出建议，实验代码如下：

```python
from netmiko import ConnectHandler
from langchain.prompts import PromptTemplate
from langchain_openai import ChatOpenAI
from langchain_core.runnables import RunnableLambda


OPENAI_API_KEY = "在此处填写个人的 OpenAI API key"
USERNAME = "在此处填写个人用 SSH 登录交换机的用户名"
PASSWORD = "在此处填写个人用 SSH 登录交换机的密码"


def run_commands_on_switch(device_ip, username, password, commands):
    try:
        print(f"Connecting to {device_ip}...")
        device = {
            "device_type": "cisco_ios",
            "ip": device_ip,
            "username": username,
            "password": password,
        }
        with ConnectHandler(**device) as ssh_conn:
```

```
            results = {}
            for command in commands:
                print(f"Running command: {command}")
                output = ssh_conn.send_command(command)
                results[command] = output
            return results
        except Exception as e:
            return {"Error": str(e)}

llm = ChatOpenAI(model="gpt-4o-mini", temperature=0.3, openai_api_key=OPENAI_API_KEY)

#Define a prompt template to request LLM to analyze the switch logs and provide suggestions.
analysis_prompt = PromptTemplate(
    input_variables=["logs"],
    template="""
    You are a network expert. Analyze the following switch logs and provide insights or
recommendations:

    Logs:
    {logs}

    Suggestions should include potential issues, resolutions, and any optimization
opportunities.
    """
)

def analyze_logs_with_llm(logs):
    try:
        print("Analyzing logs with LLM...")
        analysis_results = []
        response = llm.invoke(analysis_prompt.format(logs=logs))
        if hasattr(response, 'content'):
            analysis_results.append(response.content)
        else:
            analysis_results.append(str(response))
        return "\n\n".join(analysis_results)
    except Exception as e:
        return f"Error in log analysis: {str(e)}"

parse_prompt = PromptTemplate(
    input_variables=["user_query"],
    template="""
    You are a network assistant. Parse the user's query to extract the following:
```

```
    1. The commands to run on the switch (multiple commands separated by commas)
    2. The IP address of the switch
    3. Whether the user requested log analysis

    Ignore unnecessary words like 'run', 'execute', or 'please' if they are part of the
command.
    Query: "{user_query}"

    Response Format:
    Commands: <command1>, <command2>, ...
    IP: <switch_ip>
    Analyze Logs: <yes/no>
    """
)

parse_chain = RunnableLambda(
    lambda inputs: llm.invoke(parse_prompt.format(user_query=inputs["user_query"]))
)

def process_query(user_query, username, password):
    print("Parsing user query...")
    parsed_response = parse_chain.invoke({"user_query": user_query})
    parsed_content = parsed_response.content
    print("Parsed Response:\n", parsed_content)
    commands, device_ip, analyze_logs = None, None, "no"
    for line in parsed_content.splitlines():
        if line.startswith("Commands:"):
            commands = [cmd.strip() for cmd in line.split("Commands:")[1].split(",")]
        elif line.startswith("IP:"):
            device_ip = line.split("IP:")[1].strip()
        elif line.startswith("Analyze Logs:"):
            analyze_logs = line.split("Analyze Logs:")[1].strip().lower()

    cleaned_commands = [cmd.replace("run ", "").replace("execute ", "").strip() for cmd
in commands]

    if not cleaned_commands or not device_ip:
        return "Could not parse the query. Ensure you specify commands and device IP."

    print(f"Executing commands {cleaned_commands} on device {device_ip}...")
    command_results = run_commands_on_switch(device_ip, username, password,
cleaned_commands)
```

```
    if "Error" in command_results:
        return command_results["Error"]

    logs_output = "\n".join(command_results.get(cmd, "") for cmd in cleaned_commands if
"log" in cmd)

    if logs_output and analyze_logs == "yes":
        analysis = analyze_logs_with_llm(logs_output)
        return analysis

    return "\n".join(f"=== Output for '{cmd}' ===\n{output}" for cmd, output in
command_results.items())

if __name__ == "__main__":
    print("\n=== LLM-Powered Network Automation ===\n")
    while True:
        user_query = input("Enter your query (e.g., 'Run show log on 192.168.1.1') or type
'exit' to quit: ")
        if user_query.lower() == 'exit':
            print("Exiting... Goodbye!")
            break

        output = process_query(user_query, USERNAME, PASSWORD)

        print("\n=== Output ===")
        print(output)
```

　　实验 5 的代码依然是在实验 2 的代码基础上修改获得的，下面只讲解实验 5 的代码相较于实验 2 的代码增加的部分，代码分段讲解如下：

　　a. 在已有的 PromptTemplate 的基础上，再增加一个叫作 analysis prompt 的 PromptTemplate，用来告诉 LLM 它的角色是一名网络专家，我们需要它替我们分析日志并给出报告和建议，包括从日志中发现的潜在问题，解决问题的方案，以及是否有优化机会。

```
#Define a prompt template to request LLM to analyze the switch logs and provide suggestions.
analysis_prompt = PromptTemplate(
    input_variables=["logs"],
    template="""
    You are a network expert. Analyze the following switch logs and provide insights or
recommendations:

    Logs:
```

```
{logs}

Suggestions should include potential issues, resolutions, and any optimization
opportunities.
"""
)
```

b. 创建一个叫作 analyze_logs_with_llm()的自定义函数，用于让 LLM 分析交换机日志并给出建议。

```
def analyze_logs_with_llm(logs):
    try:
        print("Analyzing logs with LLM...")
        analysis_results = []
        response = llm.invoke(analysis_prompt.format(logs=logs))
        if hasattr(response, 'content'):
            analysis_results.append(response.content)
        else:
            analysis_results.append(str(response))
        return "\n\n".join(analysis_results)
    except Exception as e:
        return f"Error in log analysis: {str(e)}"
```

c. 在之前的 PromptTemplate 中加入一个判断逻辑，让它从用户给出的 Prompt 中判断用户是否想要 LLM 做日志分析。

```
parse_prompt = PromptTemplate(
    input_variables=["user_query"],
    template="""
You are a network assistant. Parse the user's query to extract the following:
1. The commands to run on the switch (multiple commands separated by commas)
2. The IP address of the switch
3. Whether the user requested log analysis

Ignore unnecessary words like 'run', 'execute', or 'please' if they are part of the
command.
Query: "{user_query}"

Response Format:
Commands: <command1>, <command2>, ...
IP: <switch_ip>
Analyze Logs: <yes/no>
"""
```

　　d. 判断依据是用户是否在 Prompt 中提及 "Analyze Logs" 等关键词。如果提及了，则将内容赋给变量 analyze_logs。如果用户的 Prompt 中提及了 "log" 这个词（比如 show log），则将内容赋给变量 logs_output。如果 logs_output 和 analyze_logs 两个变量同时存在，则调用 analyze_logs_with_llm() 函数来让 LLM 分析交换机日志并给出建议。

```python
def process_query(user_query, username, password):
    print("Parsing user query...")
    parsed_response = parse_chain.invoke({"user_query": user_query})
    parsed_content = parsed_response.content
    print("Parsed Response:\n", parsed_content)
    commands, device_ip, analyze_logs = None, None, "no"
    for line in parsed_content.splitlines():
        if line.startswith("Commands:"):
            commands = [cmd.strip() for cmd in line.split("Commands:")[1].split(",")]
        elif line.startswith("IP:"):
            device_ip = line.split("IP:")[1].strip()
        elif line.startswith("Analyze Logs:"):
            analyze_logs = line.split("Analyze Logs:")[1].strip().lower()

    cleaned_commands = [cmd.replace("run ", "").replace("execute ", "").strip() for cmd
in commands]

    if not cleaned_commands or not device_ip:
        return "Could not parse the query. Ensure you specify commands and device IP."

    print(f"Executing commands {cleaned_commands} on device {device_ip}...")
    command_results = run_commands_on_switch(device_ip, username, password,
cleaned_commands)

    if "Error" in command_results:
        return command_results["Error"]

    logs_output = "\n".join(command_results.get(cmd, "") for cmd in cleaned_commands if
"log" in cmd)

    if logs_output and analyze_logs == "yes":
        analysis = analyze_logs_with_llm(logs_output)
        return analysis

    return "\n".join(f"=== Output for '{cmd}' ===\n{output}" for cmd, output in
command_results.items())
```

运行代码查看效果，如下图所示。

```
A "IDLE Shell 3.10.6*                                                              -  □  ×
File Edit Shell Debug Options Window Help
Enter your query (e.g., 'Run show log on 192.168.1.1') or type 'exit' to quit: show log last 10 on 172.16.▓▓.
▓, analyze the log
Parsing user query...
Parsed Response:
Commands: show log last 10
IP: 172.16.▓▓▓
Analyze Logs: yes
Executing commands ['show log last 10'] on device 172.16.▓▓▓ ▓▓...
Connecting to 172.16.2▓▓▓▓...
Running command: show log last 10
Analyzing logs with LLM...

=== Output ===
Based on the provided switch logs, here are some insights, potential issues, and recommendations for optimizat
ion:

### Insights from the Logs:

1. **Logging Configuration**:
   - Syslog logging is enabled with 2 messages rate-limited, indicating that while logging is functioning, the
re may be a high volume of messages being generated that exceeds the logging rate limit.
   - Console, monitor, and buffer logging are all set to debugging level, which can generate a substantial amo
unt of log data. This may lead to performance issues or make it difficult to identify critical events among th
e noise.
   - Trap logging is also set to debugging level, and it appears to be functioning correctly, logging messages
to an external server ▓▓▓▓▓▓▓).

2. **User Activity**:
   - The logs show multiple SSH session requests and successful logins for the user 'parry' from the same sour
ce IP (▓▓▓▓▓▓▓).
   - The user appears to log in and out frequently, which could indicate normal activity or potentially unnece
ssary reconnections.

3. **Security Considerations**:
   - The use of strong encryption (▓▓▓▓▓▓▓▓▓ ▓▓▓▓▓▓▓8) and HMAC (▓▓▓▓▓▓▓▓▓5) for SSH sessions is a positiv
e security measure.
   - However, the frequent logins and logouts may warrant further investigation to ensure that this behavior i
s expected and not indicative of a security issue (e.g., automated scripts or unauthorized access attempts).

### Potential Issues:

1. **Message Rate Limiting**:
   - The rate-limiting of syslog messages suggests that the logging system may be overwhelmed, potentially cau
sing important messages to be missed.

2. **Excessive Debug Logging**:
   - Debugging level logging can lead to performance degradation and can fill up log storage quickly. This may
also make it challenging to sift through logs for critical events.

3. **User Activity Monitoring**:
   - The frequent login/logout pattern of the user '▓▓▓▓▓▓' should be monitored to ensure that it is legitimate
and not a sign of potential misuse.

### Recommendations:

1. **Adjust Logging Levels**:
   - Consider reducing the logging level from debugging to a less verbose level (e.g., informational or warnin
g) for console, monitor, buffer, and trap logging. This will help reduce the volume of logged messages and imp
rove performance while still capturing essential events.

2. **Investigate User Behavior**:
   - Monitor the user '▓▓▓▓▓▓' for unusual patterns of behavior. If the frequent logins are not necessary, cons
ider discussing with the user to understand their needs or implementing session timeout policies to reduce unn
ecessary reconnections.

3. **Enhance Syslog Configuration**:
   - Review the syslog server's capacity to handle incoming messages and consider increasing the rate limit or
```

在这里，我们向 LLM 发送的 Prompt 是"show log last 10 on 172.16.x.x, analyze the logs"，LLM 替我们检查了日志并从 Insights from the Logs、Potential Issues、Recommendations 的 3 个角度仔细进行了评估，gpt-4o-mini 模型对 10 个最新交换机日志进行了详细解读、潜在问

题分析和解决方案建议。虽然响应内容较长，但确实展现了其出色的日志分析能力。注意，这里 Prompt 中提到的命令是 show log last 10，原因是实验中所用的思科 9300 交换机的日志文本超出了 gpt-4o-mini 模型的 Token 限制（128000 个 Token），若将其直接作为 Prompt 输入会出现报错（错误代码 400），如下图所示。

```
=== LLM-Powered Network Automation ===
Enter your query (e.g., 'Run show log on 192.168.1.1') or type 'exit' to quit: show log on
172.16.      , analysis the logs
Parsing user query...
Parsed Response:
 Commands: show log, analysis the logs
IP: 172.16.
Executing commands ['show log', 'analysis the logs'] on device 172.16.        ...
Connecting to 172.16.          ...
Running command: show log
Running command: analysis the logs
Analyzing logs with LLM...

=== Output ===
Error in log analysis: Error code: 400 - {'error': {'message': "This model's maximum conte
xt length is 128000 tokens. However, your messages resulted in 164680 tokens. Please reduc
e the length of the messages.", 'type': 'invalid_request_error', 'param': 'messages', 'cod
e': 'context_length_exceeded'}}
Enter your query (e.g., 'Run show log on 192.168.1.1') or type 'exit' to quit:
```

为避免这个问题，我们只使用 show log last 10 命令让 LLM 分析最后 10 个日志。

3.6　实验 6：使用 ChatGPT 登录多台设备并执行 show 命令

前面 5 次实验都是基于单台交换机做的，在实际的网络运维工作中肯定会遇到需要批量登录多台设备做统一配置、OS 升降级、信息采集、日志分析、排错等的需求。应对这些需求的方案思路，在《网络工程师的 Python 之路》一书中有详细阐述，感兴趣的读者可以参考。我们可以将需要登录的设备的 IP 地址写入一个 txt 文件，让 Python 通过 for 循环遍历该文件，通过 paramiko 或 netmiko 以同步方式依次登录每台交换机。我们也可以使用 nornir，将设备 IP 地址写入 inventory.yml 文件中，通过多线程并发形式登录所有交换机。

和前面的实验一样，我们同样可以借助 LLM 的自然语言处理能力来理解我们的 Prompt。在本地打开和读取 IP 地址后，将它们传给 LLM（我们也可以把 IP 地址文件传给 LLM，让它在线读取文件内容），配合 netmiko 或者 nornir 完成登录多台设备并执行运维管理的目的。本节会讲解如何使用 ChatGPT 登录多台设备并执行 show 命令。实验开始前，我们先在实验

6 脚本（lab6.py）的同一个文件中创建一个名为 9300 的 txt 文件，该文件里包含 3 台思科 9300 交换机的管理 IP 地址（在网络规模较大，存在不同厂商多种型号设备的情况下，通常会将同一厂商同一型号的设备归类放置，方便统一做 OS 升降级或者配置更改来应对系统漏洞），如下图所示。

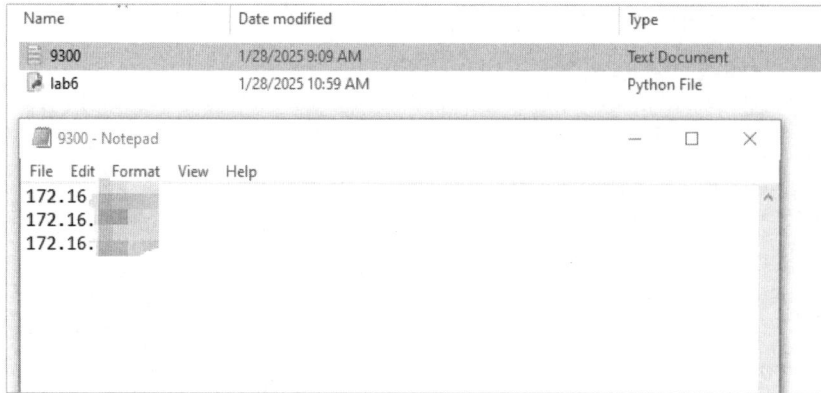

Name	Date modified	Type
9300	1/28/2025 9:09 AM	Text Document
lab6	1/28/2025 10:59 AM	Python File

```
9300 - Notepad                                    —  □  ×
File  Edit  Format  View  Help
172.16.
172.16.
172.16.
```

实验代码如下：

```python
from netmiko import ConnectHandler
from langchain.prompts import PromptTemplate
from langchain_openai import ChatOpenAI
from langchain_core.runnables import RunnableLambda


openai_api_key = "在此处填写个人的 OpenAI API key"
USERNAME = "在此处填写个人用 SSH 登录交换机的用户名"
PASSWORD = "在此处填写个人用 SSH 登录交换机的密码"

def run_commands_on_switch(device_ip, username, password, commands):
    try:
        print(f"Connecting to {device_ip}...")
        device = {
            "device_type": "cisco_ios",
            "ip": device_ip,
            "username": username,
            "password": password,
        }
        with ConnectHandler(**device) as ssh_conn:
            results = []
```

```
        for command in commands:
            print(f"Running command: {command}")
            output = ssh_conn.send_command(command)
            results.append(f"\n=== Output for '{command}' on {device_ip}
===\n{output}")
        return "\n".join(results)
    except Exception as e:
        return f"Error: {str(e)}"

llm = ChatOpenAI(model="gpt-4o-mini", openai_api_key=openai_api_key)

prompt = PromptTemplate(
    input_variables=["user_query", "file_content"],
    template="""
You are a network assistant. Process the user's query to determine:
1. If the query is related to '9300 switch'.
2. If yes, read the provided content of the file '9300.txt' and extract all switch
IPs. Extract only the exact    Cisco command(s) the user wants to run (without extra words
like 'on 9300 switches').
3. If not, parse the query to extract the following:
    a. The commands to run on the switch (multiple commands separated by commas).
    b. The IP address of the switch.

Ignore unnecessary words like 'run', 'execute', or 'please' if they are part of the
command.

    File Content:
    {file_content}

    Query: "{user_query}"

    Response Format:
    If related to '9300 switch':
    9300 Switches: <comma-separated list of IPs from the file>

    Otherwise:
    Commands: <command1>, <command2>, ...
    IP: <switch_ip>
    """
)
```

```python
parse_chain = RunnableLambda(
    lambda inputs: llm.invoke(prompt.format(user_query=inputs["user_query"],
file_content=inputs["file_content"]))
)

def process_query(user_query, username, password):
    # Step 1: Read the file content
    try:
        with open("9300.txt", "r") as file:
            file_content = file.read()
    except FileNotFoundError:
        return "Error: '9300.txt' file not found. Please provide the file with switch IP
addresses."

    # Step 2: Parse the query using LLM
    print("Parsing user query...")
    parsed_response = parse_chain.invoke({"user_query": user_query, "file_content":
file_content})
    parsed_content = parsed_response.content
    print("Parsed Response:\n", parsed_content)

    # Check if the query is related to '9300 switch'
    if "9300 Switches:" in parsed_content:
        ips_line = parsed_content.split("9300 Switches:")[1].strip()
        switch_ips = [ip.strip() for ip in ips_line.split(",") if ip.strip()]

        # 获取用户输入的命令
        command_line = [line for line in parsed_content.splitlines() if
line.startswith("Commands:")]
        commands = [cmd.strip() for cmd in
command_line[0].split("Commands:")[1].split(",")] if command_line else ["show clock"]

        if not switch_ips:
            return "Error: No valid IP addresses found for 9300 switches."

        results = []
        for ip in switch_ips:
            print(f"Processing switch {ip}...")
```

```
        result = run_commands_on_switch(ip, username, password, commands)
# 动态执行用户命令
        results.append(result)

    return "\n\n".join(results)

  # Otherwise, process as a general query
  commands, device_ip = None, None
  for line in parsed_content.splitlines():
      if line.startswith("Commands:"):
          commands = [cmd.strip() for cmd in line.split("Commands:")[1].split(",")]
      elif line.startswith("IP:"):
          device_ip = line.split("IP:")[1].strip()

  if not commands or not device_ip:
      return "Could not parse the query. Ensure you specify commands and device IP."

  # Step 3: Run the commands on the switch
  cleaned_commands = [cmd.replace("run ", "").replace("execute ", "").strip() for cmd
in commands]
  print(f"Executing commands {cleaned_commands} on device {device_ip}...")
  result = run_commands_on_switch(device_ip, username, password, cleaned_commands)
  return result

if __name__ == "__main__":
  print("\n=== LLM-Powered Network Automation ===\n")
  while True:
      user_query = input("Enter your query (e.g., 'Run show version on 172.16.x.x') or
type 'exit' to quit: ")
      if user_query.lower() == "exit":
          print("Exiting... Goodbye!")
          break
      output = process_query(user_query, USERNAME, PASSWORD)
      print("\n=== Command Output ===")
      print(output)
```

鉴于其中有很多部分和前面的实验重复，下面只选取重点代码进行讲解。

a. process_query()这个入口函数虽然位于脚本的后面，但是其新添加的用 file().read()读取 9300.txt 文件内容并返回给变量 file_content 的这步是前面一些函数的上游代码。file_content

这个变量会在 RunnableLambda 和 PromptTemplate 中使用。

```
def process_query(user_query, username, password):
    # Step 1: Read the file content
    try:
        with open("9300.txt", "r") as file:
            file_content = file.read()
    except FileNotFoundError:
        return "Error: '9300.txt' file not found. Please provide the file with switch IP
addresses."
```

b. 通过 RunnableLambda 的 invoke()将 file_content 连同用户的 Prompt（user_query）一起发送给 LLM。

```
parse_chain = RunnableLambda(
    lambda inputs: llm.invoke(prompt.format(user_query=inputs["user_query"],
file_content=inputs["file_content"]))
)
```

c. PromptTemplate 是实验 6 脚本的核心。在运行实验 6 脚本时，我们会向 LLM 发送 Prompt "show xxx on 9300 switch（或者 switches）"，意思是我们希望 LLM 帮我们登录所有的思科 9300 交换机，统一输入 show xxx 命令并返回响应内容。我们通过 PromptTemplate 告知 LLM，如果用户在 Prompt 中提到了 9300 switch（包含了 switch 的复数形式 switches），那么 LLM 要将我们提供给它的 9300.txt 文件里的 IP 地址归类为 9300 Switches: <comma-separated list of IPs from the file>，将每台思科 9300 交换机的 IP 地址以逗号隔开并回复给我们（例如 "9300 Switches: 172.16.1.1, 172.16.1.2, 172.16.1.3"）。另外，我们还额外向 LLM 强调，为了提高命令的准确性，它不要把 on 9300 switches 等当成命令的一部分（Extract only the exact Cisco command(s) the user wants to run (without extra words like 'on 9300 switches')）。如果 Prompt 中没有提到 9300 switch，那么 PromptTemplate 的内容将与实验 2 脚本里的一致。

```
prompt = PromptTemplate(
    input_variables=["user_query", "file_content"],
    template="""
    You are a network assistant. Process the user's query to determine:
    1. If the query is related to '9300 switch'.
```

2. If yes, read the provided content of the file '9300.txt' and extract all switch IPs. Extract only the exact   Cisco command(s) the user wants to run (without extra words like 'on 9300 switches').

3. If not, parse the query to extract the following:

    a. The commands to run on the switch (multiple commands separated by commas).

    b. The IP address of the switch.

Ignore unnecessary words like 'run', 'execute', or 'please' if they are part of the command.

```
File Content:
{file_content}

Query: "{user_query}"

Response Format:
If related to '9300 switch':
9300 Switches: <comma-separated list of IPs from the file>

Otherwise:
Commands: <command1>, <command2>, ...
IP: <switch_ip>
"""
)
```

d. LLM 解析完成后，它的输出被传回本地脚本。如果解析结果是 9300 Switches: ...，说明 LLM 确认查询与 9300 switch 相关。接着，本地代码开始提取这些思科 9300 交换机的 IP 地址，为后续 netmiko 的调用做好准备。

```python
# Step 2: Parse the query using LLM
    print("Parsing user query...")
    parsed_response = parse_chain.invoke({"user_query": user_query, "file_content":
file_content})
    parsed_content = parsed_response.content
    print("Parsed Response:\n", parsed_content)

#Step 3: Check if the query is related to '9300 switch'
    if "9300 Switches:" in parsed_content:
        ips_line = parsed_content.split("9300 Switches:")[1].strip()
        switch_ips = [ip.strip() for ip in ips_line.split(",") if ip.strip()]
```

运行代码查看效果，如下图所示。

在这里，我们向 LLM 输入 show clock on 9300 switch 后，提示成功地通过了 LLM 的解析，相应的 IP 地址和命令被传至 netmiko 模块，最终成功登录 9300.txt 文件中记录的 3 台 Catalyst 9300 交换机，执行 show clock 命令并获取了相应的输出结果。至于如何用 nornir 实现多线程并发登录设备并执行命令，就留给读者自行探索了。

3.7　实验 7：使用 ChatGPT 配置设备（LLM 生成配置命令）

除了使用 LLM 向网络设备发送 show/display 命令，以及对响应内容、设备日志做解析，我们当然也可以使用 LLM 向设备发送配置命令。配置命令可以用两种方式获取：既可以直接在本地脚本中预先定义，也可以通过 LLM 根据需求描述自动生成。在实验 7 中将演示如何实现后者，让 LLM 按 Prompt 的要求生成对应的配置命令，然后将 LLM 生成的命令配置到指定的设备上，实验代码如下：

```python
from netmiko import ConnectHandler
from langchain.prompts import PromptTemplate
from langchain_openai import ChatOpenAI

openai_api_key = "在此处填写个人的 OpenAI API key"
USERNAME = "在此处填写个人用 SSH 登录交换机的用户名"
PASSWORD = "在此处填写个人用 SSH 登录交换机的密码"

def run_commands_on_switch(device_ip, username, password, commands):
    try:
        print(f"Connecting to {device_ip}...")
        device = {
            "device_type": "cisco_ios",
            "ip": device_ip,
            "username": username,
            "password": password,
        }
        with ConnectHandler(**device) as ssh_conn:
            results = []
            # Enter configuration mode once
            output = ssh_conn.config_mode()
            results.append(f"Entering configuration mode:\n{output}")

            # Execute all commands in the same configuration session
            output = ssh_conn.send_config_set(commands)
            results.append(f"Configuration output:\n{output}")

            # Exit configuration mode
            output = ssh_conn.exit_config_mode()
            results.append(f"Exiting configuration mode:\n{output}")

            return "\n".join(results)
    except Exception as e:
        return f"Error: {str(e)}"
```

```
llm = ChatOpenAI(model="gpt-4o-mini", openai_api_key=openai_api_key)

# Prompt template for generating Cisco IOS-XE commands
generate_commands_prompt = PromptTemplate(
    input_variables=["user_request"],
    template="""
    You are a Cisco network configuration expert. Generate the appropriate Cisco IOS-XE
commands for the following request:

    Request: {user_request}

    Important rules:
    1. Do not include 'configure terminal' or 'end' commands
    2. Provide only the exact commands needed, one per line
    3. Keep commands that should be executed in the same context together (e.g., 'vlan
100' followed by 'name test')
    4. Do not include any Markdown code blocks or backticks

    Generate only the commands:
    """
)

# Prompt template for parsing implementation requests
implement_prompt = PromptTemplate(
    input_variables=["user_query"],
    template="""
    You are a network assistant. Parse the implementation request to extract the following:
    1. The IP address of the switch where the commands should be implemented

    Query: "{user_query}"
    Response Format:
    IP: <switch_ip>
    """
)

def generate_config_commands(user_request):
    """Generate configuration commands using LLM"""
    response = llm.invoke(generate_commands_prompt.format(user_request=user_request))
```

```python
    #Clean up any potential markdown or extra whitespace
    commands = [cmd.strip() for cmd in response.content.strip().split('\n')]
    commands = [cmd for cmd in commands if cmd and not cmd.startswith('```') and not
cmd.endswith('```')]
    return commands


def parse_implementation_request(user_query):
    """Parse the implementation request to get the target switch IP"""
    response = llm.invoke(implement_prompt.format(user_query=user_query))
    for line in response.content.splitlines():
        if line.startswith("IP:"):
            return line.split("IP:")[1].strip()
    return None


def process_query(user_query, username, password):
    if user_query.lower().startswith("implement"):
        # This is an implementation request
        device_ip = parse_implementation_request(user_query)
        if not device_ip:
            return "Could not parse the target switch IP address."

        # Get the last generated commands from the session
        if not hasattr(process_query, 'last_commands'):
            return "No commands have been generated yet. Please generate commands first."

        print(f"\nImplementing the following commands on {device_ip}:")
        for cmd in process_query.last_commands:
            print(f"- {cmd}")

        result = run_commands_on_switch(device_ip, username, password,
process_query.last_commands)
        return result
    else:
        # This is a command generation request
        generated_commands = generate_config_commands(user_query)
        # Store the generated commands for later implementation
        process_query.last_commands = generated_commands
        return "\n=== Generated Commands ===\n" + "\n".join(generated_commands)
```

```
if __name__ == "__main__":
    print("\n=== LLM-Powered Network Configuration Assistant ===\n")
    print("Usage:")
    print("1. First, describe the configuration you want (e.g., 'create VLAN 100 named
Test')")
    print("2. Review the generated commands")
    print("3. Type 'implement the commands on <switch-ip>' to execute the commands")
    print("4. Type 'exit' to quit\n")

    while True:
        user_query = input("\nEnter your request or type 'exit' to quit: ")
        if user_query.lower() == 'exit':
            print("Exiting... Goodbye!")
            break

        output = process_query(user_query, USERNAME, PASSWORD)
        print(output)
```

重点部分代码分段讲解如下：

a. 因为要对设备进行配置，所以在通过 netmiko 登录设备后，我们会额外使用
send_config_set()函数对设备进行配置，并将响应内容保存到列表变量 results 中。

```
def run_commands_on_switch(device_ip, username, password, commands):
    try:
        print(f"Connecting to {device_ip}...")
        device = {
            "device_type": "cisco_ios",
            "ip": device_ip,
            "username": username,
            "password": password,
        }
        with ConnectHandler(**device) as ssh_conn:
            results = []
            # Enter configuration mode once
            output = ssh_conn.config_mode()
            results.append(f"Entering configuration mode:\n{output}")
```

```
        # Execute all commands in the same configuration session
        output = ssh_conn.send_config_set(commands)
        results.append(f"Configuration output:\n{output}")

        # Exit configuration mode
        output = ssh_conn.exit_config_mode()
        results.append(f"Exiting configuration mode:\n{output}")

        return "\n".join(results)
    except Exception as e:
        return f"Error: {str(e)}"
```

b. 这里创建了两个 PromptTemplate，第一个 PromptTemplate 用来让 LLM 按照 Prompt 生成配置命令，注意我们给 LLM 的角色定位是思科的网络专家，让它生成的是对应思科 IOS-XE 设备的配置命令（因为思科 9300 交换机使用的是 IOS-XE 操作系统），并且我们也提出了 4 条重要的规则（Important rules 下的内容），这 4 条规则是经过多次微调后最终得到的较为理想的 Prompt。这些 Prompt 一般都用英文描述，AIOps 时代对网络工程师英语能力的要求只会越来越高，希望有志于在这个领域深耕的读者务必重视英语学习。

```
# Prompt template for generating Cisco IOS-XE commands
generate_commands_prompt = PromptTemplate(
    input_variables=["user_request"],
    template="""
    You are a Cisco network configuration expert. Generate the appropriate Cisco IOS-XE
commands for the following request:
    Request: {user_request}
    Important rules:
    1. Do not include 'configure terminal' or 'end' commands
    2. Provide only the exact commands needed, one per line
    3. Keep commands that should be executed in the same context together (e.g., 'vlan
100' followed by 'name test')
    4. Do not include any Markdown code blocks or backticks

    Generate only the commands:
    """
)
```

c. 第二个 PromptTemplate 用来在指定的设备上执行命令，执行实验 7 的脚本后我们会分两次向 LLM 发送 Prompt。第一个 Prompt 是让 LLM 生成配置命令，生成的命令会被打印出来以供检查。在确认命令无误后，我们会向 LLM 发送第二个 Prompt，让它在指定的设备上执行配置命令。注意，由于配置命令已经在第一个 PromptTemplate 里生成好了，这里只需让 LLM 把 Prompt 里的 IP 地址读取出来即可。

```
# Prompt template for parsing implementation requests
implement_prompt = PromptTemplate(
    input_variables=["user_query"],
    template="""
You are a network assistant. Parse the implementation request to extract the following:
1. The IP address of the switch where the commands should be implemented

Query: "{user_query}"
Response Format:
IP: <switch_ip>
"""
)
```

开始实验前，我们先登录一台思科 9300 交换机，查看当前该设备的 VLAN 和端口 gi1/1/4 的配置情况，如下图所示。

```
                    #show vlan b

VLAN Name                         Status    Ports
---- -----                        ------    -----
1    default                      active    (
1002 fddi-default                 act/unsup
1003 token-ring-default           act/unsup
1004 fddinet-default              act/unsup
1005 trnet-default                act/unsup
```

```
                    #show run int gi1/1/4
Building configuration...

Current configuration : 38 bytes
!
interface GigabitEthernet1/1/4
end
```

运行代码查看效果，如下图所示。

```
🐍 *IDLE Shell 3.10.6*                                            —  □  ✕
File Edit Shell Debug Options Window Help
ansport.py", line 253
    "class": algorithms.TripleDES,
CryptographyDeprecationWarning: TripleDES has been moved to cryptography.hazmat.dec
repit.ciphers.algorithms.TripleDES and will be removed from cryptography.hazmat.pri
mitives.ciphers.algorithms in 48.0.0.

=== LLM-Powered Network Configuration Assistant ===

Usage:
1. First, describe the configuration you want (e.g., 'create VLAN 100 named Test')
2. Review the generated commands
3. Type 'implement the commands on <switch-ip>' to execute the commands
4. Type 'exit' to quit

Enter your request or type 'exit' to quit: create vlan 100 named test

=== Generated Commands ===
vlan 100
name test

Enter your request or type 'exit' to quit: implement the changes on 172.16.    

Implementing the following commands on 172.16.      :
- vlan 100
- name test
Connecting to 172.16.       ..
Entering configuration mode:
configure terminal
Enter configuration commands, one per line.  End with CNTL/Z.
                    -(config)#
Configuration output:
vlan 100
              )-(config-vlan)#name test
              (config-vlan)#end
                  #
Exiting configuration mode:

Enter your request or type 'exit' to quit:
                                                          Ln: 32 Col: 0
```

在这里，首先向 LLM 发送 Prompt "create vlan 100 named test"，随后 LLM 根据我们的需求生成了思科 IOS-XE 设备配置 VLAN 所需的配置命令 vlan 100 和 name test。我们确认命令无误后，第二次向 LLM 发送 Prompt "implement the change on 172.16.x.x"。随后 LLM 响应我们的 Prompt，将第一个 Prompt 生成好的命令配置在指定的思科 9300 交换机上。这时我们可以再次登录该交换机做验证，如下图所示。

```
AS-C9200-EC3-TG3630-01#show vlan b

VLAN Name                     Status     Ports
---- ----                     --------   -------------------------------
1    default                  active     Gi1/1/1, Gi1/1/4
100  test                     active
1002 fddi-default             act/unsup
1003 token-ring-default       act/unsup
1004 fddinet-default          act/unsup
```

再举一例，如下图所示。

```
Enter your request or type 'exit' to quit: add description 'Test' on gi1/1/4

=== Generated Commands ===
interface GigabitEthernet1/1/4
description Test

Enter your request or type 'exit' to quit: implement it on 172.16.

Implementing the following commands on 172.16.
- interface GigabitEthernet1/1/4
- description Test
Connecting to 172.16.
Entering configuration mode:
configure terminal
Enter configuration commands, one per line.  End with CNTL/Z.
                    0-(config)#
Configuration output:
interface GigabitEthernet1/1/4
                   -(config-if)#description Test
                   -(config-if)#end
                   #
Exiting configuration mode:

Enter your request or type 'exit' to quit:
                                                              Ln: 56 Col: 0
```

这次首先向 LLM 发送 Prompt "add description 'Test' on gi1/1/4"，随后 LLM 根据我们的需求生成所需的配置命令 interface GigabitEthernet1/1/4 和 description Test，如下图所示。我们确认命令无误后，第二次向 LLM 发送 Prompt "implement it on 172.16.x.x"。随后 LLM 响应我们的 Prompt，将第一个 Prompt 生成好的命令配置在指定的思科 9300 交换机的指定端口上。再次登录该交换机进行验证。

```
                        !show run int gi1/1/4
Building configuration...

Current configuration : 56 bytes
!
interface GigabitEthernet1/1/4
 description Test
end
```

目标设备的端口 gi1/1/4 已被配置了 description Test，实验成功。

3.8 实验 8：使用 ChatGPT 配置设备（手动辅助）

在面对创建 VLAN、修改端口描述、配置默认/静态路由、对二层端口做 access/trunk 配置等较简单的需求时，目前的 LLM 能胜任生成相关配置命令，但是如果在较为复杂的环境和需求下，我们必须将需要用到的配置和排错命令预先写进本地脚本，手动辅助 LLM 来处理一些网络运维问题。

举例来说，在处理用户抱怨网速慢等问题的时候，我们需要查看用户所在交换机端口的 CRC、input errors 和 output drops 等参数，排除与物理层和 QoS 相关的问题。某思科 9300交换机的端口 gi1/0/12 当前总共有 1623267 个 output drops，但是 CRC 和 input errors 均为 0个，如下图所示。这说明该端口的物理层不存在问题，但是 output drops 过多，即该端口的ASIC TX 缓存可能不够，我们需要在该端口下配置 hold-queue 4096 out 命令来最大化出口方向的缓存，减少出口方向的丢包。

```
                    #show int gi1/0/12 | in (output drops|CRC)
  Input queue: 0/2000/0/0 (size/max/drops/flushes); Total output drops: 1623267
     0 input errors, 0 CRC, 0 frame, 0 overrun, 0 ignored
                   #show run int gi1/0/12 | in hold-queue
AS                          #
```

实验 8 将针对这个需求，通过我们手动在本地脚本里写入相关配置和排错命令来配合LLM 处理这个问题，实验代码如下：

```python
from netmiko import ConnectHandler
from langchain.prompts import PromptTemplate
from langchain_openai import ChatOpenAI
from langchain_core.runnables import RunnableLambda
import time

openai_api_key = "在此处填写个人的 OpenAI API key"
USERNAME = "在此处填写个人用 SSH 登录交换机的用户名"
PASSWORD = "在此处填写个人用 SSH 登录交换机的密码"

def clean_response(response):
    return response.strip().replace("\r", "")

def run_commands_on_router(device_ip, username, password, commands):
    try:
        print(f"Connecting to {device_ip}...")
        device = {
            "device_type": "cisco_ios",
            "ip": device_ip,
            "username": username,
```

```
        "password": password,
        "session_log": "netmiko_session.log"
    }
    with ConnectHandler(**device) as ssh_conn:
        results = []
        cleaned_commands = [cmd.replace("run ", "").replace("execute ", "").strip() for
cmd in commands]
        for command in cleaned_commands:
            print(f"Running command: {command}")
            output = ssh_conn.send_command(
                command, expect_string=r"#", read_timeout=10
            )
            cleaned_output = clean_response(output)
            results.append(f"\n=== Output for '{command}' ===\n{cleaned_output}")
        return "\n".join(results)
    except Exception as e:
        return f"Error: {str(e)}"


#Troubleshoot interfaces for discards and errors and apply fixes as needed.
def troubleshoot_interfaces(device_ip, username, password, interfaces):
    try:
        print(f"Connecting to {device_ip} for troubleshooting...")
        device = {
            "device_type": "cisco_ios",
            "ip": device_ip,
            "username": username,
            "password": password,
        }
        with ConnectHandler(**device) as ssh_conn:
            for interface in interfaces:
                print(f"Checking interface {interface}...")
                #Step 1: Check the interface for output drops and CRC errors
                command = f"show int {interface} | in (output drops|CRC)"
                output = ssh_conn.send_command(command)
                cleaned_output = clean_response(output)
                print(f"Output for {interface}:\n{cleaned_output}")

                if "output drops" in cleaned_output:
                    if "0 input errors" in cleaned_output and "0 CRC" in cleaned_output:
                        #Step 2a: Maximize the output buffer
```

```
            ssh_conn.send_config_set([f"interface {interface}", "hold-queue
4096 out"])
            print(f"Configured hold-queue 4096 out on {interface}.")
            #Step 2b: Clear counters with confirmation
            clear_command = f"clear counters {interface}"
            clear_output = ssh_conn.send_command_timing(clear_command)
            if "[confirm]" in clear_output:
                ssh_conn.send_command_timing("\n")
            print(f"Cleared counters for {interface}.")
        else:
            #Step 3: Perform cable diagnostics
            ssh_conn.send_config_set([f"interface {interface}", "hold-queue
4096 out"])
            print(f"Configured hold-queue 4096 on {interface}.")
            clear_command = f"clear counters {interface}"
            clear_output = ssh_conn.send_command_timing(clear_command)
            if "[confirm]" in clear_output:
                ssh_conn.send_command_timing("\n")
            print(f"Cleared counters for {interface}.")

            print(f"Running cable diagnostics on {interface}...")
            tdr_command = f"show cable-diagnostics tdr interface {interface}"
            tdr_output = ssh_conn.send_command_timing(tdr_command)

            # Handle the confirmation prompt
            if "Are you sure you want to proceed? ? [yes/no]:" in tdr_output:
                tdr_output += ssh_conn.send_command_timing("yes",
read_timeout=10)

            # Wait for the test to complete
            time.sleep(3)

            # Retrieve the diagnostics result
            tdr_result = ssh_conn.send_command(f"show cable-diagnostics tdr
interface {interface}")
            cleaned_tdr_output = clean_response(tdr_result)
            print(f"Cable diagnostics result for
{interface}:\n{cleaned_tdr_output}")
```

```
                    if "Pair status" in cleaned_tdr_output and "Normal" not in
cleaned_tdr_output:
                        print(f"Faulty cable detected on {interface}, please replace the
cable.")
                    else:
                        print(f"Cable of {interface} is in good condition, keep
                            monitoring the input error/CRC error.")
    except Exception as e:
        print(f"Error during troubleshooting: {str(e)}")

llm = ChatOpenAI(model="gpt-4o-mini", temperature=0.3, openai_api_key=openai_api_key)

prompt = PromptTemplate(
    input_variables=["user_query"],
    template="""
    You are a network assistant. Parse the user's query to extract the following:
    1. The device IP address
    2. The interfaces to check (one per line)

    Ignore unnecessary words like 'run', 'execute', or 'please' if they are part of the
command.

    Query: "{user_query}"

    Response Format:
    Device IP: <router_ip>
    Interfaces: <interface1>, <interface2>, ...
    """
)

parse_chain = RunnableLambda(
    lambda inputs: llm.invoke(prompt.format(user_query=inputs["user_query"]))
)

def process_query(user_query, username, password):
    print("Parsing user query...")
    parsed_response = parse_chain.invoke({"user_query": user_query})
    parsed_content = clean_response(parsed_response.content)
    print("Parsed Response:\n", parsed_content)
```

```
    device_ips, interfaces = [], []
    for line in parsed_content.splitlines():
        if line.startswith("Device IP:"):
            device_ips = [ip.strip() for ip in line.split("Device IP:")[1].split(",")]
        elif line.startswith("Interfaces:"):
            interfaces = [iface.strip() for iface in
line.split("Interfaces:")[1].split(",")]

    if not device_ips:
        return "Could not parse the query. Ensure you specify at least one device IP."

    results = []

    for device_ip in device_ips:
        if interfaces and interfaces[0] != "N/A":
            result = troubleshoot_interfaces(device_ip, username, password, interfaces)
        else:
            result = run_commands_on_router(device_ip, username, password, ["show clock"])
        results.append(f"Results for {device_ip}:\n{result}")

    return "\n".join(results)

if __name__ == "__main__":
    print("\n=== LLM-Powered Network Troubleshooting ===\n")
    while True:
        # Example user query
        user_query = input("Enter your query (e.g., 'Please check discards/errors for
interface gix/x/x of switch 172.16.x.x' ) or type 'exit' to quit: ")
        if user_query.lower() == 'exit':
            print("Exiting... Goodbye!")
            break
        output = process_query(user_query, USERNAME, PASSWORD)
        print("\n=== Result ===")
        print(output)
```

重点部分代码分段讲解如下：

a. 因为是手动辅助 LLM 处理这个运维问题的，所以我们创建了一个名为 troubleshoot_interfaces 的自定义函数。该函数详细描述了面对交换机端口 output drop、CRC、input errors

较多时的处理步骤（加粗的代码），所需的相关配置和排错命令都被我们写在了该函数下面，这里就不一一讲解它们的原理和使用方法了，代码里已经进行了详尽的注解。

```python
#Troubleshoot interfaces for discards and errors and apply fixes as needed.
def troubleshoot_interfaces(device_ip, username, password, interfaces):
  try:
    print(f"Connecting to {device_ip} for troubleshooting...")
    device = {
        "device_type": "cisco_ios",
        "ip": device_ip,
        "username": username,
        "password": password,
    }
    with ConnectHandler(**device) as ssh_conn:
        for interface in interfaces:
            print(f"Checking interface {interface}...")
            #Step 1: Check the interface for output drops and CRC errors
            command = f"show int {interface} | in (output drops|CRC)"
            output = ssh_conn.send_command(command)
            cleaned_output = clean_response(output)
            print(f"Output for {interface}:\n{cleaned_output}")

            if "output drops" in cleaned_output:
                if "0 input errors" in cleaned_output and "0 CRC" in cleaned_output:
                    #Step 2a: Maximize the output buffer
                    ssh_conn.send_config_set([f"interface {interface}", "hold-queue
4096 out"])
                    print(f"Configured hold-queue 4096 out on {interface}.")
                    #Step 2b: Clear counters with confirmation
                    clear_command = f"clear counters {interface}"
                    clear_output = ssh_conn.send_command_timing(clear_command)
                    if "[confirm]" in clear_output:
                        ssh_conn.send_command_timing("\n")
                    print(f"Cleared counters for {interface}.")
                else:
                    #Step 3: Perform cable diagnostics
                    ssh_conn.send_config_set([f"interface {interface}", "hold-queue
4096 out"])
                    print(f"Configured hold-queue 4096 on {interface}.")
```

```
                clear_command = f"clear counters {interface}"
                clear_output = ssh_conn.send_command_timing(clear_command)
                if "[confirm]" in clear_output:
                    ssh_conn.send_command_timing("\n")
                print(f"Cleared counters for {interface}.")

                print(f"Running cable diagnostics on {interface}...")
                tdr_command = f"show cable-diagnostics tdr interface {interface}"
                tdr_output = ssh_conn.send_command_timing(tdr_command)

                # Handle the confirmation prompt
                if "Are you sure you want to proceed? ? [yes/no]:" in tdr_output:
                    tdr_output += ssh_conn.send_command_timing("yes",
read_timeout=10)

                # Wait for the test to complete
                time.sleep(3)

                # Retrieve the diagnostics result
                tdr_result = ssh_conn.send_command(f"show cable-diagnostics tdr
interface {interface}")
                cleaned_tdr_output = clean_response(tdr_result)
                print(f"Cable diagnostics result for
{interface}:\n{cleaned_tdr_output}")

                if "Pair status" in cleaned_tdr_output and "Normal" not in
cleaned_tdr_output:
                        print(f"Faulty cable detected on {interface}, please replace the
cable.")
                else:
                        print(f"Cable of {interface} is in good condition, keep monitoring
the input error/CRC error.")
    except Exception as e:
        print(f"Error during troubleshooting: {str(e)}")
```

b. 对于 PromptTemplate 部分，由于配置和排错命令已被我们预先写在代码里了，因此 LLM 只需从 Prompt 中找出两个关键词：目标设备的 IP 地址，以及需要检查和排错的设备端口号。

```
prompt = PromptTemplate(
    input_variables=["user_query"],
    template="""
    You are a network assistant. Parse the user's query to extract the following:
    1. The device IP address
    2. The interfaces to check (one per line)


    Ignore unnecessary words like 'run', 'execute', or 'please' if they are part of the
command.


    Query: "{user_query}"


    Response Format:
    Device IP: <router_ip>
    Interfaces: <interface1>, <interface2>, ...
    """
)
```

接下来运行代码查看效果，如下图所示。

我们向 LLM 发送 Prompt"check errors on interface gi1/0/12 of 172.16.x.x"，随后 LLM 配合 netmiko 完成了以下任务。

1. 在发现目标设备的端口 gi1/0/12 下有 output drop 后，为该端口配置 hold-queue 4096 out 命令，最大化该端口的 ASIC TX 缓存。

2. 回到特权模式，输入命令 clear counters GigabitEthernet 1/0/12，将该端口的 counter 重置，以便后续重新监控。

3. 因为该端口下并没有 CRC 和 input error，所以脚本中并没有执行 show cable-diagnostics tdr interface gi1/0/12 命令来检查网线是否有物理层的故障。

最后回到交换机上进行验证，此时 output drop 已经变为 0（因为重置了 counter），gi1/0/12 端口下也配置了 hold-queue 4096 out 命令，实验成功，如下图所示。

```
                       1#show int gi1/0/12 | in (output drops|CRC)
Input queue: 0/2000/0/0 (size/max/drops/flushes); Total output drops: 0
   0 input errors, 0 CRC, 0 frame, 0 overrun, 0 ignored
                       #show run int gi1/0/12 | in hold-queue
hold-queue 4096 out
```

4

第 4 章
AI 在计算机网络运维中
的应用（离线 LLM）

离线 LLM 的运行分为本机运行和本地运行两种模式。前者指的是将 LLM 安装在本机
上运行（通过 127.0.0.1 或者 localhost 访问），后者指的是允许公司里其他用户通过私网 IP
和 API 访问部署在公司内部的 LLM。

本章中，我们将直接在部署离线 LLM 的本机上使用 LLM 的用户称为本机用户，把通
过私网 IP 和 API 访问离线 LLM 的用户称为本地用户。请严格区分二者，后面的实验会对
它们各自的用法分别进行介绍。

4.1　LLaMA

目前市面上知名的免费开源 LLM 除了 DeepSeek，最早一批开源给公众使用的还有
LLaMA（Large Language Model Meta AI）。LLaMA 是由 Meta（Facebook 母公司）开发的

一系列开源 LLM，适用于学术界和企业用户，与 OpenAI 的 GPT 系列、Anthropic 的 Claude
系列，以及 Google 的 Gemini 系列等形成竞争。

LLaMA 系列发展历程如下。

1. LLaMA 1

发布时间：2023 年 2 月。

参数规模：7B、13B、33B、65B。

主要特点：

- 采用 Transformer 架构，类似于 GPT，但优化了推理效率。
- 相比 OpenAI 的 GPT-3（175B 参数规模），LLaMA 只需更少的参数规模即可实现
  相近甚至更好的性能。
- 主要面向学术研究，不向公众开放，但可以申请使用。

2. LLaMA 2

发布时间：2023 年 7 月。

参数规模：7B、13B、70B。

主要特点：

- 免费商用，相比 LLaMA 1 更开放。
- 加快了推理速度，增强了上下文理解能力，并在大规模数据上进行了微调。
- 提供了 Chat 版本（LLaMA 2-Chat），适用于对话任务。

3. LLaMA 3

发布时间：2024 年 4 月。

参数规模：7B、80B。

LLaMA 3 是最新的 LLaMA 版本，有 7B 和 80B 两个参数规模，对标 GPT-4、Sonnet 3.5
和 Gemini 1.5。截至 2025 年 2 月，除了 LLaMA 3 基础版本，还有 3 个子版本 LLaMA 3.1、
LlaMA 3.2、LLaMA 3.3。其中，LLaMA 3.1 有 405B 和 8B 两个参数规模，是目前 Meta 公司
参数规模最大的 LLM 版本；LLaMA 3.2 相较于 3.1 版本更轻量，参数规模只有 1B 和 3B，
但其具备多模态能力，支持图像和音频；LLaMA 3.3 的参数规模为 70B，支持逻辑推理。

本章将举例讲解在本机与本地分别运行和使用 LLaMA 3.2 的方法。

4.2 本机安装、运行和使用 LLaMA 3.2

LLaMA 可以通过 Ollama 官网下载和安装，Ollama 是一个开源项目，用户可以通过它在本地运行和使用 LLM（无须联网）。截至 2025 年 2 月，Ollama 支持几乎所有开源的 LLM，包括 LLaMA（2、3、3.1、3.2、3.3）、DeepSeek（V3、R1）、Phi4、Qwen、Mistral 等。Ollama 提供了简单的命令行操作界面，使用一行命令即可下载和运行 LLM。

4.2.1 通过 Ollama 在本机安装和使用 LLaMA 3.2

首先在 Ollama 官网下载匹配自己操作系统的 Ollama 安装包（本书基于 Windows 10 做演示和讲解），如下图所示。

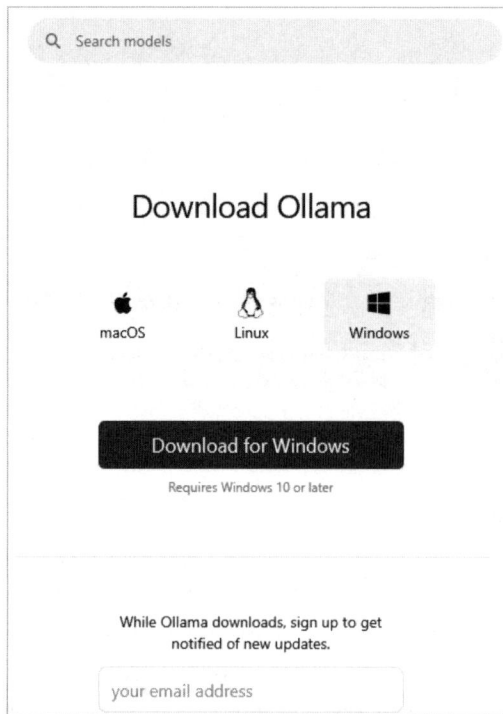

为了让 Ollama 达到最理想的运行效果，建议你的主机具备：

- 至少 8GB 的 RAM（运行 7B 参数规模以上的 LLM 时则建议具备 16GB 以上的 RAM）。
- 至少 12GB 可用硬盘空间（存储 LLM 产生的数据需要额外的空间，建议可用硬盘空间为 30GB 以上）。
- 建议 CPU 为 4 核以上（13B 参数规模及以上的 LLM 则需要 8 核以上 CPU）。
- GPU 方面没有特别的要求，集成显卡下也能安装 Ollama 和小型离线 LLM（比如 LLaMA 3.2 1B 和 3B，Mistral 7B，DeepSeek 1.5B 等），但如果具备 12GB 以上显存的独立显卡，则能在运行参数规模较大（如 13B、70B）的模型时达到大幅提升模型运行速度的效果，比如安装了 CUDA 工具包和驱动的英伟达显卡。

Windows 用户安装 Ollama 后，若在任务栏右下角出现羊驼图标，即表明安装成功。也可以打开 CMD 命令行，输入命令 ollama –version 来查看 Ollama 的版本号，如果能看到响应内容，即代表 Ollama 安装成功，如下图所示。

```
P:\>ollama --version
ollama version is 0.5.7

P:\>
```

然后通过命令 ollama pull llama3.2 来下载 LLaMA 3.2，如下图所示。

```
Microsoft Windows [Version 10.0.19045.5371]
(c) Microsoft Corporation. All rights reserved.

P:\>ollama pull llama3.2
pulling manifest
pulling dde5aa3fc5ff... 100%                                    2.0 GB
pulling 966de95ca8a6... 100%                                    1.4 KB
pulling fcc5a6bec9da... 100%                                    7.7 KB
pulling a70ff7e570d9... 100%                                    6.0 GB
pulling 56bb8bd477a5... 100%                                      96 B
pulling 34bb5ab01051... 100%                                     561 B
verifying sha256 digest
writing manifest
success

P:\>
```

下载完成后，可以通过 ollama run llama3.2 配合 Prompt 的方式来测试 LLM，如下图所示。

```
P:\>ollama run llama3.2 "Hello"
Hello! It's nice to meet you. Is there something I can help you with or would you like to chat?

P:\>ollama run llama3.2 "Why network engineers need to learn AIOps?"
AIOps (Artificial Intelligence for IT Operations) is a field that leverages AI, machine learning, and data
analytics to automate IT operations and improve efficiency. Network engineers can benefit from learning AIOps for
several reasons:

1. **Automation of repetitive tasks**: AIOps can automate many routine and time-consuming tasks, such as
monitoring, troubleshooting, and incident management, freeing up network engineers to focus on more strategic
activities.
2. **Improved incident response**: AIOps can help predict and prevent outages, reducing downtime and improving
overall system reliability. Network engineers can use AIOps tools to identify potential issues before they become
major problems.
3. **Enhanced visibility and insights**: AIOps provides real-time analytics and visualization capabilities,
enabling network engineers to gain deeper insights into their infrastructure's performance and behavior.
4. **Predictive maintenance**: By analyzing historical data and sensor readings, AIOps can predict when equipment
is likely to fail, allowing network engineers to perform proactive maintenance and reduce downtime.
5. **Cost savings**: AIOps can help reduce the cost of IT operations by automating many tasks, minimizing manual
intervention, and optimizing resource utilization.
6. **Improved scalability and efficiency**: As networks continue to grow and become more complex, AIOps helps
network engineers manage the increased complexity, ensuring that their infrastructure can scale efficiently to
meet growing demands.
7. **Integration with other technologies**: AIOps often integrates with other technologies like SDN
(Software-Defined Networking), Cloud, and Automation frameworks, enabling network engineers to leverage these
tools in a more effective way.

To become proficient in AIOps, network engineers should focus on developing skills such as:

1. **Data analysis and visualization**: Understanding how to collect, analyze, and visualize data to gain insights
into network performance.
2. **Machine learning fundamentals**: Learning the basics of machine learning, including supervised and
unsupervised learning, neural networks, and model training.
3. **Automation frameworks**: Familiarity with automation frameworks like Ansible, SaltStack, or PowerShell DSC.
4. **Cloud platforms**: Understanding cloud-based services, such as AWS CloudWatch, Azure Monitor, or Google Cloud
Monitoring.

By acquiring AIOps skills, network engineers can enhance their ability to automate, optimize, and manage complex
networks more efficiently.

P:\>
```

这里通过 ollama run llama3.2 "Hello"和 ollama run llama3.2 "Why network engineers need to learn AIOps?"向 LLaMA 3.2 发送了两个 Prompt，因为在本地安装了轻量级 LLM，所以 LLaMA 3.2 很快给予了响应。

当然，我们不需要每次都通过 ollama run llama3.2 + Prompt 的方式来和 LLM 对话。我们可以输入命令 ollama run llama3.2 并直接进入对话模式与 LLM 交互，如下图所示。

```
P:\>ollama run llama3.2
>>> heIlo
Hello! How can I assist you today?

>>> how are you today?
I'm just a language model, so I don't have emotions or feelings like humans do. However, I'm functioning properly
and ready to help with any questions or tasks you may have!

How about you? How's your day going so far?

>>> Send a message (/? for help)
```

要退出对话模式的话，按下 Ctrl + D 组合键或者输入/bye 即可。

除此之外，也可以使用 ollama list 和 ollama show llama3.2 命令来分别查看当前通过 Ollama 安装的离线 LLM，以及 LLM 的具体信息，如下图所示。

```
Microsoft Windows [Version 10.0.19045.5371]
(c) Microsoft Corporation. All rights reserved.

P:\>ollama list
NAME              ID              SIZE      MODIFIED
llama3.2:latest   a80c4f17acd5    2.0 GB    43 minutes ago

P:\>ollama show llama3.2
  Model
    architecture        llama
    parameters          3.2B
    context length      131072
    embedding length    3072
    quantization        Q4_K_M

  Parameters
    stop      "<|start_header_id|>"
    stop      "<|end_header_id|>"
    stop      "<|eot_id|>"

  License
    LLAMA 3.2 COMMUNITY LICENSE AGREEMENT
    Llama 3.2 Version Release Date: September 25, 2024
```

通过 ollama show llama3.2 命令的响应内容可以看到，我们在本地部署的 LLaMA 3.2 模型的参数规模为 3.2B，上下文长度（context length，和上下文窗口同理）为 131072，嵌入维度（embedding length）为 3072（关于嵌入维度，会在后面详细介绍）。

最后可以使用 ollama ps 命令来查看当前正在本机上运行的 LLM，如下图所示。

```
P:\>ollama ps
NAME              ID              SIZE      PROCESSOR    UNTIL
llama3.2:latest   a80c4f17acd5    3.5 GB    100% CPU     4 minutes from now
```

注意，PROCESSOR 参数下显示的"100% CPU"并不是指 LLM 占用了 100%的 CPU 使用率，而是指 llama3.2:latest 这个模型在推理时完全使用 CPU 进行计算，并没有使用 GPU 加速。

最后，我们可以通过命令 ollama stop llama3.2 来停止在本机上运行的 LLaMA 3.2 模型，如下图所示。

```
P:\>ollama stop llama3.2

P:\>ollama ps
NAME    ID    SIZE    PROCESSOR    UNTIL

P:\>
```

也可以通过命令 ollama rm llama3.2 来删除 LLaMA 3.2 模型，这里就不做演示了。

4.2.2　通过 API 与本机部署的 LLaMA 3.2 交互

Ollama 默认提供了一个 HTTP API（使用 TCP/11434 端口号），可以通过打开浏览器并输入 http://localhost:11434 来进行验证，如果可以看到"Ollama is running"，则说明 Ollama 正在本机上运行，如下图所示。

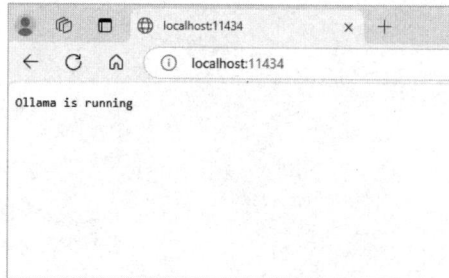

接下来，介绍如何利用 LangChain 通过 API 与本机部署的 LLaMA 3.2 模型交互，代码如下：

```python
from langchain_ollama import OllamaLLM
from langchain.callbacks.manager import CallbackManager
from langchain.callbacks.streaming_stdout import StreamingStdOutCallbackHandler

callback_manager = CallbackManager([StreamingStdOutCallbackHandler()])

llm = OllamaLLM(
    model="llama3.2",
    callback_manager=callback_manager,
    base_url="http://localhost:11434",
    temperature=0.7
)

while True:
    user_input = input("\nEnter your question: ").strip()
    if user_input.lower() in ['exit', 'quit']:
        print("\nSee you! ")
        break
    if not user_input:
```

```
    print("Please enter a valid prompt!")
    continue
try:
    response = llm.invoke(user_input)
except Exception as e:
    print(f"\nError Detected: {str(e)}")
    print("Please check if Ollama is running properly and try again.")
    continue
```

代码分段讲解如下：

a. LangChain 框架中集成了与 Ollama 相关的模块，在这里我们通过导入 OllamaLLM 模块来与 Ollama 平台交互（运行代码前需要先使用 pip install langchain_ ollama 命令来下载 langchain_ollama 模块）。另外两个模块导入语句 from langchain.callbacks. manager import CallbackManager 和 from langchain.callbacks.streaming_stdout import StreamingStdOut-CallbackHandler 的用途将在稍后介绍。

```
from langchain_ollama import OllamaLLM
from langchain.callbacks.manager import CallbackManager
from langchain.callbacks.streaming_stdout import StreamingStdOutCallbackHandler
```

b. 在 LangChain 中，CallbackManager 是一个回调管理器模块，其主要作用是实现对 LLM 输出的实时监控和处理。在此实现中，我们通过结合 StreamingStdOutCallback- Handler，将 LLM 的输出以流式方式实时传输至用户终端。之前我们通过 OpenAI API Key 做第 2 章和第 3 章的实验时，LangChain 默认会等待 ChatGPT 生成完整的响应后，一次性输出所有内容至用户终端，当 LLM 输出内容较多时，这种模式会导致较长的等待时间。相比之下，StreamingStdOutCallbackHandler 这种流式输出可以让用户看到文本是逐步生成的（类似于 Web 版的 GPT、DeepSeek 和 Claude 的输出方式），特别适合处理内容较多的 LLM 响应情况。

```
callback_manager = CallbackManager([StreamingStdOutCallbackHandler()])
```

c. 之后通过 OllamaLLM()来正式调用本机部署的 LLaMA 3.2 模型，并使用 callback_manager 对 LLaMA 的回复内容做流式输出。因为 Ollama 是在本机部署的且默认使用端口号为 11434 的 API，所以这里的 base_url 参数的值为"http://localhost:11434"，temperature 值则使用默认的 0.7。

```
    llm = OllamaLLM(
    model="llama3.2",
    callback_manager=callback_manager,
    base_url="http://localhost:11434",
    temperature=0.7
)

while True:
    user_input = input("\nEnter your question: ").strip()
    if user_input.lower() in ['exit', 'quit']:
        print("\nSee you! ")
        break
    if not user_input:
        print("Please enter a valid prompt!")
        continue
    try:
        response = llm.invoke(user_input)
    except Exception as e:
        print(f"\nError Detected: {str(e)}")
        print("Please check if Ollama is running properly and try again.")
        continue
```

运行脚本查看效果（可以留意 LLaMA 3.2 模型是否流式输出内容），如下图所示。

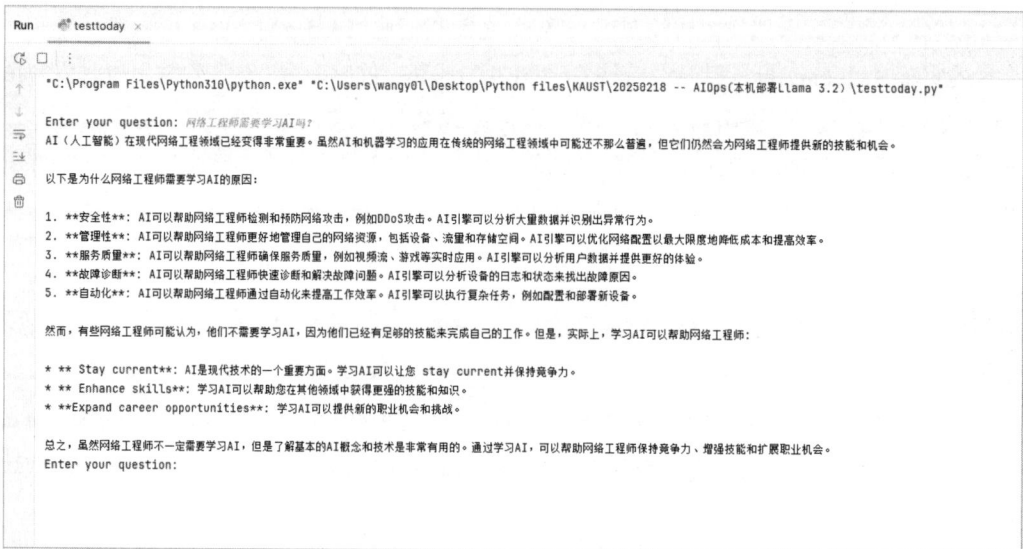

4.3　本地使用 LLaMA 3.2

在本机上部署 LLaMA 3.2 模型且调试成功后，我们还希望将它开放给公司里的其他用户使用。前面讲到，Ollama 默认提供了一个端口号为 11434 的 API（http:// localhost:11434），这个接口是没有任何保护措施的，任何可以访问其地址的人都可以通过 OllamaLLM 库或者 POST 请求调用它。此时就涉及用户身份验证的问题，用户身份验证的方法有很多，在已部署 Active Directory 或 LDAP（轻量级目录访问协议）的企业环境中，其既可以与 OAuth 认证系统集成，也能采用单点登录（SSO）方案（如 SAML 和 OpenID Connect）。除此之外，当然还可以使用防火墙、ACL 的方法来进行 IP 地址限制。这几种方法不在本书的讨论范围内。下面将介绍如何使用 API Token 进行本地用户身份验证，原因如下。

- API Token 实施简单，不需要 Active Directory、LDAP 等复杂的基础架构或第三方服务。
- 使用 API Token 可以降低开发成本，开发者不需要搭建和维护复杂的认证服务系统。
- API Token 的验证速度快，不涉及多轮通信或复杂验证逻辑，这降低了 API 调用的延迟。
- API Token 有一个很大的优势，是易于撤销和轮换，如果 API Token 泄露，我们可以快速将其撤销并重新生成。

4.3.1　部署 API Token

在使用 API Token 之前，需要做好以下准备：在 Ollama 前面添加一层 Web 服务；在这个服务中实现 Token 的验证逻辑，Python 的 Web 框架有很多，常见的有 Django、Flask、FastAPI 等。下面将以 FastAPI 举例，因为它不仅轻量、异步性能好，而且易于实现 API Token 认证。为本地安装的 LLaMA 3.2 模型部署 API Token 的步骤如下。

通过 pip 安装 FastAPI 和 Uvicorn（一个 ASGI 服务器，关于 ASGI 的相关知识点将在后面介绍）：

```
pip install fastapi
pip install uvicorn
```

通过 Python 内置的 secrets 模块生成 Token，代码及演示如下：

```
import secrets
```

```
token = secrets.token_hex(16)
print(token)
```

这里通过 secrets 模块得到了一个值为 72151526e559e09e1060f6462e202fea 的 Token，如下图所示。读者可以将 secrets 模块生成的这个 Token 保存下来，在后面的实验代码中会用到它。

```
IDLE Shell 3.10.6                                                     —    □    ×
File Edit Shell Debug Options Window Help
    Python 3.10.6 (tags/v3.10.6:9c7b4bd, Aug  1 2022, 21:53:49) [MSC v.1932 64 bit (
    AMD64] on win32
    Type "help", "copyright", "credits" or "license()" for more information.
>>> import secrets
>>> token = secrets.token_hex(16)
>>> print (token)
    72151526e559e09e1060f6462e202fea
>>>
```

4.3.2　服务器端脚本

对于离线部署的 LLM 来说，本地用户（即公司里的其他用户）可以通过 HTTP 的 POST 请求或者我们在第 2 章和第 3 章中讲到的作为 LangChain 核心模块的 PromptTemplate 来与本地部署的 LLM 交互。安装好 FastAPI 和 Uvicorn 后，接下来在安装了 Ollama 和 LLaMA 3.2 模型的主机上创建一个名为 llm_api_server.py 的服务器端脚本文件，代码如下：

```
from fastapi import FastAPI, HTTPException, Depends
from fastapi.security import APIKeyHeader
from fastapi.responses import StreamingResponse
from langchain_ollama import OllamaLLM
from langchain.callbacks.manager import CallbackManager
from langchain.callbacks.streaming_stdout import StreamingStdOutCallbackHandler
import uvicorn
from pydantic import BaseModel
from typing import List, Optional

#初始化 FastAPI，设置要验证的 API Token
app = FastAPI()
VALID_API_TOKEN = "在此处填写个人用 secrets 生成的 API Token"
# 指定客户端使用的 API 密钥（API Token），并且需要客户端在 HTTP 头部
# 设置 X-API-Key 字段
```

```
api_key_header = APIKeyHeader(name="X-API-Key", auto_error=False)

# 创建异步验证 API 密钥的自定义函数
async def verify_api_key(api_key: str = Depends(api_key_header)):
    if api_key != VALID_API_TOKEN:
        raise HTTPException(status_code=403, detail="Invalid API Token")
    return api_key

callback_manager = CallbackManager([StreamingStdOutCallbackHandler()])
llm = OllamaLLM(
    model="llama3.2",
    callback_manager=callback_manager,
    base_url="http://localhost:11434",
    temperature=0.7
)

# 结构化定义消息格式
class ChatMessage(BaseModel):
    role: str
    content: str

# 结构化定义请求体格式
class ChatCompletionRequest(BaseModel):
    model: str
    messages: List[ChatMessage]
    temperature: Optional[float] = 0.7


# 对客户端流式输出 LLM 的回复内容
def generate_stream(prompt):
    for chunk in llm.stream(prompt):
        yield f"data: {chunk}\n\n"
    yield "data: [DONE]\n\n"

@app.post("/chat/completions")
async def chat_completions(request: ChatCompletionRequest, api_key =
Depends(verify_api_key)):
    try:
        prompt = next(msg.content for msg in request.messages if msg.role == "user")
```

```
        return StreamingResponse(generate_stream(prompt),
media_type="text/event-stream")
    except Exception as e:
        raise HTTPException(status_code=500, detail=f"Error: {str(e)}")

uvicorn.run(app, host="在此处填写个人用于运行 Ollama 主机的 IP 地址", port=8000)
```

代码分段讲解如下：

a. 在模块导入部分：

- 我们导入了 FastAPI。FastAPI 是一款轻量级、高性能（支持异步）的 Python Web 框架，我们使用它的目的是为运行 Ollama 和 LLaMA 3.2 服务器端的主机额外添加一层 Web 服务，根据 FastAPI 能够处理 HTTP 请求和响应的特点来为使用本地 LLM 的客户端用户提供接入本地 LLM 的 API。因为用户身份验证部分用到了 API Token，所以我们导入了 FastAPI 框架下的 Depends 和 APIKeyHeader 模块来支持 API Token。另外，为了支持流式输出 LLM 的回复内容，我们也从 FastAPI 导入了 StreamingResponse 模块。

```
from fastapi import FastAPI, HTTPException, Depends
from fastapi.security import APIKeyHeader
from fastapi.responses import StreamingResponse
```

- LangChain 的 OllamaLLM、CallbackManager、StreamingStdOutCallbackHandler 模块与本机部署 LLM 时的实验代码作用一样，目的是让服务器端主机同 Ollama 和 LLaMA 3.2 模型交互且在服务器端本地流式输出 LLM 的回复内容。

```
from langchain_ollama import OllamaLLM
from langchain.callbacks.manager import CallbackManager
from langchain.callbacks.streaming_stdout import
StreamingStdOutCallbackHandler
```

- 前面讲到了我们需要导入 Uvicorn 模块作为 ASGI 服务器。ASGI 的全称是 Asynchronous Server Gateway Interface（异步服务器网关接口），其作用是为 Python 的 Web 应用与网络之间搭建一个桥梁，尤其针对那些需要异步并发处理，对高吞吐量和低延迟场景有需求的 Web 应用。支持异步并发处理这点很重要，因为我们在本地部署的离线 LLM 在开放给公司内部使用后，使用场景从单一客户端、单一用户变成了多客户端、多用户，我们无法让多名同时在线的企业用户以同步排队机制依次等待访问 LLM。

```
import uvicorn
```

- 我们还导入了 pydantic 这个 Python 内置的模块及其 BaseModel 基类。在 FastAPI 框架中，BaseModel 用于结构化地定义请求体（Request Body）和响应体（Response Body）的数据格式（HTTP 消息分为请求和响应两种，有关 HTTP 这个 Web 基础协议不是本书重点讨论的内容，感兴趣的读者可参考《网络工程师的 Django 之路》等资料进行延伸阅读），帮助开发者确保客户端传入的数据和服务器端返回的数据符合预期。typing 模块是 Python 内置的类型注解工具，用于在代码上声明变量的类型，增强代码的可读性并支持静态类型检查。Python 本身是动态类型语言，不需要声明变量类型，自 Python 3.5 版本起引入的类型注解功能（可选）在 FastAPI 与 pydantic 应用开发中尤为重要，开发者通常借助 typing 模块来明确定义数据模型的字段类型。

```
from pydantic import BaseModel
from typing import List, Optional
```

b. 初始化 FastAPI 后，设置要验证的 API Token，也就是之前我们通过 secrets 模块生成的 API Token，将其赋值给 VALID_API_TOKEN 变量。接着，我们通过 FastAPI 的 APIKeyHeader() 来指定客户端使用的 API 密钥（API Token）来做用户身份验证，并且要求客户端在 HTTP 头部（Header）设置 X-API-Key 字段。举例来说，之前我们通过 secrets 模块生成了 72151526e559e09e1060f6462e202fea 这个 API Token，那么客户端发送的 HTTP 头部中必须包含 X-API-Key: 72151526e559e09e1060f6462e202fea 字段来进行验证。

```
# 初始化 FastAPI，设置要验证的 API Token
app = FastAPI()
VALID_API_TOKEN = "在此处填写个人用 secrets 生成的 API Token"
# 指定客户端使用的 API 密钥（API Token），并且要求客户端
# 在 HTTP 头部设置 X-API-Key 字段
api_key_header = APIKeyHeader(name="X-API-Key", auto_error=False)
```

c. 之后借助 FastAPI 的 Depends 模块创建一个自定义函数 verify_api_key()，该函数的作用是异步验证客户端发送的 API 密钥是否和变量 VALID_API_TOKEN 的值相等，如果不相等，则返回 403 错误。

```
# 创建异步验证 API 密钥的自定义函数
async def verify_api_key(api_key: str = Depends(api_key_header)):
    if api_key != VALID_API_TOKEN:
```

```
    raise HTTPException(status_code=403, detail="Invalid API Token")
  return api_key
```

d. 运行 Ollama 的服务器端依然需要通过 LangChain 的 OllamaLLM 模块来与本地运行的 LLaMA 3.2 模型进行交互，并且我们依然使用了 CallbackManager 来在服务器端对 LLM 的回复内容实现流式输出（仅在服务器端有效，客户端实现流式输出则需要额外的配置，具体内容将在后面进行讲解）。

```
callback_manager = CallbackManager([StreamingStdOutCallbackHandler()])
llm = OllamaLLM(
    model="llama3.2",
    callback_manager=callback_manager,
    base_url="http://localhost:11434",
    temperature=0.7
)
```

e. 用 pydantic 的 BaseModel 对消息格式和请求体格式进行结构化定义。针对 ChatMessage 消息对象，我们定义了两个字段，分别是 role 和 content，我们用这两个字段来表示聊天消息的结构。比如，role 可以用来区分是用户消息（"user"）还是助手消息（"assistant"），content 顾名思义是消息的具体内容。接着，我们继续结构化定义请求体格式，在 ChatCompletionRequest 请求体对象中，我们定义了/chat/completions 端点的请求体，要求客户端提供 3 个字段：model 字段，即模型名称，客户端必须在其请求中明确使用 model: "llama 3.2"字段才能与服务器端部署的 LLaMA 3.2 模型交互，该字段的数据类型必须为字符串（str）；messages 字段，即聊天消息，我们引入了之前定义的 ChatMessage 类作为该字段的值，messages 字段的类型为列表；最后一个 temperature 字段为可选字段（通过 typing 的 Optional 注明），该字段的数据类型为浮点型（float），默认值为 0.7。

```
# 结构化定义消息格式
class ChatMessage(BaseModel):
    role: str
    content: str

# 结构化定义请求体格式
class ChatCompletionRequest(BaseModel):
    model: str
    messages: List[ChatMessage]
    temperature: Optional[float] = 0.7
```

　　f. 将 LLM 输出内容流式地传递给客户端（通过 yield 实现），这里的@app.post("/chat/completions")是一个 FastAPI 装饰器，它定义了一个 HTTP POST 端点/chat/completions，其作用是当客户端向服务器端（http://xx.xx.xx.xx:8000/chat/completions）发送 POST 请求时，FastAPI 会调用下面的 chat_completions()函数来进行处理。另外，使用@app.post 这个装饰器表示该端点只接收 POST 请求，适用于需要客户端发送数据的场景（比如提交聊天消息）。还可以看到，在 chat_completions()函数前面加上了 async 关键字，表示该自定义函数支持异步并发运行，函数中的第一个参数 request 是请求体的参数，其类型为 ChatCompletionRequest（这是一个 pydantic 模型）。FastAPI 会自动将客户端发送的 JSON 数据解析为 ChatCompletionRequest 实例，并验证其结构（比如 model、messages 等字段），比如，客户端有可能会向服务器端发送类似{"model": "llama3.2", "messages": [{"role": "user", "content": "Hello"}]}这样的 JSON 数据。函数中的第二个参数 api_key 的作用则是调用之前我们定义的 verify_api_key()函数来验证客户端发来的 API 密钥。最后，我们通过生成器表达式结合 next()函数以及 FastAPI 的 StreamingResponse 模块对客户端流式输出 LLM 的回复内容。

```
# 对客户端流式输出 LLM 的回复内容
def generate_stream(prompt):
    for chunk in llm.stream(prompt):
        yield f"data: {chunk}\n\n"
    yield "data: [DONE]\n\n"


@app.post("/chat/completions")
async def chat_completions(request: ChatCompletionRequest, api_key =
Depends(verify_api_key)):
    try:
        prompt = next(msg.content for msg in request.messages if msg.role == "user")
        return StreamingResponse(generate_stream(prompt),
media_type="text/event-stream")
    except Exception as e:
        raise HTTPException(status_code=500, detail=f"Error: {str(e)}")
```

　　g. 通过 Unicorn 的 run()函数正式启用一个兼容 ASGI 的 Web 服务器，该函数中的第一个参数 app 是 FastAPI 的实例（即代码开头处的 app = FastAPI()），第二个参数 host 的作用则是指定 Web 服务器监听的 IP 地址，读者可以在此处填写用于个人运行 Ollama 主机的 IP 地址（不要使用 127.0.0.1 这种客户端无法访问的 IP 地址），最后一个参数 port 顾名思义是用来指定服务器监听的 TCP 端口号的，端口号可以是 1~65535 之间的任意值，我们使用的是 8000，也就意味着客户端需要通过 API 访问本地 LLM 的完整地址是 http://xx.xx.xx.xx:8000/chat/completions。

```
uvicorn.run(app, host="在此处填写用于个人运行 Ollama 主机的 IP 地址", port=8000)
```

最后运行脚本查看效果，如下图所示。

运行脚本后如果看到了"INFO: Uvicorn running on http://xx.xx.xx.xx:8000 (Press CTRL+C to quit)"，则说明服务器端的程序已经准备就绪，就等待客户端向 LLaMA 3.2 模型发送 HTTP 请求了。

4.3.3 客户端脚本

在运行客户端的 Python 脚本之前，首先需要保证客户端的主机和服务器端的 IP 地址以及 TCP/8000 这个端口可以通信，如果只是单纯地测试脚本是否可用，也可以在服务器主机上运行客户端脚本，这样可以 100%保证能够通信（除非服务器端的防火墙封了 TCP/8000 端口）。然后我们在客户端主机（或者服务器端主机）上创建一个名为 llm_api_client.py 的脚本文件，脚本代码如下：

```
from langchain.prompts import PromptTemplate
import httpx

BASE_URL = "http://xx.xx.xx.xx:8000"
```

```
API_TOKEN = "在此处填写个人用 secrets 生成的 API Token"

prompt_template = PromptTemplate(
    input_variables=["user_input"],
    template="{user_input}"
)

while True:
    user_input = input("Enter your prompt: ")
    formatted_prompt = prompt_template.format(user_input=user_input)
    headers = {"X-API-Key": API_TOKEN}
    payload = {
        "model": "llama3.2",
        "messages": [{"role": "user", "content": formatted_prompt}],
        "stream": True
    }

    with httpx.stream("POST", f"{BASE_URL}/chat/completions", json=payload,
headers=headers) as response:
        for line in response.iter_lines():
            if line.startswith("data: ") and line != "data: [DONE]":
                print(line[6:], end="", flush=True)  # Print each chunk without "data: "
        print()
```

代码分段讲解如下：

a. 在客户端脚本中，我们导入了 LangChain 的 PromptTemplate 以及 Python 的标准库 httpx，httpx 用于发送 HTTP 请求（类似于 Python 中另一个与 HTTP 相关的标准库 requests，但 httpx 的功能更强大），关于 httpx 在客户端脚本中的实际用法会在后面讲解。

```
from langchain.prompts import PromptTemplate
import httpx
```

b. 在这里先将服务器端的 IP 地址和端口号赋值给变量 BASE_URL，并将之前我们通过 secrets 生成的 API Token 赋值给变量 API_TOKEN，这两个变量在后面会用到。然后用 PromptTemplate 创建一个最简单，不含任何 Prompt 的模板。

```
BASE_URL = "http://xx.xx.xx.xx:8000"
API_TOKEN = "在此处填写个人用 secrets 生成的 API Token"
```

```
prompt_template = PromptTemplate(
    input_variables=["user_input"],
    template="{user_input}"
)
```

c. 通过 while True 循环让用户可以通过 PromptTemplate 多次向 LLM 发送 Prompt。在服务器端的代码中，我们已经指定了客户端需要在 HTTP 头部（headers）加入的含 API Token 的 X-API-KEY 字段，因此这里的{"X-API-Key": API_TOKEN}被赋值给了变量 headers，该变量稍后会随 payload 通过 httpx 一起发送给服务器端。另外，我们在服务器端的代码中也明确通过 pydantic 的 BaseModel 结构化地定义了客户端请求体的内容，payload 中必须包括 model 和 messages 字段，可选的有 temperature 字段等。我们在 payload 中定义了 model 字段的值为我们要使用的本地 LLM，即 LLaMA 3.2 模型。而 messages 字段本身是一个列表，该列表中只含一个元素，该元素为含 role 和 content 两个键的字典，这也和我们前面在服务器端脚本中定义的 ChatMessage(BaseModel)类的内容一致，其中 role 键的值为 user，代表客户端的用户是真人而非助理，而 content 键的值则为我们通过 PromptTemplate 向 LLM 发送的 Prompt。因为 temperature 字段是可选的，所以在这里我们没有用到该字段（此时该字段的值为在服务器端里设置的默认值 0.7），而是另设置了 stream 字段。我们将 stream 字段的值设为 True，这意味着客户端用户需要服务器端将 LLM 的回复内容流式返回。

```
while True:
    user_input = input("Enter your prompt: ")
    formatted_prompt = prompt_template.format(user_input=user_input)
    headers = {"X-API-Key": API_TOKEN}
    payload = {
        "model": "llama3.2",
        "messages": [{"role": "user", "content": formatted_prompt}],
        "stream": True
    }
```

d. 我们通过 httpx.stream()向服务器的端点路径"http://xx.xx.xx.xx:8000/chat/completions"发送了一个 POST 请求，并流式接收服务器端的响应。httpx 发送的该请求中包含一个 JSON 格式的 payload，该 payload 里有上一步中提到的模型名称 llama 3.2，用户的角色 user 和 Prompt 内容 formatted_prompt，以及是否需要流式传输的标志（"stream": True），而参数 headers 中则包含了一个 API Token，用于用户身份验证。我们通过 response.iter_lines()来逐行迭代服务器返回的数据，由于服务器端回复的内容前面都会加 data:（这是 Server-Sent Events 协议的一部分，Server-Sent Events 的知识点不在本书讨论范围内，读者可以自己扩展阅读学习），因此这里用到了字符串切片（line[6:]），只打印出 LLM 回复客户端的实际内容。

```
with httpx.stream("POST", f"{BASE_URL}/chat/completions", json=payload,
headers=headers) as response:
    for line in response.iter_lines():
        if line.startswith("data: ") and line != "data: [DONE]":
            print(line[6:], end="", flush=True)
    print()
```

最后运行代码查看效果。需要保证 llm_api_server.py 和 llm_api_client.py 两个脚本文件处于同时运行状态，为了加以区分，服务器端的 llm_api_server.py 在 PyCharm 上运行，而客户端的 llm_api_client.py 在 IDLE 上运行。

首先启动服务器端的脚本 llm_api_server.py，如下图所示。

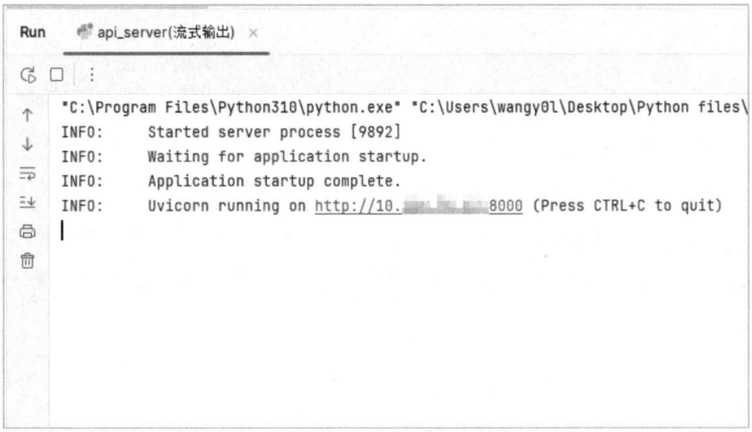

然后启动客户端的脚本 llm_api_client.py，并向服务器端的 LLaMA 3.2 模型发送一个 Prompt："思科公司成立于哪一年？"随后得到 LLaMA 3.2 模型的回复："思科公司（Cisco Systems, Inc.）成立于 1984 年。"回复是流式显示的，如下图所示。

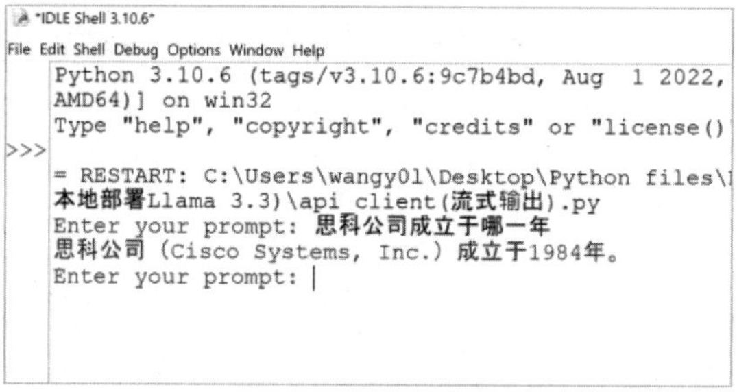

此时，我们在运行 llm_api_server.py 的服务器端看到了 LLaMA 3.2 模型同样流式回复的内容。至此实验成功，如下图所示。

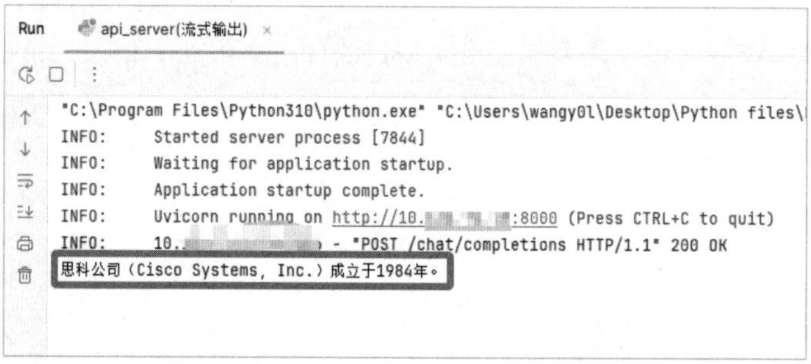

注意，OllamaLLM 的流式输出有时不是很稳定，常见的原因有网络延迟（由于是本地运行的，这个可能性较小）、本地模型推理过慢（服务器端 CPU/GPU 负载较高或内存不足）导致回调处理方面出现问题等。这可能会导致 LLM 的数据流中断，当我们在客户端输入 Prompt 后，会遇到 httpcore.ReadTimeout: timed out 导致客户端程序中断的异常。解决方案是在客户端的 llm_api_client.py 脚本文件中调整 httpx 的超时参数，将其从默认的 5 秒延长至 30 秒。

```
with httpx.stream("POST", f"{BASE_URL}/chat/completions", json=payload,
headers=headers, timeout=30.0 ) as response:
```

4.4 RAG（检索增强生成）

搭建了本地部署的 LLM 后，所有数据处理任务均在用户本地服务器或终端设备上完成，这样既不会将用户输入的数据外传至云端，也不会像在线 LLM 那样将模型输出传输给外部服务器。这意味着用户是在一个受控环境下与 LLM 交互的，从而大大降低了数据和隐私在传输过程中被拦截或泄露的风险，这是离线 LLM 相较于在线 LLM 最大的优势。

但是离线 LLM 的这一优势也相应地给它带来了一些局限性。因为其不具备联网搜索信息的功能，所以它的回答只能基于模型预训练时的静态知识，无法像在线 LLM 那样直接访问网络上的实时数据和最新信息。这点我们可以从之前部署在本机上的 LLaMA 3.2 模型那里获得验证，比如我们向 LLaMA 3.2 模型询问今天的日期，得到的回复很明确："I'm a large language model, I don't have access to real-time information or current dates. My training data only goes up until December 2023, and I don't have the ability to browse the internet or provide up-to-the-minute information."（我是一个大语言模型，无法获得实时信息或当前日期。我的训练数据只到 2023 年 12 月，我没有浏览互联网或提供实时信息的能力。）如下图所示。

而 RAG 则为本地 LLM 提供了一种"间接获取外部信息"的能力，弥补了离线 LLM 的这一缺陷。

4.4.1　什么是 RAG

RAG 的全称是 Retrieval-Augmented Generation，中文译为检索增强生成。RAG 通过在本地部署一个检索模块，允许 LLM 从本地存储的知识库（如文档、数据库或其他结构化数据）中提取信息。虽然这些知识库里的信息不是直接通过搜索互联网获取的，但它们本质上起到了为本地 LLM 提供额外的、动态的上下文信息等类似的功能。我们可以人为地定期更新这些本地知识库，从而变相地实现"知识更新"的效果。

如果要打个比方的话，我们可以把本地 LLM 想象成一个没有网络的"图书馆管理员"，它只能依靠自己记忆中获得的知识（LLM 预训练时的静态知识）进行内容的生成和输出。RAG 就像给这个管理员配了一个"本地书架搜索工具"，虽然本地 LLM 不能上网查资料，但它能通过 RAG 在图书馆的书架上快速找到相关的图书和资料，然后 RAG 将这些图书和资料作为额外的上下文提供给 LLM，LLM 再基于这个上下文来生成回答。

不过 RAG 的机制是临时的、动态的，LLM 通过 RAG 获取信息的过程并没有修改或更新 LLM 的内部参数（权重或预训练知识），LLM 回答的生成依赖的是当下的检索结果，而非永久性地"记住"这个回答。换句话说，当用户下次提出相同的问题时，LLM 并不会直接从"记忆"中提取上次的回答，而是会再次触发 RAG 的检索过程，从本地知识库中重新获取相关信息并生成回答。这种机制的好处是确保了 LLM 回答的灵活性和一致性，因为本地知识库的内容可能会更新，而 LLM 则需要向用户反馈最新的信息。另外，LLM 的预训练参数是静态的，RAG 只是通过外部上下文增强了它的内容生成能力，要让 LLM 永久记住新信息，需要进一步地对模型参数进行训练或微调（fine-tuning），这点与 RAG 无关。

4.4.2　RAG 的工作原理

RAG 主要由检索器（Retriever）和生成器（Generator）两个模块组成。RAG 的工作原理是先通过检索器（通常基于神经网络模型实现，如 Dense Passage Retrieval）从给定的数据集中找到与用户查询最相关的文档或片段，然后将这些信息传递给生成器〔生成器是一个序列到序列（Seq2Seq）的语言模型，能够处理长输入并生成连贯的输出〕以生成回答。通俗地讲，LLM 本身就是一种生成器。用户向 LLM 输入 Prompt 后，RAG 的检索模块通过向量搜索或关键词匹配的方式从本地知识库中搜索相关内容，搜索到的内容被添加到 Prompt 的上下文中，从而形成更丰富的信息输入，帮助 LLM 生成最终的自然语言回答。

构建 RAG 所需的本地知识库，需要完成以下几个关键步骤。

- **数据收集**：收集所有相关的原始数据内容，比如公司文档、内部手册、资产表、邮件等，这些数据的格式可以是 PDF、Word、Excel/CSV、数据库或者网页等。
- **数据清洗**：对数据去除重复内容、格式不一致的部分（如乱码、广告、页眉页脚、冗余空格等）以降低上下文噪声，或者将结构化数据（比如 Excel 和 CSV 表格）转换为自然语言描述，方便后续处理。
- **分段处理**：将长文本切分为片段，可以按段落或固定长度划分（需要确保每个片段有足够的上下文，避免信息割裂），因为 RAG 的检索器更擅长处理短文本。

除此之外，搭建本地知识库还需要用到下面的组件。

- **嵌入模型**（Embedding Model）：将每个文档转换为向量表示，以便检索。常见的嵌入式开源模型包括 BERT、Sentence-Transformer 和集成在 LangChain 中的 HuggingFaceEmbedding 模块。嵌入模型是 RAG 检索过程的核心，它的质量直接影响检索效果。
- **向量数据库**（Vector Database）：用于存储和搜索以向量表示的知识库文档，常见的向量数据库包括 FAISS（集成在 LangChain 中，由 Meta 公司开发的开源向量数据库）、Chroma、Milvus 等。
- **文本处理工具**：pandas（用于处理 Excel/CSV 表格数据）、PyPDF2（提取 PDF）、docx（提取 Word）。

RAG 的详细工作流程包括如下 6 个步骤。

1. RAG 通过嵌入模型将本地知识库中的原始文本（如 PDF、Word、Excel 等文档）转换为向量表示。这些文本会按段落或固定长度被分段，每个文本片段由嵌入模型处理后生成一个向量（384 维或者 768 维，具体向量维度取决于嵌入模型）。

2. RAG 通过 FAISS、Chroma、Milvus 等向量存储工具来创建索引结构，将步骤 1 生成的向量批量添加到索引中，这里可以根据需求通过 HNSW、IVF 等向量索引算法来优化索引，并将优化后的索引保存到本地磁盘中来完成存储，这样就完成了向量数据库的构建，原始文本文件通常会与向量一起存储。

3. 本地知识库被转换为向量数据库后，用户向本地 LLM 输入一个查询 Prompt，比如："公司里有多少台思科 9300 交换机？"这个查询 Prompt 首先会被发送给 RAG 的检索器。

4. 检索器通过嵌入模型将用户的 Prompt 转换为向量表示，这个过程叫作嵌入（Embedding）。用户输入的查询 Prompt："公司里有多少台思科 9300 交换机？"由步骤 1 中提到的相同的嵌入模型处理，生成一个固定长度的向量（384 维或者 768 维，具体向量维度取决于嵌入模型）。

5. RAG 将用户的查询向量与本地知识库中的文档向量进行比较，通过计算语义相似性找到最相关的文档。这种比较并不是简单的关键词匹配，而是基于向量空间的语义距离比较得出的，最后检索器会返回 Top-*K*（例如前 5 个）最相似的文档。

6. 将被 RAG 检索到的文档作为上下文与用户查询一起输入本地 LLM 生成器，也就是说，LLM 本身会基于用户的查询和检索器返回的 *Top-K* 文档来生成最终的自然语言回答，例如："根据提供的数据信息，公司里目前有 10 台思科 9300 交换机"。

4.4.3　RAG 在 LangChain 中的应用

作为流行的 AIOps 开发框架，LangChain 中集成了 RAG 所需的全部模块，包括向量数据库、嵌入模型、文本分割器等。我们在这里将以两个实验详细讲解 RAG 在 LangChain 中的实现和应用，这两个实验都是基于在本机上部署的 LLaMA 3.2 模型完成的。

RAG 实验 1（Excel 资产数据表）

首先用 Excel 创建一个测试用的网络设备资产表，将其命名为 test_inventory.xlsx，如下图所示。

	Hostname	Model	IP	Serial Number
1	Hostname	Model	IP	Serial Number
2	switch1	C9300-48U	10.1.1.1	FOC12345678
3	switch2	C9300-48U	10.1.1.2	FOC12345679
4	switch3	C9300-48U	10.1.1.3	FOC12345680
5	switch4	C9300-48U	10.1.1.4	FOC12345681
6	switch5	C9300-48U	10.1.1.5	FOC12345682
7	switch6	C9300-24U	10.1.1.6	FOC12345683
8	switch7	C9300-48U	10.1.1.7	FOC12345684
9	switch8	C9300-48U	10.1.1.8	FOC12345685

在和 test_inventory.xlsx 相同的路径或文件夹下创建一个名为 test_RAG_1.py 的 Python 脚本文件，如下图所示。

另外，在开始 RAG 实验之前，我们还需要安装下面的依赖库，它们的作用会在代码注释中进行详细说明：

```
pip install pandas
pip install openpyxl
pip install sentence-transformers
pip install langchain-huggingface
pip install faiss-gpu   # （使用英伟达显卡且带有 CUDA 工具包的用户安装这个库）
```

```
pip install faiss-cpu  #（没有使用英伟达显卡的用户安装这个库）
```

准备就绪后查看代码，脚本文件 test_RAG_1.py 的代码如下：

```python
import pandas as pd
from langchain_huggingface import HuggingFaceEmbeddings
from langchain_community.vectorstores import FAISS
from langchain_ollama import OllamaLLM
from langchain.callbacks.manager import CallbackManager
from langchain.callbacks.streaming_stdout import StreamingStdOutCallbackHandler

callback_manager = CallbackManager([StreamingStdOutCallbackHandler()])
llm = OllamaLLM(
    model="llama3.2",
    callback_manager=callback_manager,
    base_url="http://localhost:11434",
)

# 步骤1: 构建本地知识库
df = pd.read_excel("test_inventory.xlsx")
documents = [f"Hostname: {row['Hostname']}, Model: {row['Model']}, IP: {row['IP']},
Serial Number: {row['Serial Number']}" for index, row in df.iterrows()]
embedding_model =
HuggingFaceEmbeddings(model_name="sentence-transformers/all-MiniLM-L6-v2")
embeddings = embedding_model.embed_documents(documents)
print(f"步骤1 完成: 生成了{len(embeddings)}个向量")

# 步骤2: 构建向量数据库并加载
vector_store = FAISS.from_texts(documents, embedding_model)
vector_store.save_local("faiss_index")
vector_store = FAISS.load_local("faiss_index", embedding_model,
allow_dangerous_deserialization=True)
print("步骤2 完成: 向量数据库已保存到 faiss_index 中并已加载完毕")

# 步骤3: 用户向 LLM 输入查询 Prompt
while True:
    user_input = input("\nEnter your question: ").strip()
    if user_input.lower() in ['exit', 'quit']:
        print("\nSee you!")
        break
```

```
    if not user_input:
        print("Please enter a valid prompt!")
        continue
print(f"步骤 3 完成：用户查询 Prompt 为'{user_input}'")

# 步骤 4：查询 Prompt 向量化
try:
    query_embedding = embedding_model.embed_query(user_input)
    print("步骤 4 完成：查询 Prompt 已转换为向量")

    # 步骤 5：语义相似性检索
    retrieved_docs = vector_store.similarity_search(user_input, k=1)
    retrieved_texts = [doc.page_content for doc in retrieved_docs]
    print("步骤 5 完成：检索到以下相关文档：")
    for text in retrieved_texts:
        print(text)

    # 步骤 6：生成回答
    prompt = f"根据以下上下文回答用户的查询。\n 查询：{user_input}\n 上下文：{'
'.join(retrieved_texts)}\n 回答："
    llm.invoke(prompt)
    print("\n 步骤 6 完成：回答已生成")

except Exception as e:
    print(f"\nError Detected: {str(e)}")
    print("Please check if Ollama is running properly and try again.")
    continue
```

代码分段讲解如下。

a. 在模块导入部分，pandas 作为文本处理工具用于提取 xlsx 文件中的内容；LangChain 支持从 Hugging Face Hub 下载适合本地运行的嵌入模型，常用的嵌入模型有 Sentence-Transformers 系列模型（即支持生成 384 维或 768 维向量，适用于本地部署，另一种嵌入模型 BERT 则支持生成 768 维向量，精度高但计算成本更高），也就是前面我们通过 pip 安装的 sentence-transformers 模块，该模块会在 HuggingFaceEmbeddings 中被调用。在向量数据库部分，我们使用 FAISS（全称是 Facebook AI Similarity Search），它是由 Meta 公司研发的基于相似性检索的开源向量数据库，其他 3 个库的作用在前面已经讲过，这里不再赘述。

```
import pandas as pd
from langchain_huggingface import HuggingFaceEmbeddings
from langchain_community.vectorstores import FAISS
from langchain_ollama import OllamaLLM
from langchain.callbacks.manager import CallbackManager
from langchain.callbacks.streaming_stdout import StreamingStdOutCallbackHandler
```

b. 前面提到 RAG 的工作流程包括 6 个步骤，我们在这里对每个步骤进行讲解，并在每个步骤完成后用 print() 打印出步骤完成的提示。步骤 1 的目的是构建本地知识库，我们通过 pandas 读取 test_inventory.xlsx 文件（构建知识库的原始文本），将资产表中的每行都转换为自然语言文本，然后通过嵌入模型将模型转换成向量。注意，Sentence-Transformers 系列模型包括多种嵌入模型，因为 test_inventory.xlsx 里只有 8 行数据，所以我们使用轻量级的模型 all-MiniLM-L6-v2 就足够了。all-MiniLM-L6-v2 模型运行速度快，占用内存少（90MB 左右，输出向量维度为固定的 384 维），其他可选的模型还包括 bge-large-en-v1.5（占用内存 1GB 以上，输出向量维度为 768 维，精度更高）、all-mpnet-base-v2（占用内存 450MB，输出向量维度为 768 维）和 BAAI/bge-base-zh（支持中文处理）。最后，因为资产表中有 8 行数据，每行数据没有上下文关联，独立存在且互不干扰，所以我们使用 for index, row in df.iterrows() 分别对它们进行遍历，最终它们被 all-MiniLM-L6-v2 转换并生成 8 个文档，也就是 8 个向量。

```
# 步骤1: 构建本地知识库
df = pd.read_excel("test_inventory.xlsx")
documents = [f"Hostname: {row['Hostname']}, Model: {row['Model']}, IP: {row['IP']},
Serial Number: {row['Serial Number']}" for index, row in df.iterrows()]
embedding_model =
HuggingFaceEmbeddings(model_name="sentence-transformers/all-MiniLM-L6-v2")
embeddings = embedding_model.embed_documents(documents)
print(f"步骤1完成: 生成了{len(embeddings)}个向量")
```

c. 在步骤 2 中，我们将步骤 1 生成的自然语言文本及由嵌入模型生成的向量存储到 FAISS 索引中，完成向量数据库的创建和加载，为步骤 3 做准备。

```
# 步骤2: 构建向量数据库并加载
vector_store = FAISS.from_texts(documents, embedding_model)
vector_store.save_local("faiss_index")
```

```
vector_store = FAISS.load_local("faiss_index", embedding_model,
allow_dangerous_deserialization=True)
print("步骤2完成：向量数据库已保存到faiss_index中并已加载完毕")
```

注意，这里的 vector_store.save_local("faiss_index")用于将向量数据库保存到本地磁盘上，在运行脚本后会生成一个名为 faiss_index 的文件夹，如下图所示。

双击打开 faiss_index 文件夹，可以看到里面有 index.faiss 和 index.pkl 两个文件，如下图所示。

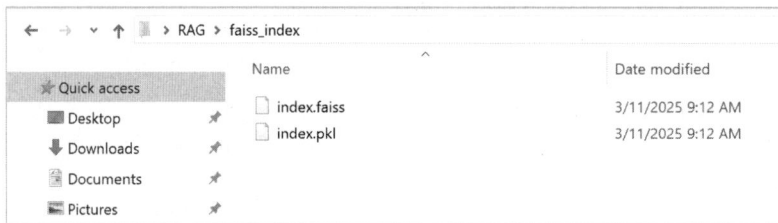

这两个文件是 FAISS 向量数据库的核心组件，用于存储和检索向量。index.faiss 用于存储向量数据本身以及索引结构（比如倒排索引、聚类信息等），FAISS 通过这个索引来执行高效的相似性检索（similarity search）。相似性检索是指在向量空间中寻找相似性的搜索技术，它和传统的精确匹配完全不同。文本在被转换为向量后，相似性检索通过数学方法（如余弦相似度、欧几里得距离）计算向量之间的"距离"或相似度。当用户输入查询 Prompt 时，查询 Prompt 会被转换为向量，然后 FAISS 会根据向量之间的相似度来返回与查询语义相关的结果，而非依赖关键词的精确匹配。举个例子，如果用户向 LLM 提问："switch1 的序列号是多少？"即使我们的资产表中没有完全相同的句子，RAG 也会先把用户的提问转换为向量，然后通过相似性检索在向量数据库中找到"FOC12345678"这个最相似的向量（文档片段），因为在向量空间中这些内容的语义是相近的。而另一个文件 index.pkl 则是一个 Python pickle 文件，用来存储元数据（原始文本）以及文档 ID 与向量索引位置之间的映射关系，用户在向 LLM 发送查询 Prompt 后，RAG 将根据 index.pkl 提供的映射关系检索原始文本内容。

最后，我们通过 vector_store = FAISS.load_local("faiss_index", embedding_model, allow_dangerous_deserialization=True)来加载向量数据库并指定嵌入模型，为步骤 3 做准备。这里重点讲解第三个参数 allow_dangerous_deserialization，该参数与 FAISS 索引加载的机制和安全性有关。当我们使用 FAISS.load_local()加载向量数据库时，LangChain 需要将这些文件反序列化（deserialize）回内存中的 FAISS 对象，而反序列化这个步骤会用到 Python 的 pickle 模块，但是该模块存在一个已知的安全隐患：picke 文件有可能被嵌入恶意代码，如果加载一个内容被篡改过或从不可信来源获得的 pickle 文件，可能会导致在反序列化时执行恶意代码，从而带来安全漏洞。而 allow_dangerous_deserialization 则用来控制是否允许 LangChain 从本地文件中反序列化 FAISS 索引，其本身是一个布尔参数（默认值为 Fasle），当值为 False 的时候，在运行代码后会遇到下面这个异常。

```
ValueError: The de-serialization relies loading a pickle file. Pickle files can be modified
to deliver a malicious payload that results in execution of arbitrary code on your machine.
You will need to set `allow_dangerous_deserialization` to `True` to enable
deserialization.
```

我们必须将 allow_dangerous_deserialization 设为 True 后，RAG 实验才能继续做下去。我们可以把 allow_dangerous_deserialization 理解为一种保护机制，它可以用来确保用户知晓加载 pickle 文件的潜在风险并同意这么做。

d. 步骤 3 则是让用户向 LLM 输入查询 Prompt，这一步没有特别需要注意的地方。

```
# 步骤 3: 用户向 LLM 输入查询 Prompt
while True:
    user_input = input("\nEnter your question: ").strip()
    if user_input.lower() in ['exit', 'quit']:
        print("\nSee you!")
        break
    if not user_input:
        print("Please enter a valid prompt!")
        continue
    print(f"步骤 3 完成: 用户查询 Prompt 为'{user_input}'")
```

e. 步骤 4 则是将用户的查询 Prompt 通过嵌入模型向量化，我们在这里使用之前在步骤 1 中创建本地知识库时用到的嵌入模型 sentence-transformers/all-MiniLM-L6-v2 将用户查询 Prompt 转换为向量，之所以使用同一个嵌入模型，是为了保证前后向量维度一致（384 维）。

```
# 步骤 4：查询 Prompt 向量化
try:
    query_embedding = embedding_model.embed_query(user_input)
    print("步骤 4 完成：查询 Prompt 已转换为向量")
```

f. 步骤 5 则调用在步骤 2 中加载的向量数据库，针对用户输入的查询 Prompt 进行语义相似性检索，即 vector_store.similarity_search(user_input, k=1)。similarity_search() 中的第二个参数 k 是指在向量数据库中，通过相似性检索返回的最相关文档的数量，言下之意就是告诉检索器在所有可能的文档中挑选出与用户输入的查询 Prompt（即 similarity_search() 里的第一个参数 user_input）语义上最接近的前 k 个结果。k 的默认值是 4，因为我们的 test_inventory.xlsx 资产表中只有 8 行数据（也就是 8 个文档），所以我们将其显式设为 1 就足够做查询了，也就是从向量数据库中找出一个语义上和用户查询 Prompt 最相似的文档即可。如果向量数据库很大（比如包含上千个文档），可以按需将参数 k 设为 5 或者 10。

```
# 步骤 5：语义相似性检索
retrieved_docs = vector_store.similarity_search(user_input, k=1)
retrieved_texts = [doc.page_content for doc in retrieved_docs]
print("步骤 5 完成：检索到以下相关文档：")
for text in retrieved_texts:
    print(text)
```

g. 在最后的步骤 6 中，我们结合用户的查询 Prompt 和 RAG 在向量数据库中检索到的上下文来构造一个复合 Prompt，通过 OllamaLLM 的 invoke() 方法将复合 Prompt 发送给本地的 LLaMA 3.2 模型，然后等候 LLaMA 3.2 生成回答。

```
# 步骤 6：生成回答
prompt = f"根据以下上下文回答用户的查询。\n 查询：{user_input}\n 上下文：{'
'.join(retrieved_texts)}\n 回答："
llm.invoke(prompt)
print("\n 步骤 6 完成：回答已生成")
```

运行脚本查看效果，如下图所示。

在这里，我们向本机上的 LLaMA 3.2 模型提问："what's the serial number of switch1?"因为我们在 similarity_search() 中使用的 k 值为 1，所以步骤 5 完成后只返回了一个语义最接近的相关文档，也就是 "Hostname: switch1, Model: C9300-48U, IP: 10.1.1.1, Serial Number: FOC12345678"（test_inventory.xlsx 资产表中的第一行数据）。

我们将 k 值改为 4 后，代码如下：

```
retrieved_docs = vector_store.similarity_search(user_input, k=4)
```

再次运行脚本查看效果，如下图所示。

可以看到，在把 k 值改为 4 后，RAG 的检索器根据相似度检索到了 TOP-*K*（*K*=4）最匹配用户查询 Prompt（在步骤 4 中已被转换为向量）语义的 4 个文档（向量），这 4 个文档根据相似度得分由高到低排序，最后 LLM 会结合用户的查询 Prompt 以及相似度得分最高的文档来综合考虑上下文，生成最终的回答。

做完 RAG 实验 1 后需要注意的几点。

1. 第一次运行脚本文件 test_RAG_1.py 后，我们已经得到了包含向量数据库的文件夹 faiss_index，这意味着向量数据库已经被保存到本地磁盘上了。第二次运行 test_RAT_1.py 时，我们无须重复步骤 1 和步骤 2 来再次构建本地知识库和向量数据库（除非我们手动把 faiss_index 文件夹删掉）。在第二次运行 test_RAG_1.py 前，我们可以通过注释去掉 test_RAG_1.py 中的一部分代码。

步骤 1 中只保留 embedding_model = HuggingFaceEmbeddings(model_name="sentence-transformers/all-MiniLM-L6-v2")，因为在后面的步骤 4 中，我们依然需要使用嵌入模型将用户的查询 Prompt 转换为向量。

```
# 步骤1：构建本地知识库
#df = pd.read_excel("test_inventory.xlsx")
# documents = [f"Hostname: {row['Hostname']}, Model: {row['Model']}, IP: {row['IP']},
Serial Number: {row['Serial Number']}" for index, row in df.iterrows()]
embedding_model =
HuggingFaceEmbeddings(model_name="sentence-transformers/all-MiniLM-L6-v2")
# embeddings = embedding_model.embed_documents(documents)
# print(f"步骤1完成：生成了{len(embeddings)}个向量")
```

步骤 2 下面的代码除了加载本地数据库的 vector_store = FAISS.load_local("faiss_index", embedding_model, allow_dangerous_deserialization=True)，其他都可以通过注释去掉，不再保留（print()部分代码可以按需决定是否保留）。

```
# 步骤2：构建向量数据库
# vector_store = FAISS.from_texts(documents, embedding_model)
# vector_store.save_local("faiss_index")
vector_store = FAISS.load_local("faiss_index", embedding_model,
allow_dangerous_deserialization=True)
# print("步骤2完成：向量数据库已保存到faiss_index中并已加载完毕")
```

2. LangChain 本身没有对相似性检索的 k 值设置硬性上限，但是使用过大的 k 值会增加内存使用开销和计算开销，并且会增加噪声数据，降低 RAG 的效率和 LLM 的回答质量。

3. 我们使用的是一个只有 8 行数据的 Excel 资产表，RAG 在应付这种只有几行、几十行数据的资产表时游刃有余，但是在大中型公司的实际工作环境中，其网络或终端设备资产表通常具有几百、几千甚至上万行数据，这时再使用 LLM 配合 RAG 来查询资产表的话，操作效率将显著降低，检索准确率无限趋近于 0。我们通过无数次实验，尝试过不同的嵌入模型（比如将轻量级的 all-MiniLM-L6-v2 模型替换成 all-mpnet-base-v2 模型），将本地模型从 3B 参数规模的 LLaMA 3.2 模型替换为 70B 参数规模的 LLaMA 3.3 模型，将 1 调试到 20 以上，反复斟酌、打磨 Prompt，才勉强做出了直接在 Excel 中使用 Ctrl+F 组合键进行查询的效果。

4. 究其原因，向量搜索的本质是"相似性检索"，而网络工程师平时工作中对资产表所做的查询则是"精确匹配"。RAG 设计的初衷更适合语义搜索，语义搜索更适合 PDF 或 Word 格式的文本文档，而非 Excel/CSV 资产表这种需要精确查找的文件格式。

5. 在 AIOps 中，通过 LLM 对资产表数据进行查询最好的方法有两种：①如果 Excel/CSV 资产表本身是从 Orion、Zabbix、Netbox 等 NMS 系统里导出的，那么可以在使用 LLM 的脚本中加入 Orion、Zabbix、Netbox 的 SDK，通过它们的 API 直接从它们的数据库中查询需要的数据，然后将数据融合到 LLM 中进行查询；②如果 Excel/CSV 资产表是手动或者利用 Python 生成的，那么可以在 LLM 的脚本中利用 pandas 首先对需要查询的信息做精确匹配，然后将其融合到 LLM 中进行查询。

RAG 实验 2（PDF 文档）

RAG 实验 1 演示了如何通过 RAG 来辅助 LLM 获取一个 Excel 表格文件里的内容，从而让 LLM 生成准确的回答。在 RAG 实验 2 中，我们将原始文件替换成一个 PDF 文件。开始实验前，首先在与实验 1 中相同的文件夹里创建一个名为 test_RAG_2.py 的脚本文件，并将本书的 PDF 文件改名为 test.pdf，将其作为实验对象，如下图所示。

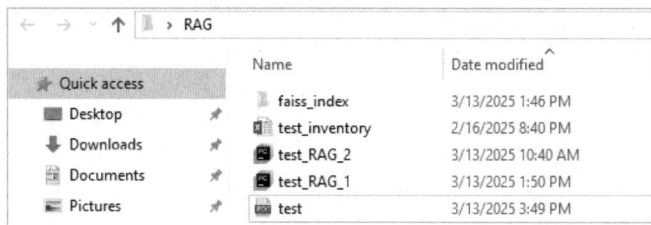

脚本文件 test_RAG_2.py 的代码如下：

```python
import PyPDF2
from langchain_huggingface import HuggingFaceEmbeddings
from langchain_community.vectorstores import FAISS
from langchain_ollama import OllamaLLM
from langchain.callbacks.manager import CallbackManager
from langchain.callbacks.streaming_stdout import StreamingStdOutCallbackHandler
from langchain.text_splitter import RecursiveCharacterTextSplitter

callback_manager = CallbackManager([StreamingStdOutCallbackHandler()])
llm = OllamaLLM(
    model="llama3.2",
    callback_manager=callback_manager,
    base_url="http://localhost:11434",
)

# 步骤 1：从 PDF 中提取文本并构建知识库
pdf_path = "test.pdf"
def extract_text_from_pdf(pdf_path):
    with open(pdf_path, 'rb') as file:
        pdf_reader = PyPDF2.PdfReader(file)
        text = ""
        for page in pdf_reader.pages:
            text += page.extract_text() or ""
    return text
pdf_text = extract_text_from_pdf(pdf_path)

# 使用文本分割器将 PDF 文件的内容分割成文本块
text_splitter = RecursiveCharacterTextSplitter(
    chunk_size=1000,     # 每个文本块包含 1000 个字符，可根据需要调整
    chunk_overlap=200,   # 每个文本块之间重叠 200 个字符以保留上下文
    length_function=len,
)
documents = text_splitter.split_text(pdf_text)
print(f"步骤 1 完成：从 PDF 中生成了 {len(documents)} 个文本块")

embedding_model =
HuggingFaceEmbeddings(model_name="sentence-transformers/all-MiniLM-L6-v2")
embeddings = embedding_model.embed_documents(documents)
print(f"生成了 {len(embeddings)} 个向量")
```

```
# 步骤 2：构建向量数据库并加载
vector_store = FAISS.from_texts(documents, embedding_model)
vector_store.save_local("faiss_index")
vector_store = FAISS.load_local("faiss_index", embedding_model,
allow_dangerous_deserialization=True)
print("步骤 2 完成：向量数据库已保存到 faiss_index 中并已加载完毕")


# 步骤 3：接收用户输入的查询 Prompt
while True:
    user_input = input("\nEnter your question: ").strip()
    if user_input.lower() in ['exit', 'quit']:
        print("\nBye!")
        break
    if not user_input:
        print("Please enter a valid prompt!")
        continue
    print(f"步骤 3 完成：用户查询 Prompt 为'{user_input}'")
    # 步骤 4：将查询 Prompt 转换为向量
    try:
        query_embedding = embedding_model.embed_query(user_input)
        print("步骤 4 完成：查询 Prompt 已转换为向量")
        # 步骤 5：执行语义相似性检索
        retrieved_docs = vector_store.similarity_search(user_input, k=4)
        retrieved_texts = [doc.page_content for doc in retrieved_docs]
        print("步骤 5 完成：检索到以下相关文本块：")
        for i, text in enumerate(retrieved_texts, 1):
            print(f"文本块 {i}：{text[:200]}...")   # 打印每个文本块前 200 个字符


        #步骤 6：生成回答
        prompt = f"根据以下上下文回答用户的查询。\n 查询：{user_input}\n 上下文：{'
'.join(retrieved_texts)}\n 回答："
        llm.invoke(prompt)
        print("\n 步骤 6 完成：回答已生成")


    except Exception as e:
        print(f"\nError Detected: {str(e)}")
        print("Please check if Ollama is running properly and try again.")
        continue
```

代码分段讲解如下：

a. 在模块导入部分，我们在 RAG 实验 1 的基础上加入了 Python 的内置模块 PyPDF2 来处理 PDF 格式的文件并去掉了 pandas，还加入了集成在 LangChain 中的文本分割器模块 RecursiveCharacterTextSplitter，它的作用会在后面详细介绍。

```
import PyPDF2
from langchain_huggingface import HuggingFaceEmbeddings
from langchain_community.vectorstores import FAISS
from langchain_ollama import OllamaLLM
from langchain.callbacks.manager import CallbackManager
from langchain.callbacks.streaming_stdout import StreamingStdOutCallbackHandler
from langchain.text_splitter import RecursiveCharacterTextSplitter
```

b. 在步骤 1 中，我们首先使用 PyPDF2 提取 test.pdf 中的内容，并使用文本分割器将 PDF 文件的内容分割成文本块。这是因为 LLaMA 3.2 模型的 API Token 限制为 4096，一个 LLM 的 API Token 包括用户每次向 LLM 提问的输入和 LLM 的输出，截至 2025 年 3 月 13 日，本书的 PDF 文件有 45000 多字（根据 Word 统计），显然我们不可能一次性将其全部发送给 LLM，必须使用 LangChain 文本分割器 RecursiveCharcaterTextSplitter 来将其分割成不同的文本块（chunk）。参数 chunk_size=1000 表示每个文本块的大小为 1000 个字符，一个文本块代表一个文档，也就是一个向量。因为 Word 统计字数时不含空格、换行符，并且会把一个英文单词统计为一个字（比如 network 这个单词在 Word 中被统计为 1 个字，而非 7 个字），而文本分割器 RecursiveCharcaterTextSplitter 则恰恰相反，它会把空格、换行符、英文单词中的每个字母都统计为一个字符（network 这个单词会被统计为 7 个字符），所以本书的 PDF 文件按 RecursiveCharcaterTextSplitter 的标准来算实际上超过了 191000 个字符。将 Recursive- CharcaterTextSplitter 中的第一个参数 chunk_size 设为 1000，那么实际上我们大概会得到 191000/1000=191 个文本块，也就是 191 个文档（191 个向量），而第二个参数 chunk_overlap 的作用是指定在分割文本时相邻文本块之间重叠的字符数。这个参数的主要目的是在分割长文本时保留足够的上下文信息，避免因文本分割而导致关键信息被切断或失去连贯性。

举个简单的例子来说明参数 chunk_size 和 chunk_overlap 的作用：假设我们有一段文本，其内容是"网络工程师需要学习大语言模型，以便在运维中实现自动化和智能化"，首先我们将 chunk_size 设为 20，将 chunk_overlap 设为 0，那么此时这段文本会被 Recursive- CharcaterTextSplitter 分割为下面两个文本块：

- 文本块 1：网络工程师需要学习大语言模型，以便在运维（由于 1 个中文字和 1 个标点符号各占 1 个字符，因此刚好 20 个字符）。
- 文本块 2：中实现自动化和智能化（剩下的 10 个字符）。

如果我们将这两个文本块作为文档发送给 LLM，它们显然从语义上缺乏上下文的连贯性。这时如果我们将 chunk_overlap 值从 0 改为 5，那么这段文本会被分割为下面 3 个文本块。

- 文本块 1：网络工程师需要学习大语言（12 个字符）。
- 文本块 2：大语言模型，以便在运维中（12 个字符，"大语言" 3 个字符重叠，重叠部分在 chunk_overlap 值的范围内）。
- 文本块 3：在运维中实现自动化和智能化（13 个字符，"在运维中" 4 个字符重叠，重叠部分在 chunk_overlap 值的范围内）。

这时你肯定会问：为什么每个文本块都不是 20 个字符了？这是因为设置 chunk_overlap 值后，RecursiveCharacterTextSplitter 在分割文本时会尽量在自然边界（如空格、标点符号）处分割，而不是严格按照 chunk_size 进行分割。另外，chunk_overlap 也是同样道理，chunk_overlap=5 只是一个上限，实际切割文本块时重叠部分可能等于或小于这个值，以避免切断重要的单字或短语。从这里可以看到，在将 chunk_overlap 值从 0 改为 5 后，上下文显然更连贯了。

```
# 步骤 1：从 PDF 中提取文本并构建知识库
pdf_path = "test.pdf"
def extract_text_from_pdf(pdf_path):
    with open(pdf_path, 'rb') as file:
        pdf_reader = PyPDF2.PdfReader(file)
        text = ""
        for page in pdf_reader.pages:
            text += page.extract_text() or ""
    return text
pdf_text = extract_text_from_pdf(pdf_path)

# 使用文本分割器将 PDF 文件内容分割成文本块
text_splitter = RecursiveCharacterTextSplitter(
    chunk_size=1000,          # 每个文本块包含 1000 个字符，可根据需要调整
    chunk_overlap=200,        # 每个文本块之间重叠 200 个字符以保留上下文
    length_function=len,
)
```

```
documents = text_splitter.split_text(pdf_text)
print(f"步骤 1 完成：从 PDF 中生成了{len(documents)}个文本块")
```

RecursiveCharcaterTextSplitter 的最后一个参数 length_function = len 则表示使用 Python 中的 len()函数来计算文本的长度，如下图所示。

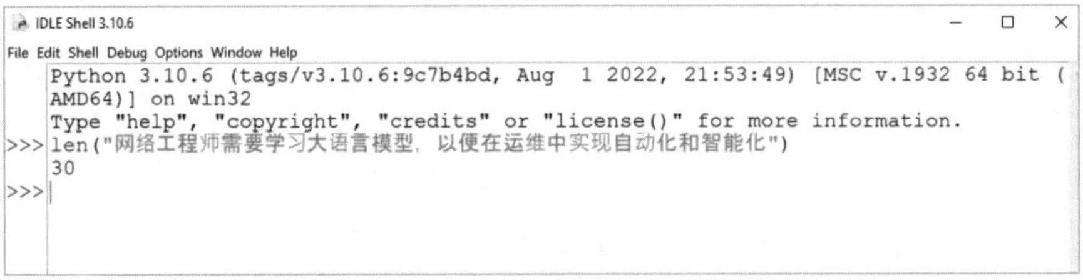

c. 步骤 2、步骤 3、步骤 4 同 RAG 实验 1 中的用法一样，这里不再赘述。

```
#步骤 2：构建向量数据库并加载
vector_store = FAISS.from_texts(documents, embedding_model)
vector_store.save_local("faiss_index")
vector_store = FAISS.load_local("faiss_index", embedding_model,
allow_dangerous_deserialization=True)
print("步骤 2 完成：向量数据库已保存到 faiss_index 中并已加载完毕")
#步骤 3：接收用户输入的查询 Prompt
while True:
    user_input = input("\nEnter your question: ").strip()
    if user_input.lower() in ['exit', 'quit']:
        print("\nBye!")
        break
    if not user_input:
        print("Please enter a valid prompt!")
        continue
print(f"步骤 3 完成：用户查询 Prompt 为'{user_input}'")
    #步骤 4：将查询 Prompt 转换为向量
try:
    query_embedding = embedding_model.embed_query(user_input)
    print("步骤 4 完成：查询 Prompt 已转换为向量")
```

d. 在步骤 5 中，我们将向量数据库中的相似性检索的 k 值设为 4，前面步骤 1 中的 chunk_size 值为 1000，那么理论上每次用户向本地 LLaMA 3.2 模型输入的文档（向量）中最多有 1000 × 4 = 4000 个字符，如果我们的 Prompt 和 LLaMA 3.2 模型输出内容加起来不超过 96 个字符，那么就不会超过 LLaMA 3.2 模型的 Token 限制（4096 个）。步骤 6 同 RAG 实验 1 中的用法一样，这里不再赘述。

```
# 步骤 5：执行语义相似性检索
retrieved_docs = vector_store.similarity_search(user_input, k=4)
retrieved_texts = [doc.page_content for doc in retrieved_docs]
print("步骤 5 完成：检索到以下相关文本块：")
for i, text in enumerate(retrieved_texts, 1):
    print(f"文本块 {i}: {text[:200]}...")  # 打印每个文本块前 200 个字符
# 步骤 6：生成回答
prompt = f"根据以下上下文回答用户的查询。\n 查询: {user_input}\n 上下文: {'
'.join(retrieved_texts)}\n 回答: "
    llm.invoke(prompt)
    print("\n 步骤 6 完成：回答已生成")

except Exception as e:
    print(f"\nError Detected: {str(e)}")
    print("Please check if Ollama is running properly and try again.")
    continue
```

运行脚本查看效果，如下图所示。

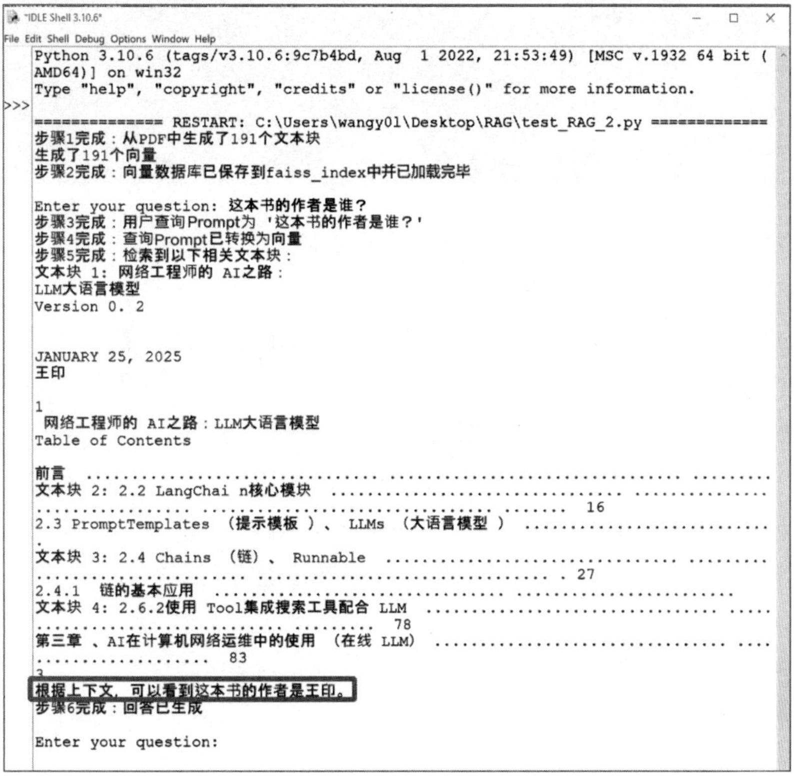

在这里，我们提供了相关文档作为上下文并向 LLaMA 3.2 模型提问：“这本书的作者是谁？”LLaMA 3.2 模型根据上下文理解了我们的语义并正确地回复：“根据上下文，可以看到这本书的作者是王印。”

最后回到本章前面的内容，之前在介绍本地 LLM 的参数时，提到了 LLaMA 3.2 模型的嵌入维度为 3072 维，如下图所示。

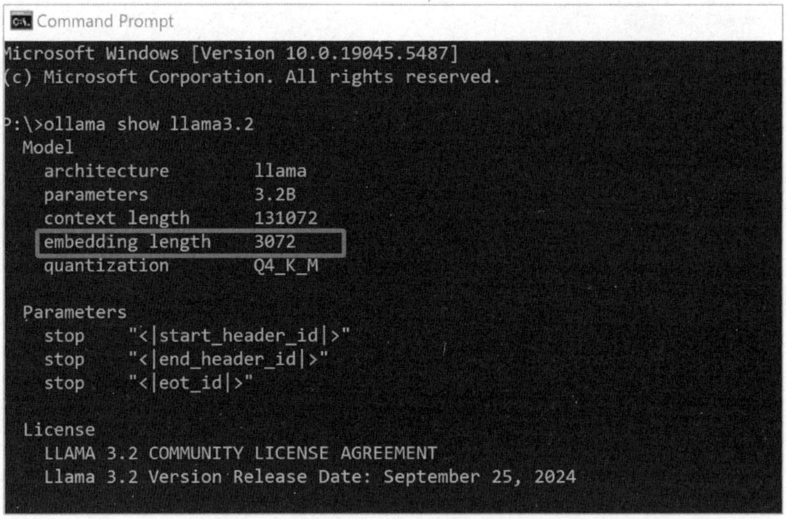
Command Prompt
Microsoft Windows [Version 10.0.19045.5487]
(c) Microsoft Corporation. All rights reserved.
P:\>ollama show llama3.2
Model
architecture llama
parameters 3.2B
context length 131072
embedding length 3072
quantization Q4_K_M
Parameters
stop "<|start_header_id|>"
stop "<|end_header_id|>"
stop "<|eot_id|>"
License
LLAMA 3.2 COMMUNITY LICENSE AGREEMENT
Llama 3.2 Version Release Date: September 25, 2024

LLM 的这个嵌入维度很容易和嵌入模型的维度相混淆，比如本章中两个 RAG 实验都用到的 Sentence-Transformers 系列模型的 all-MiniLM-L6-v2 嵌入模型的维度为固定的 384 维。LLM 的嵌入维度和嵌入模型的维度有本质区别，前者是 LLM 的内部嵌入维度。LLaMA 3.2 模型基于 Transformer 架构开发，用户输入的 Token 会被映射到一个 3072 维的向量空间，3072 代表的是 Token 级别的嵌入维度，用作 Token 在模型内部的语义表示，该维度是 LLaMA 3.2 模型架构的一部分，由它的参数规模（3.2B）和设计决定，它会在 LLaMA 3.2 的推理和生成过程中使用。而 Sentence-Transformers 系列模型的 384 维则代表文本块级别的嵌入维度，用于 RAG 中的语义相似性检索（以文本块表示），在 FAISS 索引存储的构建和查询中使用。

4.4.4 Agent（智能体）

第 2 章在讲解 LangChain 的核心模块时，我们介绍了 Tools（工具）模块的使用方法，当时我们举例介绍了 DuckDuckGoSearch 搜索引擎的 tool 在 LangChain 中的使用方法，并在示例代码中提到了 Agent（智能体）。在详细讲解 Agent 之前，我们再来回顾一下 LangChain 中 Tools 模块的用法。

在 LangChain 中有很多种内置的工具，除了搜索引擎，还有计算器、维基百科、天气预报、邮件（Gmail、Office 365）、GitHub/GitLab、数据库（SQLDatabase、Spark SQL）、StackExchange、YouTube、Steam（游戏平台）等多达上百种各类工具，LangChain 的内置工具的完整名单可以在其官网上查看。

但遗憾的是，截至 2025 年 3 月，LangChain 还没有一个专门为网络工程师量身打造、开箱即用的内置 tool。不过，我们可以在 LangChain 脚本中自己手动创建需要的 tool 来加以应用。我们使用 4.2.2 节讲到的脚本，该脚本是一个"白板"LangChain 脚本，用来与本机部署的 LLaMA 3.2 模型做最基本的交互，代码如下：

```
from langchain_ollama import OllamaLLM
from langchain.callbacks.manager import CallbackManager
from langchain.callbacks.streaming_stdout import StreamingStdOutCallbackHandler

callback_manager = CallbackManager([StreamingStdOutCallbackHandler()])
llm = OllamaLLM(
    model="llama3.2",
    callback_manager=callback_manager,
    base_url="http://localhost:11434",
    temperature=0.7
)

while True:
    user_input = input("\nEnter your question: ").strip()
    if user_input.lower() in ['exit', 'quit']:
        print("\nSee you! ")
        break
    if not user_input:
        print("Please enter a valid prompt!")
        continue
    try:
        response = llm.invoke(user_input)
    except Exception as e:
        print(f"\nError Detected: {str(e)}")
        print("Please check if Ollama is running properly and try again.")
        continue
```

在这里，我们让它替我们"ping"一个 IP 地址，告诉我们该 IP 地址是否可达，如下图所示。

```
File Edit Shell Debug Options Window Help
   Python 3.10.6 (tags/v3.10.6:9c7b4bd, Aug  1 2022, 21:53:49) [MSC v.1932 64 bit (
   AMD64)] on win32
   Type "help", "copyright", "credits" or "license()" for more information.
>>>
   ========= RESTART: C:\Users\wangy01\Desktop\Tool + Agent\test_tool_2.py ========

   Enter your question: ping 172.16.
   I'm not capable of directly sending ping requests or accessing the internet. How
   ever, I can help you with the IP address.

   The IP address 172.16.       appears to be a private IP address within a restric
   ted network. Private IP addresses are not routable and cannot be accessed from o
   utside a private network or the Internet.

   If you're trying to ping this IP address, it's likely because it's part of an in
   ternal network or behind a firewall/nat. If you have access to the local network
   , you can try pinging it using a tool like Windows Command Prompt (as Administra
   tor) or a Linux terminal:

   * On Windows: `ping 172.16.       ` (from an elevated Command Prompt)
   * On Linux/Mac: `ping 172.16.       ` (using the Terminal)

   Please note that you'll need to be connected to the same network as the target I
   P address to successfully ping it.

   If you have any further questions or concerns, feel free to ask!
   Enter your question:
```

显然，一个"白板"LangChain 脚本无法替我们完成这项任务，我们在代码中加入一个手动创建的自定义函数来替 LLM 完成"ping"任务，代码如下：

```python
from langchain.tools import Tool
from langchain_ollama import OllamaLLM
from langchain.prompts import PromptTemplate
from langchain_core.runnables import RunnableSequence
from langchain.callbacks.manager import CallbackManager
from langchain.callbacks.streaming_stdout import StreamingStdOutCallbackHandler
import subprocess
import os
import re

callback_manager = CallbackManager([StreamingStdOutCallbackHandler()])
llm = OllamaLLM(
    model="llama3.2",
    callback_manager=callback_manager,
```

```
        base_url="http://localhost:11434",
)

# 创建一个自定义函数用来执行 ping 命令
def check_device_status(ip_address):
    try:
        ping_command = ["ping", "-n" if os.name == "nt" else "-c", "4", ip_address]
        result = subprocess.run(ping_command, stdout=subprocess.PIPE,
stderr=subprocess.PIPE, text=True, timeout=10)
        if result.returncode == 0 and ("TTL=" in result.stdout or "ttl=" in result.stdout):
            return f"IP 地址 {ip_address} 可达，设备在线"
        else:
            return f"IP 地址 {ip_address} 不可达，设备可能离线"
    except subprocess.TimeoutExpired:
        return f"IP 地址 {ip_address} 检查超时，设备不可达"
    except Exception as e:
        return f"检查 IP 地址 {ip_address} 时出错：{str(e)}"

# 将自定义函数封装为 tool
check_device_status_tool = Tool(
    name="check_device_status",
    func=check_device_status,
    description="检查目标 IP 地址的可达性，返回设备是否在线的信息"
)

prompt_template = PromptTemplate(
    input_variables=["input"],
    template="""
用户请求：{input}
你有一个工具可用：
- 工具名称：check_device_status
- 工具描述：检查目标 IP 地址的可达性，返回设备是否在线的信息。
如果用户请求中包含"ping"+一个 IP 地址（格式如"ping <IP 地址>"），请严格返回格式为"[调用工具
check_device_status <IP>]"的文本，其中的<IP>是用户提供的 IP 地址。
示例：
- 输入：ping 8.8.8.8
- 输出：[调用工具 check_device_status 8.8.8.8]
若用户未要求 ping 指定的 IP 地址，则仅用一句话简单作答，不调用工具，不附加解释。
"""
)
```

```
chain = RunnableSequence(prompt_template | llm)

def process_input(user_input: str) -> str:
    response = chain.invoke({"input": user_input})
    # 匹配 LLM 响应内容
    tool_pattern = r"\[调用工具 check_device_status (\d+\.\d+\.\d+\.\d+)\]"
    tool_match = re.search(tool_pattern, response)
    if tool_match:
        ip_address = tool_match.group(1)
        return check_device_status_tool.run(ip_address)
    # 如果 LLM 输出不符合预期，但包含 IP 地址，尝试修复
    ip_pattern = r"(\d+\.\d+\.\d+\.\d+)"
    ip_match = re.search(ip_pattern, response)
    if ip_match and "ping" in user_input.lower():
        ip_address = ip_match.group(1)
        return check_device_status_tool.run(ip_address)
    return response

while True:
    user_input = input("\nEnter your question: ").strip()
    if user_input.lower() in ['exit', 'quit']:
        print("\nBye!")
        break
    if not user_input:
        print("Please enter a valid prompt!")
        continue
    result = process_input(user_input)
    print("\n", result)
```

以上代码中有很多内容都是此前反复提到过的知识点，下面只选择重点部分进行讲解。

a. 在模块导入部分，我们用到了 LangChain 的 Tools 和 RunnableSequence，前者用来构建 tool，后者用来代替 LangChain 的链，将 PromptTemplate 和 LLM 分开并按顺序调用。另外，我们还导入了 subprocess 模块并执行 ping 命令，os 模块用于判断主机的操作系统（Windows 和 Linux 的 ping 命令参数不同），re 模块用于匹配用户向 LLM 输入的 IP 地址。

```
from langchain.tools import Tool
from langchain_ollama import OllamaLLM
```

```
from langchain.prompts import PromptTemplate
from langchain_core.runnables import RunnableSequence
from langchain.callbacks.manager import CallbackManager
from langchain.callbacks.streaming_stdout import StreamingStdOutCallbackHandler
import subprocess
import os
import re
```

b. 我们定义了一个自定义函数来执行 ping 命令，使用 LangChain 的 Tools 模块将它封装为一个 tool。

```
# 创建一个自定义函数来执行 ping 命令
def check_device_status(ip_address):
    try:
        ping_command = ["ping", "-n" if os.name == "nt" else "-c", "4", ip_address]
        result = subprocess.run(ping_command, stdout=subprocess.PIPE,
stderr=subprocess.PIPE, text=True, timeout=10)
        if result.returncode == 0 and ("TTL=" in result.stdout or "ttl=" in result.stdout):
            return f"IP 地址 {ip_address} 可达，设备在线"
        else:
            return f"IP 地址 {ip_address} 不可达，设备可能离线"
    except subprocess.TimeoutExpired:
        return f"IP 地址 {ip_address} 检查超时，设备不可达"
    except Exception as e:
        return f"检查 IP 地址 {ip_address} 时出错：{str(e)}"
# 将自定义函数封装为 tool
check_device_status_tool = Tool(
    name="check_device_status",
    func=check_device_status,
    description="检查目标 IP 地址的可达性，返回设备是否在线的信息"
)
```

c. PromptTemplate 给出了十分详细的 Prompt，我们本机部署的 LLaMA 3.2 模型只有 3.2B 的参数规模，推理能力很有限，在实验多次后最终确定下面的 PromptTemplate 可以达到接近 100%的成功率。

```
prompt_template = PromptTemplate(
    input_variables=["input"],
    template="""
用户请求：{input}
```

```
你有一个工具可用：
- 工具名称：check_device_status
- 工具描述：检查目标 IP 地址的可达性，返回设备是否在线的信息。
如果用户请求中包含 "ping" +一个 IP 地址（格式如 "ping <IP 地址>"），请严格返回格式为 "[调用工具
check_device_status <IP>]" 的文本，其中的<IP>是用户提供的 IP 地址。
示例：
- 输入：ping 8.8.8.8
- 输出：[调用工具 check_device_status 8.8.8.8]
若用户未要求 ping 指定的 IP 地址，则仅用一句话简单作答，不调用工具，不附加解释。
"""
)
```

d. 第 2 章讲到了 RunnableSequence 的用法，它的作用是将多个"可运行"（Runnable）的组件按顺序链接起来，形成一个处理链。在这里，我们用到了 Python 中的"|"运算符：prompt_template | llm，将 PromptTemplate 和 LLM 按顺序链接起来，意思是先通过 prompt_template 处理用户的输入内容，生成格式化的 Prompt，然后将 Prompt 传递给 LLM，生成最终的 LLM 响应。在处理用户输入的 process_input()自定义函数时，我们调用了 re 正则表达式模块来匹配用户输入的 IP 地址。前面提到，由于 LLaMA 3.2 模型的参数规模只有 3.2B，推理能力很有限，为了达到 100%成功的效果，这里额外增加了补救措施。如果 LLM 的输出不符合预期，但用户输入里有"ping"关键词且包含 IP 地址，代码会自动帮助 LLM 修复问题。

```python
chain = RunnableSequence(prompt_template | llm)

def process_input(user_input: str) -> str:
    response = chain.invoke({"input": user_input})
    # 匹配 LLM 响应内容
    tool_pattern = r"\[调用工具 check_device_status (\d+\.\d+\.\d+\.\d+)\]"
    tool_match = re.search(tool_pattern, response)
    if tool_match:
        ip_address = tool_match.group(1)
        return check_device_status_tool.run(ip_address)
    # 如果 LLM 输出不符合预期，但用户输入里有"ping"关键词
    # 且包含 IP 地址，则尝试修复
    ip_pattern = r"(\d+\.\d+\.\d+\.\d+)"
    ip_match = re.search(ip_pattern, response)
    if ip_match and "ping" in user_input.lower():
        ip_address = ip_match.group(1)
```

```
        return check_device_status_tool.run(ip_address)
    return response

while True:
    user_input = input("\nEnter your question: ").strip()
    if user_input.lower() in ['exit', 'quit']:
        print("\nBye!")
        break
    if not user_input:
        print("Please enter a valid prompt!")
        continue
    result = process_input(user_input)
    print("\n", result)
```

整个脚本的流程概括如下。

用户向 LLM 输入："ping xx.xx.xx.xx"
↓
触发 RunnableSequence 的 chain.invoke({"input": "ping xx.xx.xx.xx"})
↓
prompt_template：收到用户输入后，按 PromptTemplate 的内容生成最终的 Prompt
↓
LLM：收到 Prompt 后，生成回复"[调用工具 check_device_status xx.xx.xx.xx]"
↓
Process_input()：re 模块匹配到"[调用工具 check_device_status xx.xx.xx.xx]"后，通过 check_device_status_tool.run(ip_address) 调用 check_device_status 这个 tool，向目标 IP 地址执行 ping 命令并返回结果。

运行代码查看效果，如下图所示。

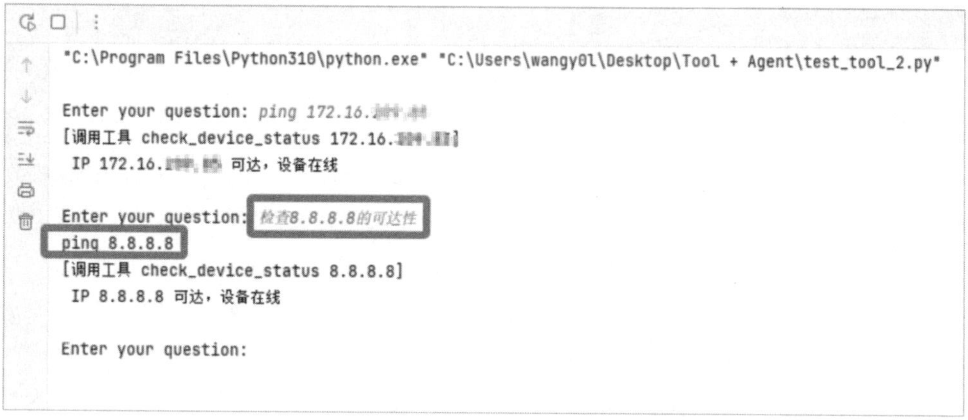

在这里，我们第一次让 LLaMA 3.2 模型执行 ping 172.16.x.x 命令后，LLaMA 3.2 模型根据 PromptTemplate 的 Prompt 返回了"[调用工具 check_device_status xx.xx.xx.xx]"，触发了 check_device_status 这个 tool 并顺利返回了结果。

第二次我们换了一种方法，让 LLaMA 3.2 模型去"检查 8.8.8.8 的可达性"，LLaMA 3.2 模型首先根据我们的语义生成了 ping 8.8.8.8 命令，并再次返回了"[调用工具 check_device_status xx.xx.xx.xx]"，第二次触发了 check_device_status 这个 tool 并顺利返回了结果。

Agent 的作用和应用

在学会怎么使用 LangChain 的内置 tool 和自创 tool 后，再来看看 Agent 是什么。Agent 是 LangChain 中的一种高级抽象（abstract），它是 LangChain 构建智能、交互式应用程序的核心组件，尤其是在处理复杂任务或需要调用外部资源时，我们通常需要通过 Agent 来实现。

我们可以把 Agent 看作一个"智能代理"，它能够根据用户的输入自主决定执行哪些操作。Agent 的核心在于结合 LLM 与 Tools 模块来实现动态推理和任务分解。Tools 是 Agent 的"手脚"，我们已经知道所谓的 Tools 其实就是 Python 中任何可调用的函数，我们使用 LangChain 的 Tools 模块来将这些函数封装成工具，每个工具都有一个清晰的描述，用来告诉 Agent 它的功能和作用是什么。比如，在前面的脚本中，我们用 Tools 模块封装的 check_device_status_tool 工具里就有 description 参数，通过该参数 Agent 就知道这个工具的作用是"检查目标 IP 地址的可达性，返回设备是否在线的信息"。

```
check_device_status_tool = Tool(
    name="check_device_status",
    func=check_device_status,
    description="检查目标IP地址的可达性，返回设备是否在线的信息"
)
```

一个工具的 description 参数通常是用自然语言写的，Agent 依赖这个 description 参数来理解每个工具的功能和适用场景。当 Agent 接收用户输入并进行推理时，它会根据工具的 description 参数判断是否需要调用这个工具，以及在什么情况下调用。正因如此，工具 description 的清晰性就显得很重要，如果 description 参数里只写"网络工具"，那么 Agent 无法知道这个工具具体是做什么的。举个例子，如果用户向 LLM 说"ping 8.8.8.8"或者"检测 8.8.8.8 的可达性"，那么在 Agent 看到 check_device_status_tool 工具的 description 为"检查目标 IP 地址的可达性，返回设备是否在线的信息"后，就能准确地判断该工具是用来处理用户任务的。

接下来，我们以实验的方式具体讲解 Agent 的使用方法，在给出实验代码之前先讲解实验的目的和思路。

1. 用 LangChain 创建 3 个 tool，第一个 tool 的名字叫 check_cpu_status，该工具的 description 为"检查目标设备的 CPU 使用情况"。在用户向 LLM 发送 Prompt "what's the cpu utilization on <ip_add>"后，Agent 会调用该 tool，使用 netmiko 登录用户在 Prompt 中指定的交换机或者路由器 IP 地址（均为思科 IOS-XE 设备，读者可以根据自己的设备情况做调整），执行 show process cpu history 命令并将该命令的响应内容返回给用户。

2. 第二个 tool 的名字叫 check_link_utilization，该工具的 description 为"检查目标设备指定接口的带宽使用情况"。在用户向 LLM 发送 Prompt "what's the link utilization of <interface_id> on <ip_add>"后，Agent 会调用该 tool，从用户的 Prompt 中获取端口号和主机 IP 地址，使用 netmiko 登录用户指定的交换机或者路由器 IP 地址（均为思科 IOS-XE 设备），执行 show int <interface_id>命令，执行后通过查看响应内容中的 txload 和 rxload 情况来计算接口带宽使用率（用百分比表示），例如 txload 84/255 表示上行带宽为 84/255，约等于"32.9%"，rxload 1/255 表示下行带宽为"小于 1%"，并把类似"上行带宽为 32.9%"和"下行带宽小于 1%"这样的信息返回给用户。

3. 第三个 tool 的名字叫 analysis_syslog，该工具的 description 为"分析目标设备的日志"，在用户向 LLM 发送 Prompt "analysis the syslog on <ip_add>"后，Agent 会调用该 tool，使用 netmiko 登录用户指定的交换机或者路由器 IP 地址（均为思科 IOS-XE 设备），执行 show log last 10 命令，执行后并不打印响应内容，而是让 LLM 对日志做分析，并将分析报告返回给用户。

4. 在用户向 LLM 发送 Prompt "why the network is slow?"后，Agent 需要登录一台预先指定的设备（比如网关路由器）来同时调用 3 个 tool，并根据 3 个 tool 登录设备、执行命令后的响应内容做分析，最后给出网络为什么慢的分析报告和排错建议。

5. 在尝试了多次实验后，可以发现 LLaMA 不管是 3.2 版本还是 3.3 版本的输出都不兼容 ReAct 模式的 Agent，一定会出现 Exception occurred: 'str' object has no attribute 'model_dump'异常，目前没有解决办法（猜测原因是 LLaMA 系列的模型不支持推理功能），因此本次实验我们将以 ChatGPT 的 gpt-4o-mini 模型进行演示。

实验代码如下：

```python
from netmiko import ConnectHandler
from langchain_openai import ChatOpenAI
from langchain.tools import tool
from langchain.agents import AgentExecutor, create_react_agent
from langchain.prompts import PromptTemplate
import re

OPENAI_API_KEY = "在此处填写个人的 OpenAI API Key"
llm = ChatOpenAI(model="gpt-4o-mini", openai_api_key=OPENAI_API_KEY)

def get_device_connection(ip):
    return {
        "device_type": "cisco_ios",
        "ip": ip,
        "username": "在此处填写个人用 SSH 登录交换机的用户名",
        "password": "在此处填写个人用 SSH 登录交换机的密码",
    }
@tool
def check_cpu_status(ip_address):
    """检查目标设备的 CPU 使用情况"""
    device_params = get_device_connection(ip_address)
    try:
        with ConnectHandler(**device_params) as connection:
            output = connection.send_command("show process cpu history")
            return f"CPU status for device {ip_address}:\n{output}"
    except Exception as e:
        return f"Error connecting to {ip_address}: {str(e)}"

@tool
def check_link_utilization(ip_and_interface):
    """检查目标设备指定接口的带宽使用情况。参数格式：'IP 地址 接口名称'，例如'172.16.xx.xx
gi1/0/x'"""
    parts = ip_and_interface.strip().split()
    if len(parts) < 2:
        return "错误：请同时提供 IP 地址和接口名称，以空格分隔，例如'172.16.xx.xx gi1/0/x'"
    ip_address = parts[0].strip("'")
    interface = parts[1].strip("'")
```

```
    print(f"DEBUG: 连接到 IP: '{ip_address}', 接口: '{interface}'")
    device_params = get_device_connection(ip_address)
    try:
        with ConnectHandler(**device_params) as connection:
            output = connection.send_command(f"show int {interface}")
            txload_match = re.search(r'txload (\d+)/(\d+)', output)
            rxload_match = re.search(r'rxload (\d+)/(\d+)', output)
            if txload_match and rxload_match:
                tx_value = int(txload_match.group(1))
                tx_max = int(txload_match.group(2))
                rx_value = int(rxload_match.group(1))
                rx_max = int(rxload_match.group(2))
                tx_percentage = (tx_value / tx_max) * 100
                rx_percentage = (rx_value / rx_max) * 100
                tx_result = f"{tx_percentage:.1f}%" if tx_percentage >= 1 else "小于1%"
                rx_result = f"{rx_percentage:.1f}%" if rx_percentage >= 1 else "小于1%"
                return f"设备 {ip_address} 的接口 {interface} 带宽使用情况: \n 上行带宽为
{tx_result}\n 下行带宽为 {rx_result}\n\n 原始输出: \n{output}"
            else:
                return f"无法从输出中提取带宽信息\n\n 原始输出: \n{output}"
    except Exception as e:
        return f"Error connecting to {ip_address} or checking interface {interface}:
{str(e)}"


@tool
def analysis_syslog(ip_address):
    """分析目标设备的日志"""
    device_params = get_device_connection(ip_address)
    try:
        with ConnectHandler(**device_params) as connection:
            log_output = connection.send_command("show log last 10")
            analysis_prompt = f"""
            Please analyze the following network device logs and provide a summary of any
notable events, errors, warnings or potential issues:{log_output}
            Provide a concise analysis focusing on actionable information.
            """
            analysis = llm.invoke(analysis_prompt)
            if hasattr(analysis, 'content'):
                analysis_text = analysis.content
            else:
```

```
            analysis_text = str(analysis)
        return f"设备 {ip_address} 的日志分析结果: \n{analysis_text}"
    except Exception as e:
        return f"Error connecting to {ip_address}: {str(e)}"


prompt_template = """
You are a network assistant specializing in Cisco device monitoring and troubleshooting.
Analyze user requests and use the appropriate tools to gather information from network
devices.

When helping users, remember:
1. For CPU utilization queries, use the check_cpu_status tool
2. For link utilization queries, use the check_link_utilization tool with BOTH the IP
address AND interface name
3. For log analysis requests, use the analysis_syslog tool
4. For general network performance issues (e.g., "why is the network slow?"), use all
three tools and analyze the results

IMPORTANT: When users ask about link utilization, they will specify both an IP address
and an interface.
You must extract BOTH and use them correctly with the tool.

DEFAULT SETTINGS:
- If user asks a general question about network slowness (like "why is the network slow?")
without specifying devices:
  - Use IP address <ip_add> as the default device
  - Use interface <interface_id> as the default interface
  - Check CPU, link utilization, and logs on this default device

For example, if the user asks "what's the link utilization of gi1/0/1 on 172.16.1.1",
you should:
- Extract IP address: 172.16.1.1
- Extract interface: gi1/0/1
- Use these with check_link_utilization tool: "172.16.1.1 gi1/0/1"


Available tools: {tools}
Use the following format:
User question: The input question you must answer
Thought: Consider what tools would help answer this question and extract any IP addresses
and interfaces
```

```
Action: The action to take, should be one of [{tool_names}]
Action Input: The parameters to pass to the tool (make sure to include BOTH IP and interface
for check_link_utilization)
Observation: The result of the action
Thought: I now have enough information to answer the user's question
... (this Thought/Action/Action Input/Observation can repeat multiple times)
Thought: I have collected all necessary data from the tools
Analysis: Analyze the tool outputs to determine possible reasons for the user's question
(e.g., network slowness)
Final Answer: The final answer to the user's question, summarizing the tool output in
a concise way
**IMPORTANT**:
- For general performance questions like "why is the network slow?", after collecting
data from all three tools (CPU, link utilization, logs), analyze the outputs to identify
potential causes of slowness (e.g., high CPU usage, link congestion, errors in logs).
- Once you have enough data to answer the question, provide the Analysis and Final Answer,
then STOP. Do not repeat tool calls unnecessarily.

User question: {input}
{agent_scratchpad}
"""

prompt = PromptTemplate.from_template(prompt_template)
tools = [check_cpu_status, check_link_utilization, analysis_syslog]
agent = create_react_agent(llm, tools, prompt)

try:
    agent_executor = AgentExecutor(
        agent=agent,
        tools=tools,
        max_iterations=3,
        verbose=True,
        handle_parsing_errors = True
    )
except Exception as e:
    print(e)

def process_input(user_input):
    """处理用户输入，通过 agent_executor 调用 Agent 来决定使用哪些工具"""
    try:
```

```
    # 直接将用户输入传递给 agent_executor
    result = agent_executor.invoke({"input": user_input})
    if isinstance(result, dict) and "output" in result:
        return result["output"]
    else:
        return str(result)
except Exception as e:
    return f"无法处理请求：{str(e)}\n 请尝试明确指定您想查询的内容（例如 CPU 使用率、带宽利用率
或日志分析），并确保包含必要的 IP 地址和接口信息（如果适用）。"

while True:
    try:
        user_input = input("\nEnter your question: ").strip()
        if user_input.lower() in ['exit', 'quit']:
            print("\nBye!")
            break
        if not user_input:
            print("Please enter a valid prompt!")
            continue
        result = process_input(user_input)
        print("\n", result)
    except KeyboardInterrupt:
        print("\n 程序被用户中断")
        break
    except Exception as e:
        print(f"\n 发生错误：{str(e)}")
```

代码分段讲解如下：

a. 在模块导入部分，我们从 langchain.agents 导入了 AgentExecutor 和 create_react_agent 两个模块，前者用来执行 Agent，后者则用来创建 ReAct 模式的 Agent。ReAct（Reasoning + Acting）是一种结合了推理和行动的 Agent 模式，让 LLM 在解决问题时具备了"先思考，再行动"的能力，它包括以下步骤。

- 思考（Thought）：模型思考问题，分析需要处理的任务。
- 行动（Action）：基于推理，模型选择并执行适当的工具或操作。
- 观察（Observation）：模型观察行动的结果。
- 循环：重复以上步骤，直到任务完成。

举例来说，下面是一个 ReAct 模式的 Agent 的完整工作流程。

```
用户提问：告诉我 2024 年北京的平均温度。
Thought：我需要先获取北京 2024 年的天气数据。
Action：使用 WeatherAPI 查询北京 2024 年的天气数据。
Observation：北京 2024 年的平均温度是 20℃。
Thought：我已经得到了回答。
LLM 最终回答：北京 2024 年的平均温度是 20℃。
```

通过这个例子可以看到，ReAct 模式允许 Agent 通过明确的推理过程来解决问题，并且在需要时使用外部工具，比如这个例子中使用了集成在 LangChain 工具中的 WeatherAPI。除了 ReAct 模式，LangChain 还支持 Zero-shot ReAct、Conversational ReAct、Self-ask with Search、Plan-and-Execute Agent、OpenAI Functions Agent 等多种 Agent 模式，这里留给读者自己去探索和应用。

```python
from netmiko import ConnectHandler
from langchain_openai import ChatOpenAI
from langchain.tools import tool
from langchain.agents import AgentExecutor, create_react_agent
from langchain.prompts import PromptTemplate
import re
```

b. 前面提到的 Agent 实验，我们在本机部署的 LLaMA 3.2 模型以及在本地部署的 LLaMA 3.3 模型上都尝试过很多次，无论如何修改代码和 PromptTemplate，最后都以失败告终。而在使用 ChatGPT 时，实验则是一次成功，因此这里我们将 gpt-4o-mini 模型作为本次实验的 LLM。

```python
OPENAI_API_KEY = "在此处填写用于个人的 OpenAI API Key"
llm = ChatOpenAI(model="gpt-4o-mini", openai_api_key=OPENAI_API_KEY)

def get_device_connection(ip):
    return {
        "device_type": "cisco_ios",
        "ip": ip,
        "username": "在此处填写个人用 SSH 登录交换机的用户名",
        "password": "在此处填写个人用 SSH 登录交换机的密码",
    }
```

　　c. 当代码中用到了多个工具时，LangChain 会将每个自定义函数封装为 tool，并且创建一个工具池。但是这部分的代码过于冗长，为了简化代码，我们使用了 LangChain 提供的装饰器@tool 直接将自定义函数封装为 LLM 可调用的 tool。注意，在使用这个 LangChain 的装饰器时，必须在自定义函数中使用 docstring（文档字符串，用来描述 Python 模块、类、函数或方法的功能），也就是函数中"""　"""的部分（例如"""检查目标设备的 CPU 使用情况"""），原因是 docstring 的内容会被 LangChain 直接用作工具描述（Tool Description），从而影响 Agent 是否会根据用户向 LLM 的提问而调用该工具。在这里我们通过@tool 装饰器配合函数创建了 3 个工具：check_cpu_status、check_link_utilization 和 analysis_syslog，这些工具和函数获取设备信息的命令均基于思科 IOS-XE 设备，读者可根据自己的情况加以调整。

```python
@tool
def check_cpu_status(ip_address):
    """检查目标设备的 CPU 使用情况"""
    device_params = get_device_connection(ip_address)
    try:
        with ConnectHandler(**device_params) as connection:
            output = connection.send_command("show process cpu history")
            return f"CPU status for device {ip_address}:\n{output}"
    except Exception as e:
        return f"Error connecting to {ip_address}: {str(e)}"


@tool
def check_link_utilization(ip_and_interface):
    """检查目标设备指定接口的带宽使用情况。参数格式：'IP 地址 接口名称'，例如'172.16.xx.xx gi1/0/x'"""
    parts = ip_and_interface.strip().split()
    if len(parts) < 2:
        return "错误：请同时提供 IP 地址和接口名称，以空格分隔，例如'172.16.xx.xx gi1/0/x'"
    ip_address = parts[0].strip("'")
    interface = parts[1].strip("'")
    print(f"DEBUG: 连接到 IP: '{ip_address}', 接口: '{interface}'")
    device_params = get_device_connection(ip_address)
    try:
        with ConnectHandler(**device_params) as connection:
            output = connection.send_command(f"show int {interface}")
            txload_match = re.search(r'txload (\d+)/(\d+)', output)
            rxload_match = re.search(r'rxload (\d+)/(\d+)', output)
```

```
        if txload_match and rxload_match:
            tx_value = int(txload_match.group(1))
            tx_max = int(txload_match.group(2))
            rx_value = int(rxload_match.group(1))
            rx_max = int(rxload_match.group(2))
            tx_percentage = (tx_value / tx_max) * 100
            rx_percentage = (rx_value / rx_max) * 100
            tx_result = f"{tx_percentage:.1f}%" if tx_percentage >= 1 else "小于1%"
            rx_result = f"{rx_percentage:.1f}%" if rx_percentage >= 1 else "小于1%"
            return f"设备 {ip_address} 的接口 {interface} 带宽使用情况: \n 上行带宽为
{tx_result}\n 下行带宽为 {rx_result}\n\n 原始输出: \n{output}"
        else:
            return f"无法从输出中提取带宽信息\n\n 原始输出: \n{output}"
    except Exception as e:
        return f"Error connecting to {ip_address} or checking interface {interface}:
{str(e)}"


@tool
def analysis_syslog(ip_address):
    """分析目标设备的日志"""
    device_params = get_device_connection(ip_address)
    try:
        with ConnectHandler(**device_params) as connection:
            log_output = connection.send_command("show log last 10")
            analysis_prompt = f"""
            Please analyze the following network device logs and provide a summary of any
notable events, errors, warnings or potential issues:{log_output}
            Provide a concise analysis focusing on actionable information.
            """
            analysis = llm.invoke(analysis_prompt)
            if hasattr(analysis, 'content'):
                analysis_text = analysis.content
            else:
                analysis_text = str(analysis)
            return f"设备 {ip_address} 的日志分析结果: \n{analysis_text}"
    except Exception as e:
        return f"Error connecting to {ip_address}: {str(e)}"
```

d. 在 PromptTemplate 部分，我们在向 LLM 发送 Prompt"why is the network slow?"后，并没有向 Agent 指明需要登录的设备（比如网关路由器）的 IP 地址和要查看的端口号，读者可以根据自己的设备环境将下面 PromptTemplate 中的<ip_add>和<interface_id>替换为实际网关路由器的 IP 地址和调用 check_link_utilization 这个工具时需要查看的端口号。

```
- If user asks a general question about network slowness (like "why is the network slow?")
without specifying devices:
  - Use IP address <ip_add> as the default device
  - Use interface <interface_id> the default interface
  - Check CPU, link utilization, and logs on this default device
```

另外，PromptTemplate 中 Available tools: {tools}下面的部分完整展示了 Agent 的 Thought→Action→Action Input→Observation→Thought 的步骤，直到给出最终回答的推理和调用工具的过程，注意下面是这段 PromptTemplate。

```
**IMPORTANT**:
- For general performance questions like "why is the network slow?", after collecting
data from all three tools (CPU, link utilization, logs), analyze the outputs to identify
potential causes of slowness (e.g., high CPU usage, link congestion, errors in logs).
- Once you have enough data to answer the question, provide the Analysis and Final Answer,
then STOP. Do not repeat tool calls unnecessarily.
```

它非常重要，如果没有这部分 Prompt，会有很大的概率触发两个问题：当我们向 LLM 提问"why is the network slow?"时，Agent 无法通过同时调用 3 个工具所获得的响应内容为我们综合分析网速变慢的原因；LLM 无法正确识别任务是否已经完成，导致它不停地调用 Agent 和工具，最后陷入死循环（也就是 Agent 会一直重复 Thought→Action→Action Input→Obeservation 的步骤，而永远得不到最终回答）。

```
prompt_template = """
You are a network assistant specializing in Cisco device monitoring and troubleshooting.
Analyze user requests and use the appropriate tools to gather information from network
devices.

When helping users, remember:
1. For CPU utilization queries, use the check_cpu_status tool
2. For link utilization queries, use the check_link_utilization tool with BOTH the IP
address AND interface name
3. For log analysis requests, use the analysis_syslog tool
4. For general network performance issues (e.g., "why is the network slow?"), use all
three tools and analyze the results
```

IMPORTANT: When users ask about link utilization, they will specify both an IP address and an interface.
You must extract BOTH and use them correctly with the tool.

DEFAULT SETTINGS:
- If user asks a general question about network slowness (like "why is the network slow?") without specifying devices:
  - Use IP address **<ip_add>** as the default device
  - Use interface **<interface_id>** as the default interface
  - Check CPU, link utilization, and logs on this default device

For example, if the user asks "what's the link utilization of gi1/0/1 on 172.16.1.1", you should:
- Extract IP address: 172.16.1.1
- Extract interface: gi1/0/1
- Use these with check_link_utilization tool: "172.16.1.1 gi1/0/1"

Available tools: {tools}
Use the following format:
User question: The input question you must answer
Thought: Consider what tools would help answer this question and extract any IP addresses and interfaces
Action: The action to take, should be one of [{tool_names}]
Action Input: The parameters to pass to the tool (make sure to include BOTH IP and interface for check_link_utilization)
Observation: The result of the action
Thought: I now have enough information to answer the user's question
... (this Thought/Action/Action Input/Observation can repeat multiple times)
Thought: I have collected all necessary data from the tools
Analysis: Analyze the tool outputs to determine possible reasons for the user's question (e.g., network slowness)
Final Answer: The final answer to the user's question, summarizing the tool output in a concise way
IMPORTANT:
- For general performance questions like "why is the network slow?", after collecting data from all three tools (CPU, link utilization, logs), analyze the outputs to identify potential causes of slowness (e.g., high CPU usage, link congestion, errors in logs).
- Once you have enough data to answer the question, provide the Analysis and Final Answer, then STOP. Do not repeat tool calls unnecessarily.

User question: {input}
{agent_scratchpad}
"""

e. 将前面封装好的工具以元素的形式放入 tools 这个列表类型的工具池变量，然后将 llm、tools、prompt 作为参数，调用 create_react_agent()来创建 agent，接着将 agent 和 tools 作为参数放入 Agent_Executor()中来运行 Agent，AgentExecutor 是 LangChain 框架中用于执行 Agent 的核心组件，它负责以下内容。

- 接收用户输入。
- 将输入传递给指定的 Agent（例如通过 create_react_agent 创建的 ReAct 模式的 Agent）。
- 根据 Agent 的决策调用相应的工具（tool）。
- 管理 Agent 的推理循环，直到得出最终回答或达到终止条件。

Agent_Executor()中 max_iterations 参数的作用是限制 Agent 的迭代次数，有时候 LLM 的性能问题会导致模型的输出内容不正确或不够完善，这个时候在 ReAct 模式下的 Agent 会反复执行"思考（Thought）→行动（Action）→观察（Observation）"的循环，直到得出最终回答。我们将该循环的次数设为 8（默认值为 1），确保在我们向 LLM 提问"why the network is slow"时，Agent 能够循环足够多的次数来综合调用 3 个工具后得到的响应内容以给出正确的解释和建议。另一个参数 verbose 是布尔值，这里建议将它设为 True，这样可以看到 Agent 在收到用户 Prompt 后完整的推理和调用工具的过程。最后一个参数 handle_parsing_errors 同样是布尔值，它的作用是启用自动错误处理机制，当解析 LLM 输出失败时尝试恢复，Agent 依赖 LLM 生成结构化响应（例如 ReAct 格式的 Thought/Action/Action Input），但有时 LLM 可能返回不符合预期的格式（例如纯文本而非结构化数据），当 handle_parsing_errors=True 时，如果 LLM 解析失败，AgentExecutor 会尝试将错误反馈给 LLM，要求其修正输出。

```
prompt = PromptTemplate.from_template(prompt_template)
tools = [check_cpu_status, check_link_utilization, analysis_syslog]
agent = create_react_agent(llm, tools, prompt)

try:
    agent_executor = AgentExecutor(
        agent=agent,
        tools=tools,
        max_iterations=8,
        verbose=True,
        handle_parsing_errors = True
    )
```

```
except Exception as e:
  print(e)
```

f. 额外创建一个 process_input() 来处理用户输入，通过 agent_executor 调用 Agent 来决定使用哪些工具。

```
def process_input(user_input):
    """处理用户输入，通过 agent_executor 调用 Agent 来决定使用哪些工具"""
    try:
        # 直接将用户输入传递给 agent_executor
        result = agent_executor.invoke({"input": user_input})
        if isinstance(result, dict) and "output" in result:
            return result["output"]
        else:
            return str(result)
    except Exception as e:
        return f"无法处理请求：{str(e)}\n 请尝试明确指定您想查询的内容（例如 CPU 使用率、带宽利用率
或日志分析），并确保包含必要的 IP 地址和接口信息（如果适用）。"

while True:
    try:
        user_input = input("\nEnter your question: ").strip()
        if user_input.lower() in ['exit', 'quit']:
            print("\nBye!")
            break
        if not user_input:
            print("Please enter a valid prompt!")
            continue
        result = process_input(user_input)
        print("\n", result)
    except KeyboardInterrupt:
        print("\n 程序被用户中断")
        break
    except Exception as e:
        print(f"\n 发生错误: {str(e)}")
```

运行脚本查看效果，下面我们分 4 个 Prompt 进行演示。

1. 当向 LLM 发出 Prompt "what's the cpu utilization on 172.16.x.x" 时，首先程序会启用 AgentExecutor 来调用 Agent，然后 LLM 会返回 Agent 从思考、行动（调用工具 check_cpu_status）、观察再到最后得出最终回答的完整过程，并针对设备当前的 CPU 使用情况给出总结和建议，如下图所示。

```
Enter your question: what's the cpu utilization on 172.16.

> Entering new AgentExecutor chain...
User question: what's the cpu utilization on 172.16.
Thought: The user has specified an IP address (172.16.          ) and is inquiring about CPU utilization,
 which requires the check_cpu_status tool.
Action: check_cpu_status
Action Input: 172.16.           CPU status for device 172.16.


                              11111
          222111111111166660000022222222221111111111111111111111111111
    100
     90
     80
     70
     60
     50
     40
     30
     20
     10          *********
         0....5....1....1....2....2....3....3....4....4....5....5....6
                  0    0    5    0    5    0    5    0    5    0
                  CPU% per second (last 60 seconds)



          62465643432224342325252226223422339252282279423362896332224
    100
     90
     80
     70
     60
     50
     40
     30
     20
     10 *  ***          *  *    *      * *  *  **    * ***
         0....5....1....1....2....2....3....3....4....4....5....5....6
                  0    0    5    0    5    0    5    0    5    0
                  CPU% per minute (last 60 minutes)
                  * = maximum CPU%   # = average CPU%



          11111111111111111111111111 11111111111111111111111111  1   1111 1 1111111
          9062165266632145333333312220731700226350594062435373209808952069092230540
    100
     90
     80
     70
     60
     50
     40
     30
     20 *   * ** ***    *           *   * * **  * *       * *        *
     10 *****************************************************************
         0....5....1....1....2....2....3....3....4....4....5....5....6....6....7..
                  0    0    5    0    5    0    5    0    5    0    5    0
                  CPU% per hour (last 72 hours)
                  * = maximum CPU%   # = average CPU%

I now have enough information to answer the user's question.
Final Answer: The CPU utilization on device 172.16.           is within normal ranges, showing fluctuations
over the last 60 seconds, 60 minutes, and 72 hours, but no critical peaks have been identified.

> Finished chain.

 The CPU utilization on device 172.16.         is within normal ranges, showing fluctuations over the
 last 60 seconds, 60 minutes, and 72 hours, but no critical peaks have been identified.

Enter your question:
```

2. 当向 LLM 发出 Prompt "what's the link utilization of gi1/0/1 on 172.16.x.x" 时，首先程序会启用 AgentExecutor 来调用 Agent，然后 LLM 会返回 Agent 从思考、行动（调用工具 check_link_status）、观察再到最后得出最终回答的完整过程，并针对设备当前指定的接口的使用情况给出总结和建议，如下图所示。

```
Enter your question: what's the link utilization of gi1/0/1 on 172.16.

> Entering new AgentExecutor chain...
User question: what's the link utilization of gi1/0/1 on 172.16.
Thought: The user specified an IP address and an interface. I will use the check_link_utilization tool
  with the provided parameters.
Action: check_link_utilization
Action Input: '172.16.         gi1/0/1'  DEBUG: 连接到IP: '172.16.         ', 接口: 'gi1/0/1'
设备 172.16            的端口 gi1/0/1 带宽使用情况：
上行带宽为 小于1%
下行带宽为 小于1%

原始输出：
GigabitEthernet1/0/1 is down, line protocol is down (notconnect)
  Hardware is Gigabit Ethernet, address is            (bia f            )
  Description: test
  MTU 1500 bytes, BW 1000000 Kbit/sec, DLY 10 usec,
     reliability 255/255, txload 1/255, rxload 1/255
  Encapsulation ARPA, loopback not set
  Keepalive set (10 sec)
  Auto-duplex, Auto-speed, media type is 10/100/1000BaseTX
  input flow-control is on, output flow-control is unsupported
  ARP type: ARPA, ARP Timeout 04:00:00
  Last input never, output never, output hang never
  Last clearing of "show interface" counters 6w0d
  Input queue: 0/2000/0/0 (size/max/drops/flushes); Total output drops: 0
  Queueing strategy: fifo
  Output queue: 0/40 (size/max)
  5 minute input rate 0 bits/sec, 0 packets/sec
  5 minute output rate 0 bits/sec, 0 packets/sec
     0 packets input, 0 bytes, 0 no buffer
     Received 0 broadcasts (0 multicasts)
     0 runts, 0 giants, 0 throttles
     0 input errors, 0 CRC, 0 frame, 0 overrun, 0 ignored
     0 watchdog, 0 multicast, 0 pause input
     0 input packets with dribble condition detected
     0 packets output, 0 bytes, 0 underruns
     Output 0 broadcasts (0 multicasts)
     0 output errors, 0 collisions, 0 interface resets
     0 unknown protocol drops
     0 babbles, 0 late collision, 0 deferred
     0 lost carrier, 0 no carrier, 0 pause output
     0 output buffer failures, 0 output buffers swapped outI now have enough information to answer the
       user's question.
Final Answer: The link utilization for interface gi1/0/1 on device 172.16.       is currently down,
  with both upstream and downstream bandwidth usage being less than 1%.

> Finished chain.

  The link utilization for interface gi1/0/1 on device 172.16.       is currently down, with both
    upstream and downstream bandwidth usage being less than 1%.

Enter your question:
```

3. 当向 LLM 发出 Prompt "analysis the log of 172.16.x.x" 时，首先程序会启用 AgentExecutor 来调用 Agent，然后 LLM 会返回 Agent 从思考、行动（调用工具 analysis_syslog）、观察再到最后得出最终回答的完整过程，并针对设备当前的最后 10 行日志的内容给出分析和建议，如下图所示。

4. 当向 LLM 发出 Prompt "why the network is slow" 时，LLM 会根据 Agent 的推理同时调用 check_cpu_status、check_link_status、analysis_syslog 这 3 个工具，因截图太长，这里仅展示 LLM 借助 Agent 对综合 3 个工具的响应内容来分析网速变慢的原因的部分截图，如下图所示。

```
    - **Second/Login Session**: Logged in again shortly after (18:28:19).
    - The corresponding SSH sessions both show successful authentication using the same crypto cipher
           and HMAC         .
    - Each session was logged as closed shortly after login, suggesting that the user may have
      disconnected quickly after authentication.

3. **Potential Issues**:
    - Multiple rapid logins and logouts by the same user might indicate some automated activity or a
      misconfiguration. It would be advisable to monitor this user's behavior further to ensure there is
      no suspicious activity.
    - While the large volume of logs could aid in troubleshooting, it may also impact device performance
      . Assess whether the current logging levels are necessary for operational purposes.

4. **Recommendations**:
    - Review the login activity for user '       ' for any unusual patterns over time to ensure security
      and confirm legitimate usage.
    - Consider implementing filters for syslog and other logging types to manage the output and focus on
      critical errors or warnings.
    - If persistent login sessions or other unusual behavior is noted, investigate further or consider
      implementing additional security policies, such as two-factor authentication.

In summary, while there are no immediate errors or warnings in the logs, the rapid succession of logins
    and logouts warrants closer examination to secure the network device effectively.I have gathered data
    from the CPU status, link utilization, and syslog analysis for the device 172.16.      and interface
         .

Analysis:
1. **CPU Utilization**: The CPU utilization is quite low, indicating that the device is not
   overburdened and is functioning normally from a processing perspective. This suggests that CPU
   performance is unlikely to be the cause of network slowness.

2. **Link Utilization**: The link utilization shows a higher percentage of traffic for outgoing calls
   (36.1% utilization) and significantly less incoming traffic (less than 1%). The high number of output
   drops (5,724,437 drops) indicates that the device is facing significant challenges in transmitting
   data. These dropped packets can contribute to perceived network slowness because they lead to
   retransmissions and delays.

3. **Syslog Analysis**: The syslog review revealed heavy logging activity without significant errors.
   However, there were multiple rapid login attempts from the same user, which could indicate automated
   processes or misconfigurations that should be monitored further. While this does not directly indicate
   network slowness, it could indicate potential management or configuration issues that may need to be
   addressed.

Final Answer: The network slowness is likely caused by the high number of output packet drops
   encountered on interface        (over 5 million drops), suggesting issues with outbound traffic
   management. The CPU utilization is low, and there are no immediate errors logged, indicating that
   while the device is operating normally, there may be configuration or bandwidth issues related to this
   interface that should be addressed to improve performance. It is advisable to investigate the high
   output drops and consider adjusting traffic loads or investigating further for potential root causes.

> Finished chain.

The network slowness is likely caused by the high number of output packet drops encountered on
   interface g       2 (over 5 million drops), suggesting issues with outbound traffic management. The
   CPU utilization is low, and there are no immediate errors logged, indicating that while the device is
   operating normally, there may be configuration or bandwidth issues related to this interface that
   should be addressed to improve performance. It is advisable to investigate the high output drops and
   consider adjusting traffic loads or investigating further for potential root causes.

Enter your question:
```

5

第 5 章
MCP

在第 2 章和第 4 章中我们都讲到了 LangChain 中工具的使用方法。所谓工具，其实也就是 LangChain 内置的工具 API 或者我们创建的自定义函数，这些内置的工具 API 或者自定义函数在 LangChain 脚本中配合 Prompt 模板直接按需调用即可。目前为止，我们所有涉及使用工具的 LangChain 实验都是通过 Python 的 IDE 运行脚本完成的，包括第 2 章讲到的使用 LangChain 内置工具 DuckDuckGo Search 这个搜索引擎的实验。那么有没有一种东西可以让我们脱离 IDE 在纯粹的 LLM 环境下直接使用这些工具呢？答案是肯定的，这就是本章将要介绍的 MCP（Model Context Protocol），中文译为模型上下文协议。

5.1 什么是 MCP

从 2022 年就开始关注和使用 LLM 的人应该知道，早期在线 LLM 的界面和功能是十分单一的，最早大规模进入民用市场的 GPT-3.5 仅支持聊天功能，没有插件、浏览器、代码解释器等功能，用户无法上传文件或粘贴图片让 LLM 做内容分析。

虽然后续各大 LLM 厂商逐步引入插件系统、代码运行、图像识别以及推理这样的功能，但 LLM 本身是基于预训练数据构建的，其知识库和数据存在明显的滞后性，对那些需要精确实时信息——比如需要处理本地文件和数据，需要访问网络实时信息（例如新闻、天气预报、最新科技产品的使用手册、股票/虚拟货币价格等实时数据）的用户来说，在线 LLM 的局限性依然是很明显的。很多时候这类用户必须通过 Prompt Engineering（提示词工程），把这些信息的来源如网址、文本或数据内容手动复制粘贴到 Prompt 中，辅助 LLM 为我们服务。

为了打破这种用户手动向 LLM "投喂" 信息的局限性，很多在线 LLM 厂商（比如 OpenAI、Google 等）引入了 Function Calling（函数调用）功能。通过 Function Calling，在线 LLM 可以获取本身欠缺的访问用户本地以及在线实时信息的权限。所谓 Function Calling，是指允许 LLM 在生成文本的过程中调用外部函数或服务的功能，用户通常以 JSON-RPC 形式向 LLM 描述函数，通过 LLM 固有的自然语言处理和推理能力来决定在生成响应之前是否调用该函数。LLM 本身不执行这些函数，它的任务是生成执行这些函数所需的参数，这和我们在第 4 章中做的和 LangChain 工具相关的实验的原理是一样的。

但 Function Calling 是由各家 LLM 厂商自定义的一种接口机制，具有很强的平台依赖性。而每家 LLM 平台的 Function Calling 的实现方式又不尽相同，没有统一标准。例如 OpenAI 的 Function Calling 方式就和 Google 的不兼容，用户在切换 LLM 时需要重写代码，这就好比其他品牌的手机是无法使用苹果手机的 Lightning 充电线的，原因在于接口不通用。

基于 Function Calling 没有统一标准的这个痛点，2024 年 11 月，开发了知名语言大模型 Claude 的 Anthropic 公司推出了 MCP，旨在为所有 LLM 开发者和用户提供一个标准、通用的接口协议。此外，MCP 通过插件支持开发者共享其开发的工具组件，这些组件能够协助在线 LLM 访问各类本地及网络实时数据资源。这种共享的 MCP 插件（工具）不分模型，在任何在线 LLM 上都能调用。

如下图所示，在没有 MCP 的时候，AI 开发者在 Cursor、Claude Desktop、WindSurf 这些 AI 开发工具上需要为诸如 Slack、PostgreSQL、Google Drive、GitHub 等应用分别开发各自平台对应的 LLM 工具且彼此开发的工具并不兼容，导致维护成本高、效率低。在引入 MCP 后，AI 工具只需对接 MCP 平台，基于统一标准的开发者只需开发一次便可以让多个 AI 工具与多个应用实现通用互联。这种模式显著降低了开发成本，提高了生态兼容性，就像为不同品牌的设备引入了 "通用插头"，让开发者和用户都能从中受益。

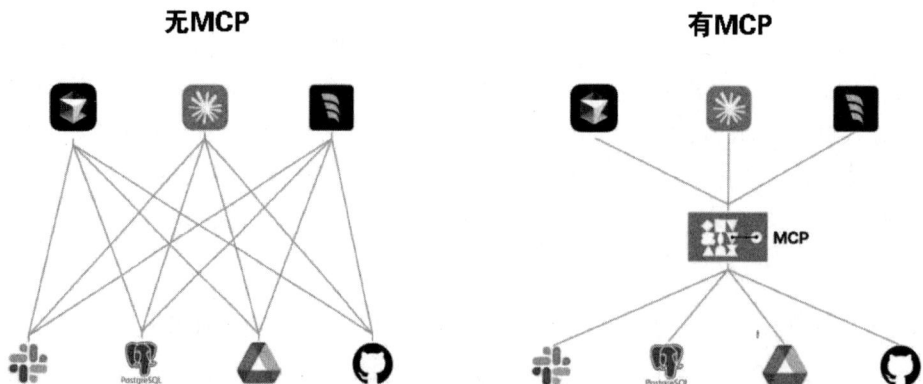

5.2 MCP 怎么工作

下图是 Anthropic 官方给出的 MCP 架构图。

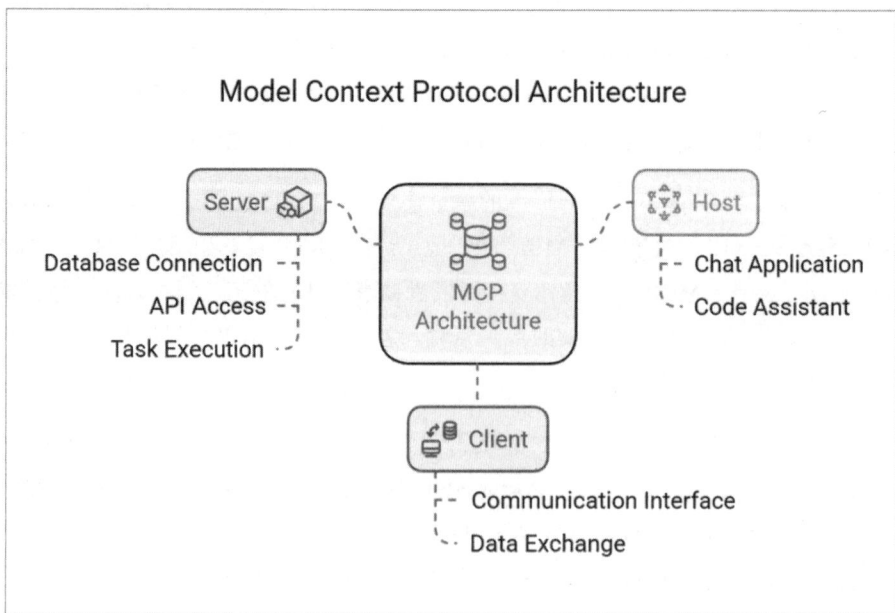

从上图中我们可以看到，MCP 由 3 个核心部分组成：Host、Client 以及 Server。

1. 前面我们讲到的 Cursor、Claude Desktop、Windsurf 等 AI 开发工具都可以视为 MCP Host，它们的作用是接收用户的提问并与用户选择的在线 LLM 交互。

2. MCP Host 中内置了 MCP Client，当 MCP Host 将用户的提问发送给 LLM 后，LLM 会根据用户的 Prompt 来判断使用哪个 MCP Server，而负责和 MCP Server 建立连接的就是 MCP Client。

3. 所谓 MCP Server，就是最终需要被调用的"插件"，这个"插件"里面包含一个或多个工具，一个 MCP Host 里可以存放多个 MCP Server。

4. 每个 MCP Server 由不同的团体或个人开发，开发者不用关心 MCP Host 和 MCP Client 的实现细节，只需专注自身 MCP Server 的开发即可。

MCP 的这个架构保证了在线 LLM 可以在不同场景下灵活调用各种工具和数据源以便更好地回答用户的提问。如下图所示，用户使用 Claude Desktop（即 MCP Host）向 Claude 这个 LLM 发送提问，Claude Desktop 中已经安装了 A、B、C 三个 MCP Server，其中 MCP Server A 和 MCP Server B 用来访问用户本地的数据 A 和数据 B，MCP Server C 则通过 Web API 用来访问外网上的服务 C。

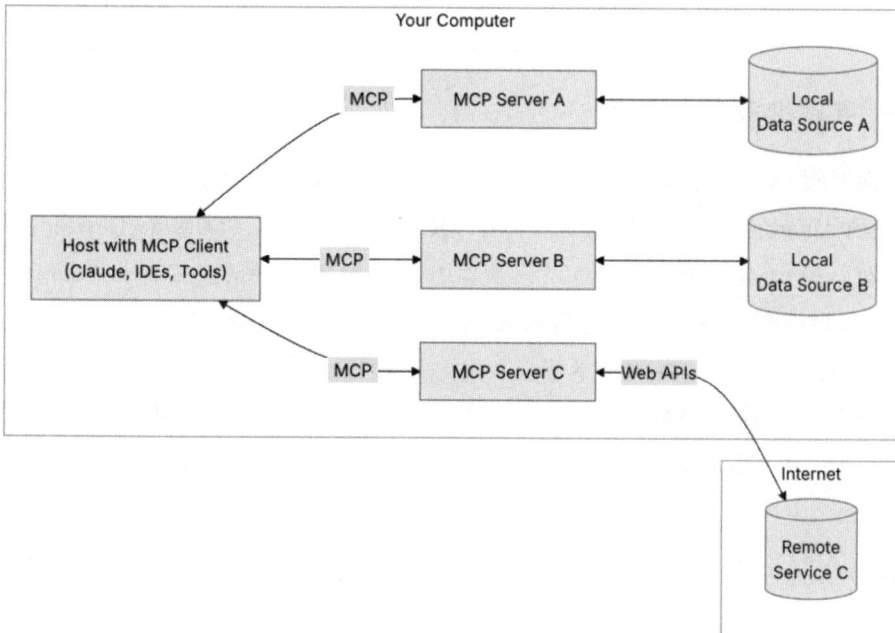

假设用户通过 Claude Desktop 向 Claude 发出提问："我的桌面上有哪些文档？"，此时整个 MCP 的工作流程如下：

1. MCP Host，也就是 Claude Desktop 将用户提问发送给 Claude。

2. Claude 根据用户 Prompt 做推理和分析，选择调用 MCP Server A 还是 MCP Server B（或者同时调用），因为这两个 Server 同本地数据相关。

3. 集成在 Claude Desktop 中的 MCP Client 与 Claude 选定的 MCP Server 建立连接。

4. Claude Desktop 通过 MCP Server 执行所选的工具。

5. 执行结果返回给 LLM，也就是 Claude。

6. Claude 根据执行结果生成最终的响应并展示给用户。

5.3　MCP 实战应用

了解了 MCP 的背景和工作原理后，接下来我们以实验的形式来介绍它的实战应用方法。

5.3.1　实验准备

前面提到了，目前主流的 MCP Host 有 Cursor、Claude Desktop、Windsurf 等。考虑到 MCP 是由 Anthropic 公司推出的，最早适配 MCP 的平台就是它的 Claude Desktop，并且这 3 个里面只有 Claude Desktop 是完全免费使用的（缺点是只能对接 Claude Sonnet 这一种 LLM），使用门槛相对来说是最低的（Cursor 和 Windsurf 这种对接了 Claude、GPT、Gemini 等多种 LLM 的 AI 开发工具也有免费版本和初次注册赠送 500 次 Prompt 的福利，但是每次使用出现服务器过载的概率高于 90%，用户必须包月付费才能完整使用），因此本章实验也将基于 Claude Desktop 来做。首先在 Claude 的官方下载页面下载 Claude Desktop，如下图所示。

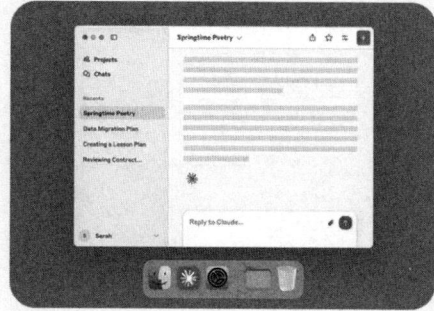

可以使用自己的邮箱或 Google 账号登录 Claude Desktop，大家可以根据自身情况选择登录方式，如下图所示。

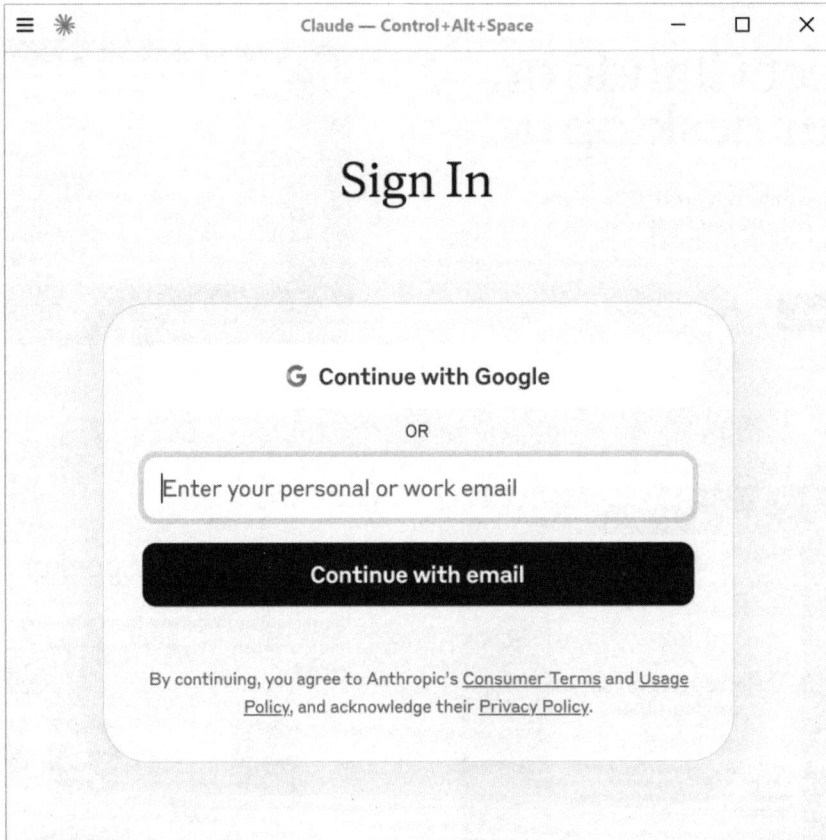

MCP 的实现主要包括 Python SDK 和 TypeScript SDK，其中 TypeScript 通常与 Node.js 环境相关。要想完整使用 MCP，除了 MCP Host，用户还需要安装 Node.js。Node.js 是一个开源、跨平台的 JavaScript 运行环境，允许开发者在服务器端运行 JavaScript 代码。大家可以在 Node.js 的官网上根据自己的主机环境选择对应的版本下载安装，如下图所示。

Node.js 安装完毕后，可以打开 CMD 命令行输入命令 node --version 验证，如果能看到 Node.js 的版本号，则说明安装成功，如下图所示。

5.3.2 实验 1：访问本地文件和文件夹

实验环境准备就绪后，我们开始第一个 MCP 实验：让 LLM 用户借助 MCP Server 访问用户本地的文件和文件夹。这里我们用到 MCP 在 GitHub 上的官方仓库里的一个叫作 Filesystem 的 MCP Server，如下图所示。

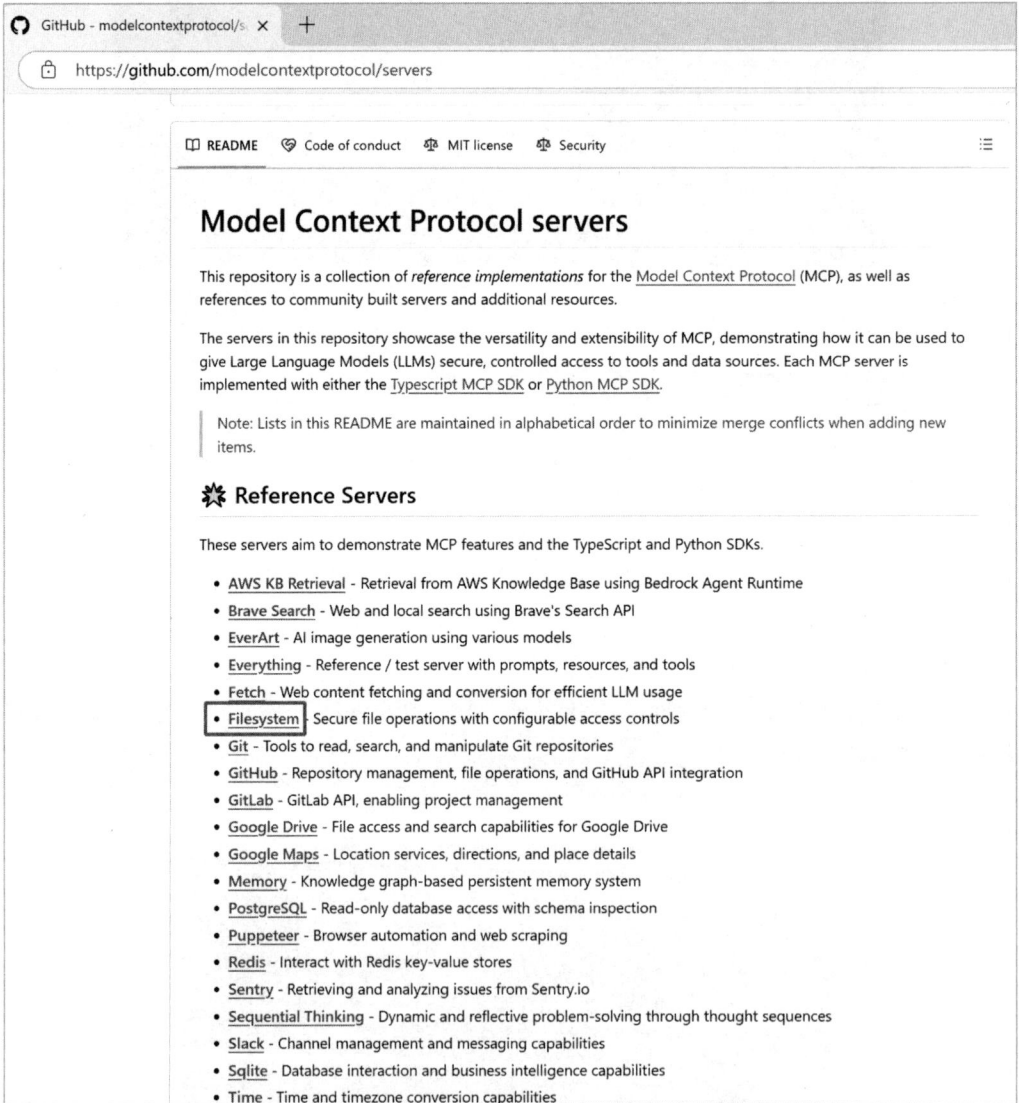

这个叫作 Filesystem 的 MCP Server 里包含了 read_file、read_multiple_files、write_file、

edit_file 、 create_directory 、 list_directory 、 move_file 、 search_files 、 get_file_info 、
list_allowed_directories、directory_tree 总共 11 个工具，从每个工具的名字就能知道它们的
作用，部分工具如下图所示。

servers / src / filesystem /

Filesystem MCP Server

Node.js server implementing Model Context Protocol (MCP) for filesystem operations.

Features

- Read/write files
- Create/list/delete directories
- Move files/directories
- Search files
- Get file metadata

Note: The server will only allow operations within directories specified via `args`.

API

Resources

- `file://system` : File system operations interface

Tools

- **read_file**
  - Read complete contents of a file
  - Input: `path` (string)
  - Reads complete file contents with UTF-8 encoding

- **read_multiple_files**
  - Read multiple files simultaneously
  - Input: `paths` (string[])
  - Failed reads won't stop the entire operation

- **write_file**
  - Create new file or overwrite existing (exercise caution with this)
  - Inputs:
    - `path` (string): File location
    - `content` (string): File content

下面正式进入实验环节：

1. 创建一个测试文件夹，在里面放入几个文本文件。比如在个人的 C:\Users\wangy0l\
用户文件夹下创建一个叫 mcp_test 的文件夹，然后在该文件夹里创建 3 个分别叫 test_file_1、
test_file_2、test_file_3 的测试文件，如下图所示。

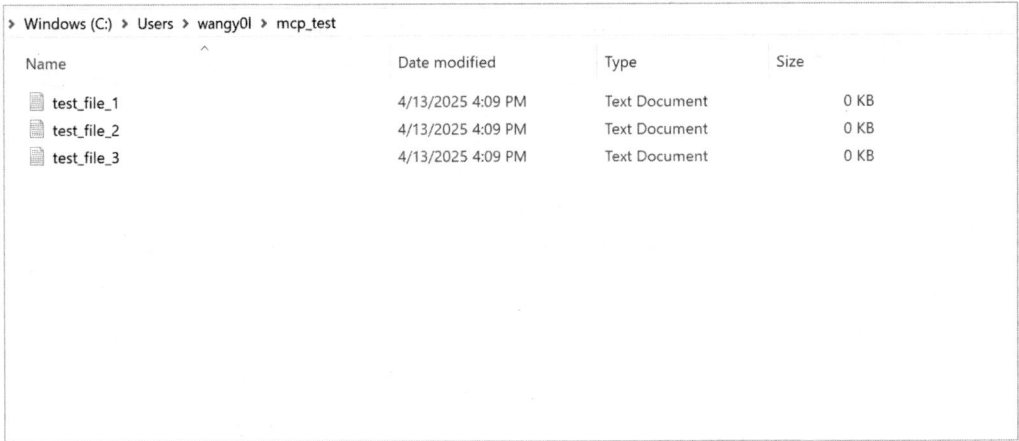

2. 打开 Claude Desktop 并登录，向 Sonnet 3.7 这个在线 LLM 发送问题："what is in my mcp_test directory？"此时 LLM 会告诉你，它无法访问你本地的文件夹，如下图所示。

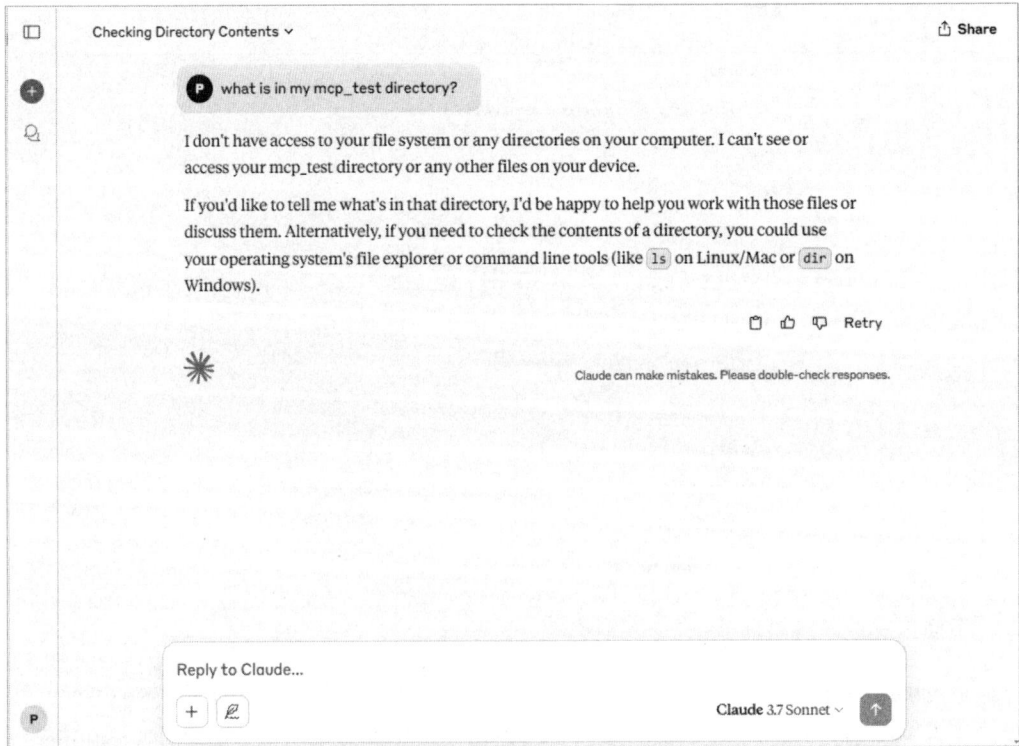

3. 下面，我们使用 Filesystem 解决这个问题。在 Claude Desktop 里依次单击左上角的

"三横"图标→File→Settings 选项，如下图所示。

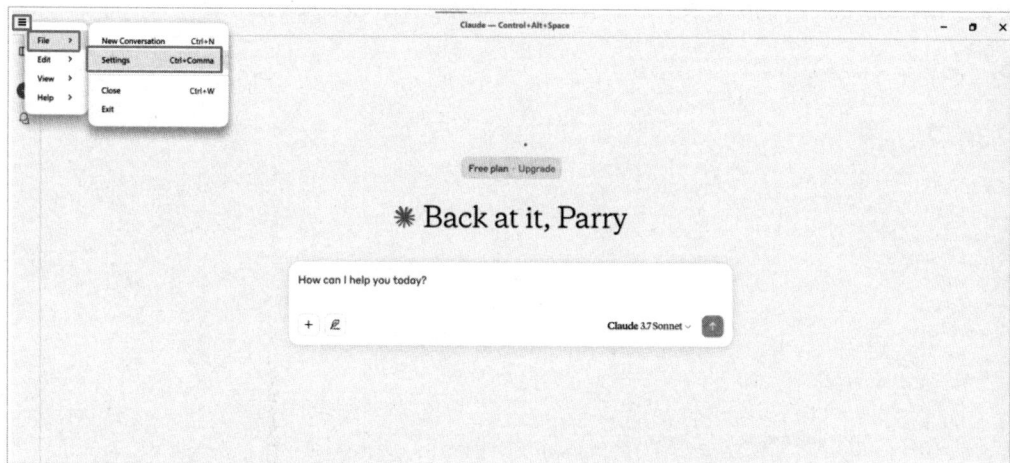

4. 进入 Settings 界面后，依次单击 Developer→Edit Config 选项，如下图所示。

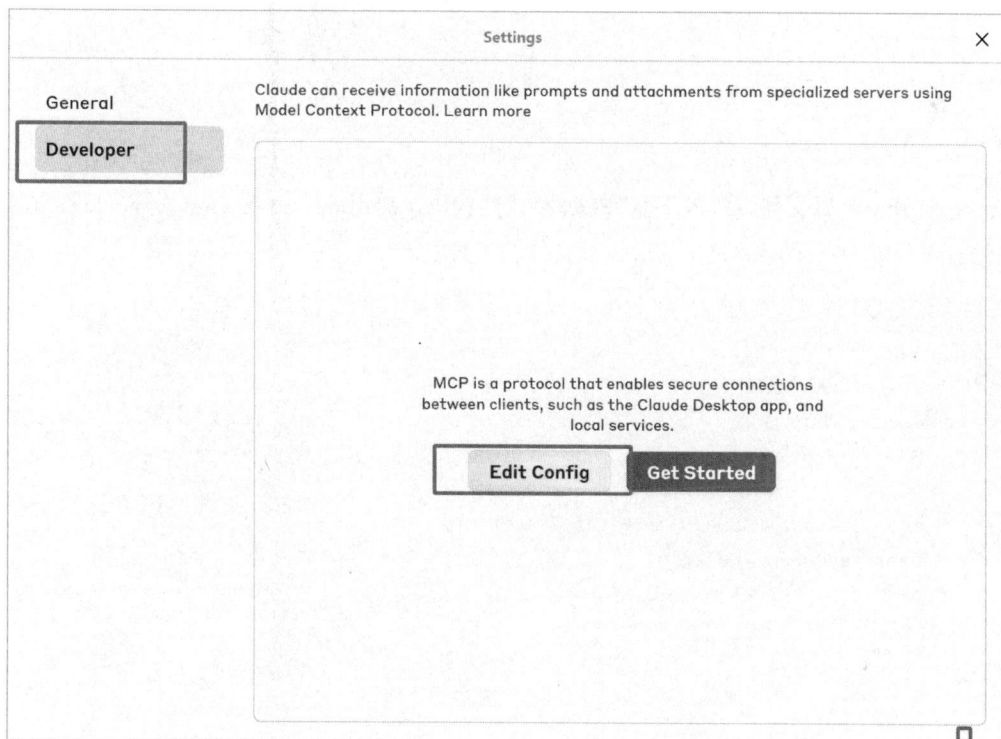

5. 之后我们便进入了 Claude Desktop 的应用程序文件夹，在该文件夹下有一个叫 claude_desktop_config 的配置文件，该文件的类型为 JSON Source File，如下图所示。

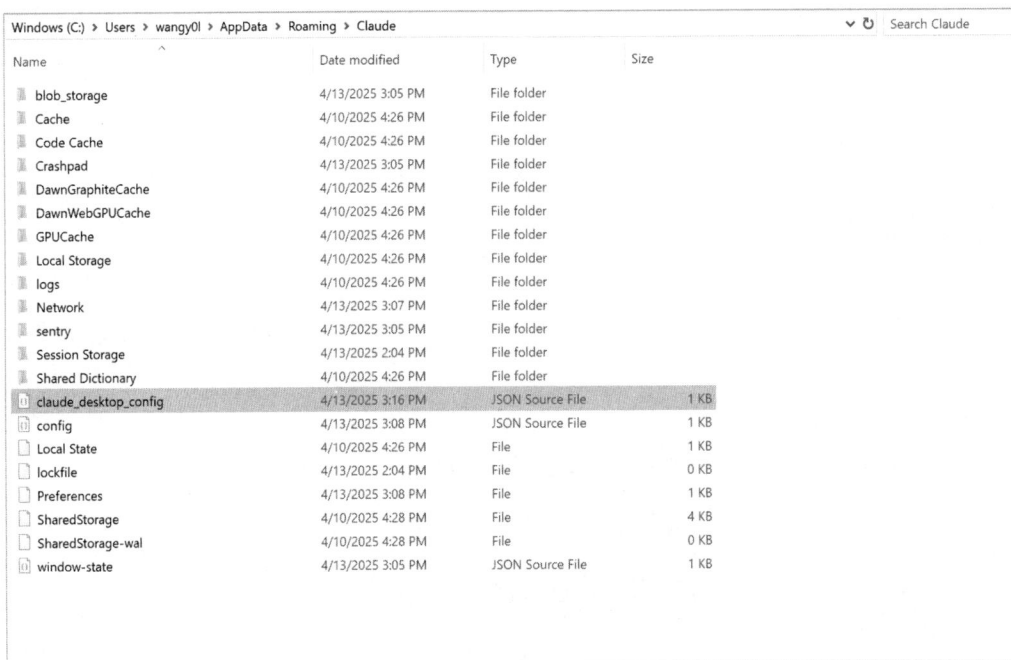

6. 打开该配置文件，放入下面 JSON 格式的代码，启用 npx 命令（npx 是 Node.js 官方提供的用于快速执行 npm 包中的可执行文件的工具）：

```
{
  "mcpServers": {
    "filesystem": {
      "command": "npx",
      "args": [
        "-y",
        "@modelcontextprotocol/server-filesystem",
        "/Users/username/Desktop",
        "/path/to/other/allowed/dir"
      ]
    }
  }
}
```

```
{} claude_desktop_config.json ●
 1   {
 2     "mcpServers": {
 3       "filesystem": {
 4         "command": "npx",
 5         "args": [
 6           "-y",
 7           "@modelcontextprotocol/server-filesystem",
 8           "/Users/username/Desktop",
 9           "/path/to/other/allowed/dir"
10         ]
11       }
12     }
13   }
```

7. 然后将"/Users/username/Desktop"和"/path/to/other/allowed/dir"部分替换成我们创建的测试文件夹的绝对路径并保存，如下图所示。

```
{} claude_desktop_config.json ●
 1   {
 2     "mcpServers": {
 3       "filesystem": {
 4         "command": "npx",
 5         "args": [
 6           "-y",
 7           "@modelcontextprotocol/server-filesystem",
 8           "C:\\Users\\wangy0l\\mcp_test"
 9         ]
10       }
11     }
12   }
```

8. 打开任务管理器，将所有和 Claude Desktop 相关的程序从后台关闭，这步非常重要，如果用普通的方法单击 Claude Desktop 右上角的"×"按钮将其关闭后再重启，则刚才加入的 Filesystem 是不会生效的，如下图所示。

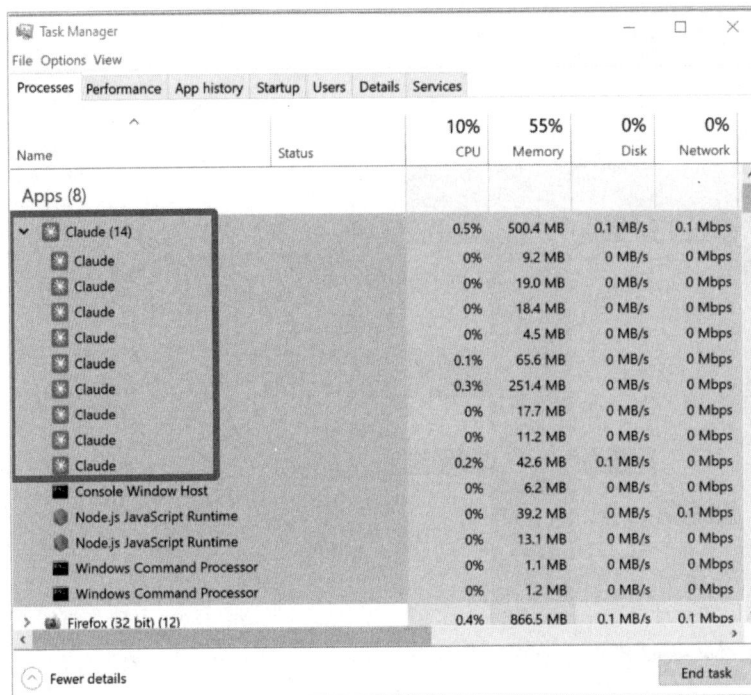

9. 重新打开 Claude Desktop，此时可以看到对话框下面多出了一个代表 MCP Server 工具的榔头图标和一个代表正在使用 MCP 的接头图标。榔头图标旁边有一个数字 11，将其点开后可以看到它代表的正是我们前面提到的 Filesystem 里的 11 个工具，如下面两图所示。

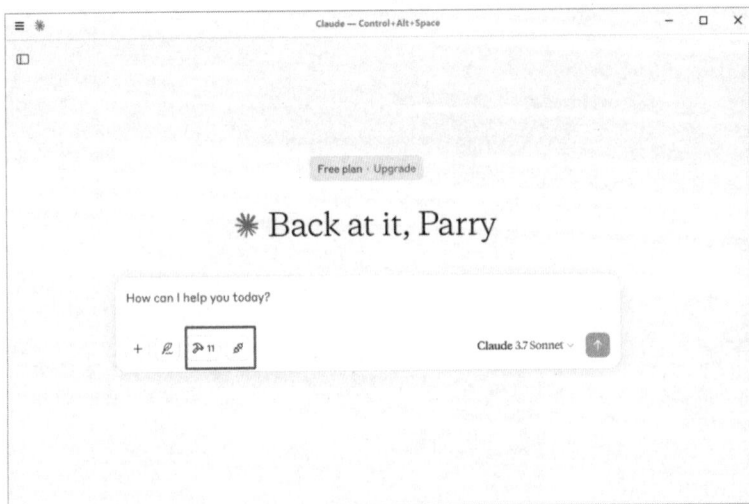

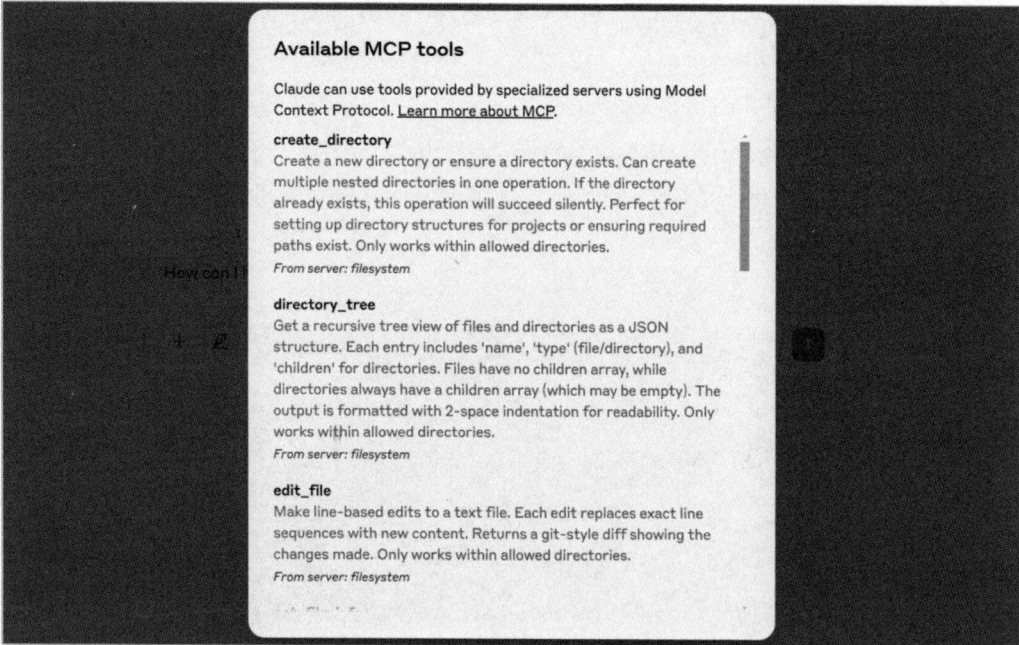

Available MCP tools

Claude can use tools provided by specialized servers using Model Context Protocol. Learn more about MCP.

create_directory

Create a new directory or ensure a directory exists. Can create multiple nested directories in one operation. If the directory already exists, this operation will succeed silently. Perfect for setting up directory structures for projects or ensuring required paths exist. Only works within allowed directories.

From server: filesystem

directory_tree

Get a recursive tree view of files and directories as a JSON structure. Each entry includes 'name', 'type' (file/directory), and 'children' for directories. Files have no children array, while directories always have a children array (which may be empty). The output is formatted with 2-space indentation for readability. Only works within allowed directories.

From server: filesystem

edit_file

Make line-based edits to a text file. Each edit replaces exact line sequences with new content. Returns a git-style diff showing the changes made. Only works within allowed directories.

From server: filesystem

10. 再次打开 File→Settings→Developer 界面，可以看到 "filesystem" 已经被正式加进 Claude Desktop 了，这里注意确认访问实验文件夹的绝对路径是正确的，如下图所示。

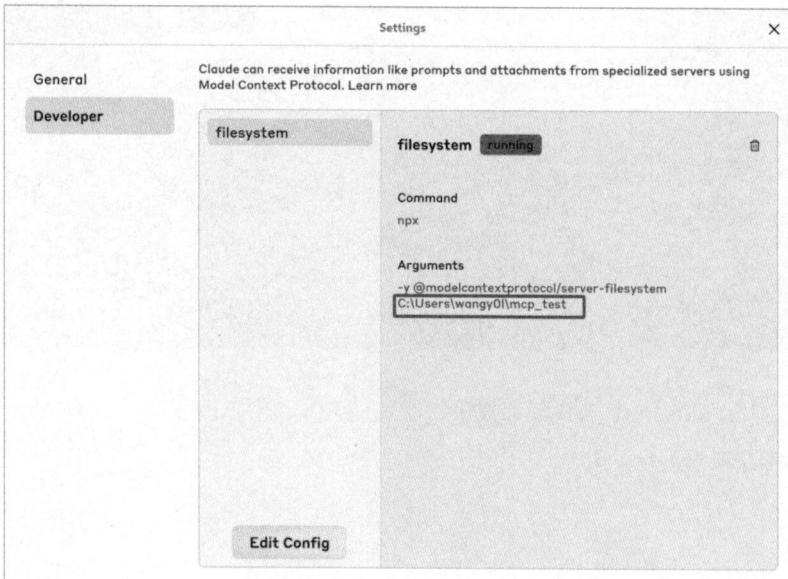

Settings

General

Developer

Claude can receive information like prompts and attachments from specialized servers using Model Context Protocol. Learn more

filesystem

filesystem running

Command
npx

Arguments
-y @modelcontextprotocol/server-filesystem
C:\Users\wangy0l\mcp_test

Edit Config

11. 之后我们再次回到 Claude Desktop 对话框，向 LLM 提问："what's inside the mcp_test folder？"因为添加了"filesystem"，所以这次 LLM 不会像之前那样无法访问我们的本地数据了，而是根据我们的 Prompt，在 Filesystem 的 11 个工具里挑选两个能满足我们需求的工具：list_directory 和 list_allowed_directories，并分别进行尝试。每次运行一个工具之前，Claude Desktop 都会跳出对话框询问我们是否允许使用该工具，这里选择 Allow for this chat 即可，如下图所示。

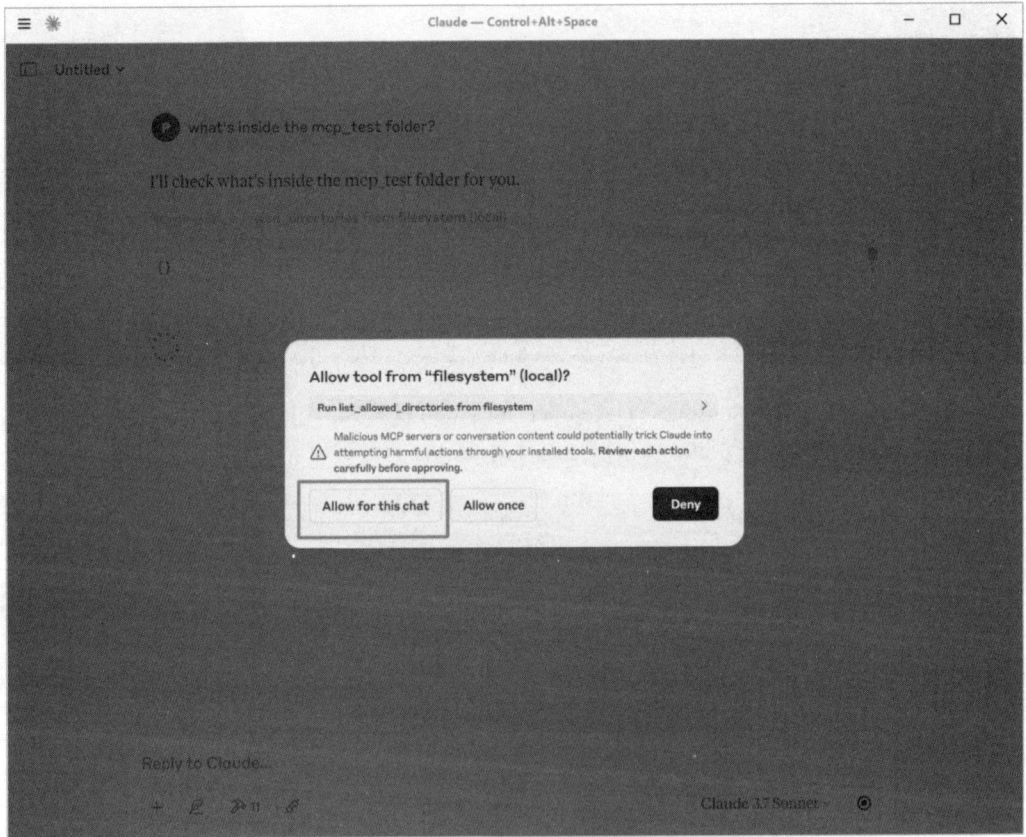

12. 随后，list_direcotry 工具顺利找出了我们的测试文件夹下的 3 个文件：test_file_1.txt、test_file_2.txt 以及 test_file_3.txt，如下图所示。

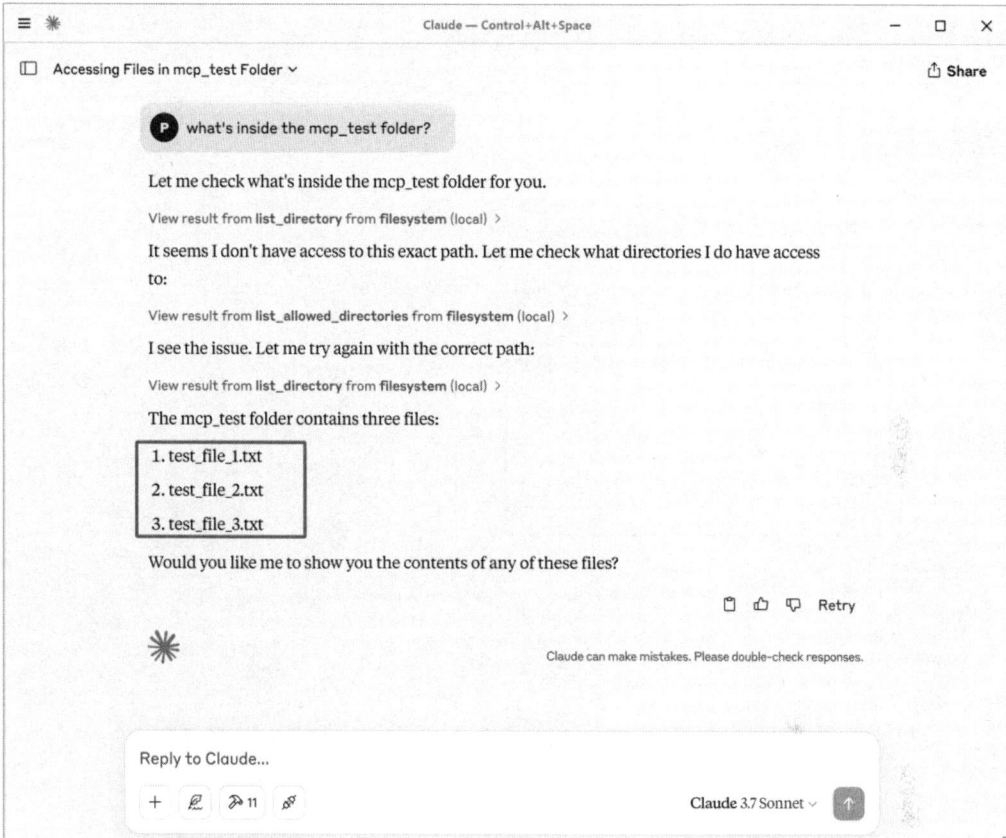

13. 这 3 个用来测试的 txt 文件，内容都为空。我们将几个测试用的 IP 地址保存进 test_file_1.txt，如下图所示。

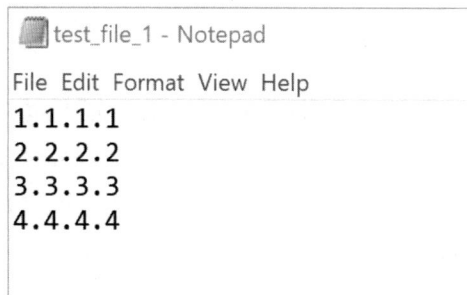

14. 然后，我们再次向 LLM（Claude 3.7）提问："how many IP addresses are listed in test_file_1.txt?"根据我们的 Prompt，这次 LLM 决定调用 Filesystem 里的 read_file 工具，并

顺利给出了正确的回复，实验成功，如下图所示。

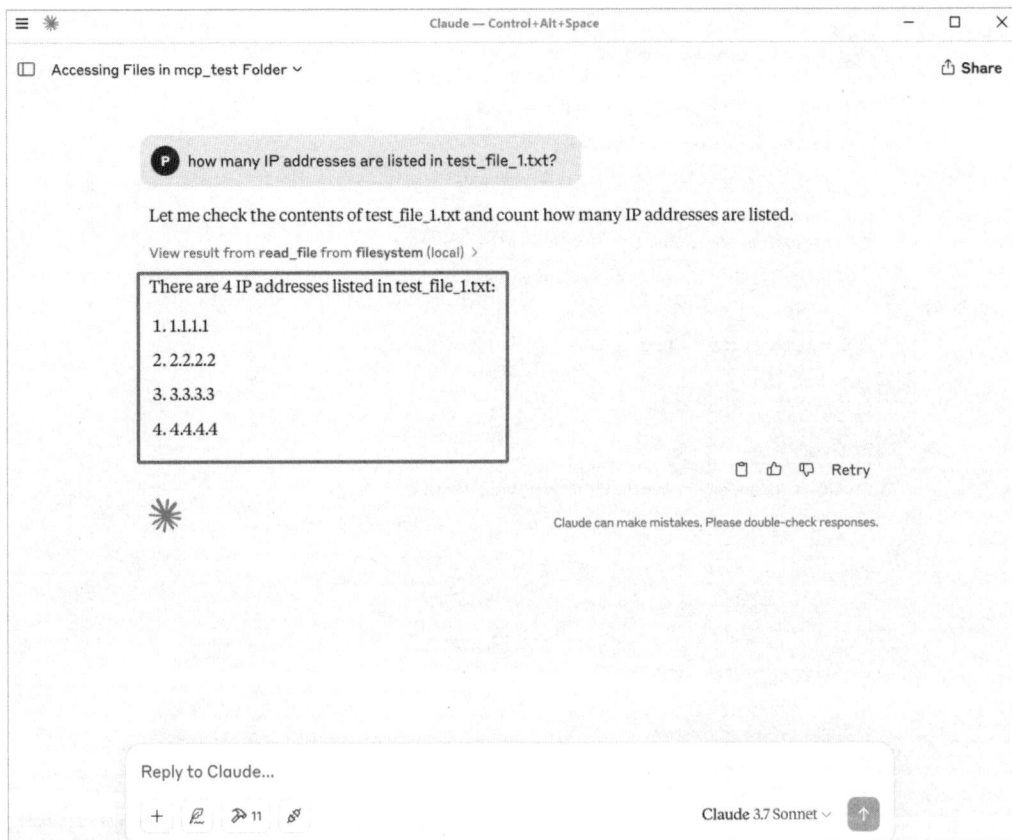

5.3.3　实验 2：访问互联网资源

在实验 1 中，我们借助了 Filesystem MCP Server 辅助 LLM 访问了用户本地的文件和文件夹。在实验 2 中，我们继续看如何使用 Firecrawl MCP Server 辅助 LLM 访问在线的资源和实时信息，以便更好地给 LLM 用户提供服务。我们知道在线 LLM 本身不具备访问互联网搜索实时内容的能力，如下图所示。

P　lookup 王印 on google

I don't have the ability to search Google or access the internet to look up "王印" for you.

Without internet access, I can't provide you with current search results or specific information about this person or term. The name "王印" could refer to a person (Wang Yin in Chinese), a brand, or have other meanings depending on the context.

If you're looking for information about someone or something with this name, you would need to:

1. Use a search engine like Google directly

2. Visit relevant websites with information about this person/term

3. Check social media platforms if you're looking for a specific individual

If you have specific questions about what you're trying to find, I might be able to provide more general information based on my training data, though my knowledge has limitations and a cutoff date of October 2024.

Retry

✳ *Hi, I'm Claude. How can I help you today?*

Claude can make mistakes. Please double-check responses.

Reply to Claude...

+ 　✑

Claude 3.7 Sonnet ⌄　↑

　　这里我们将通过一个叫作 Firecrawl 的 MCP Server 解决这个问题。Firecrawl 是一款专门为 LLM 设计，用于爬取指定网站上的信息（包含 PDF、DOCX 之类的媒体文件以及导航动态内容），将这些数据转换为 markdown 或其他结构化数据的开源 MCP 工具，如下图所示。

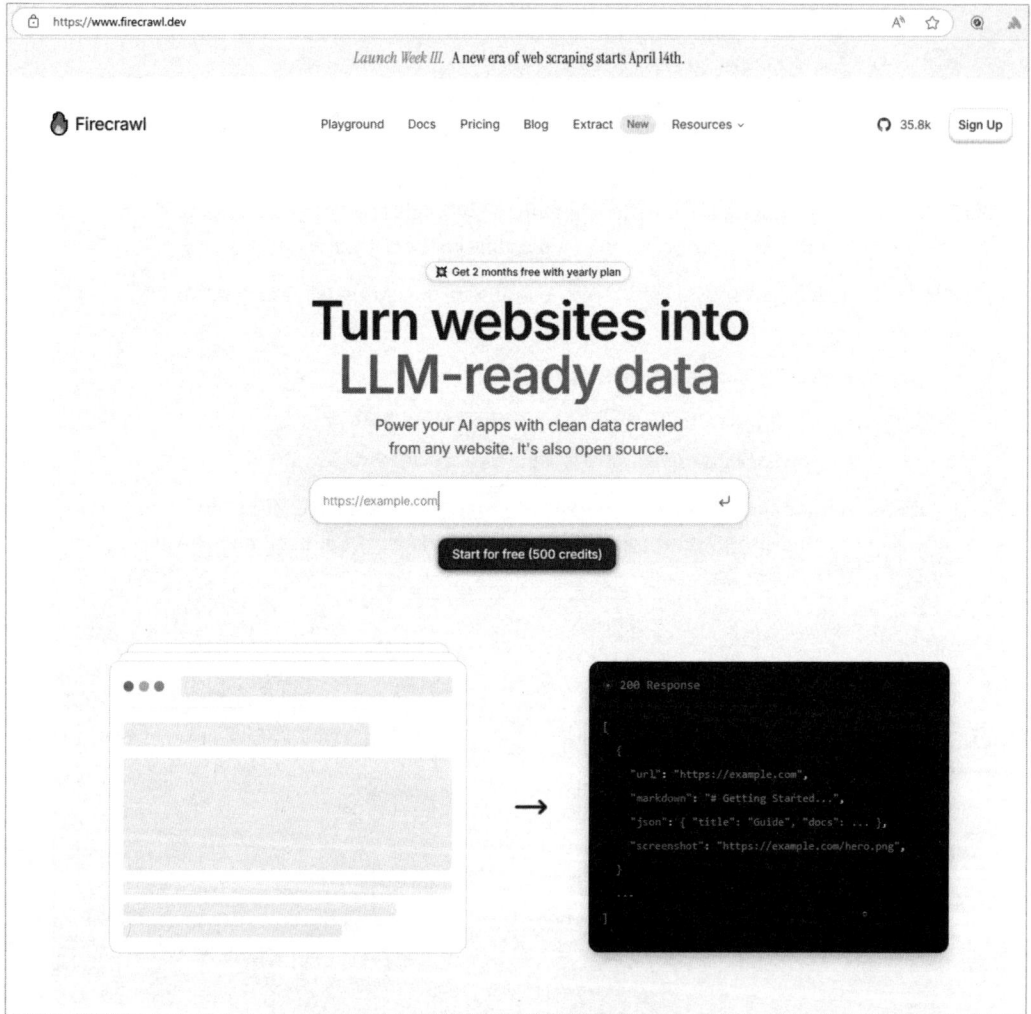

接下来，我们演示如何在 Claude Desktop 中使用 Firecrawl，实验步骤如下。

1. 使用 Firecrawl 前需要注册 API key，登录其官网后首先单击右上角的"Sign Up"按钮进行注册（也可以选择使用自己的 GitHub 账号或者 Google 账号直接登录），如下图所示。

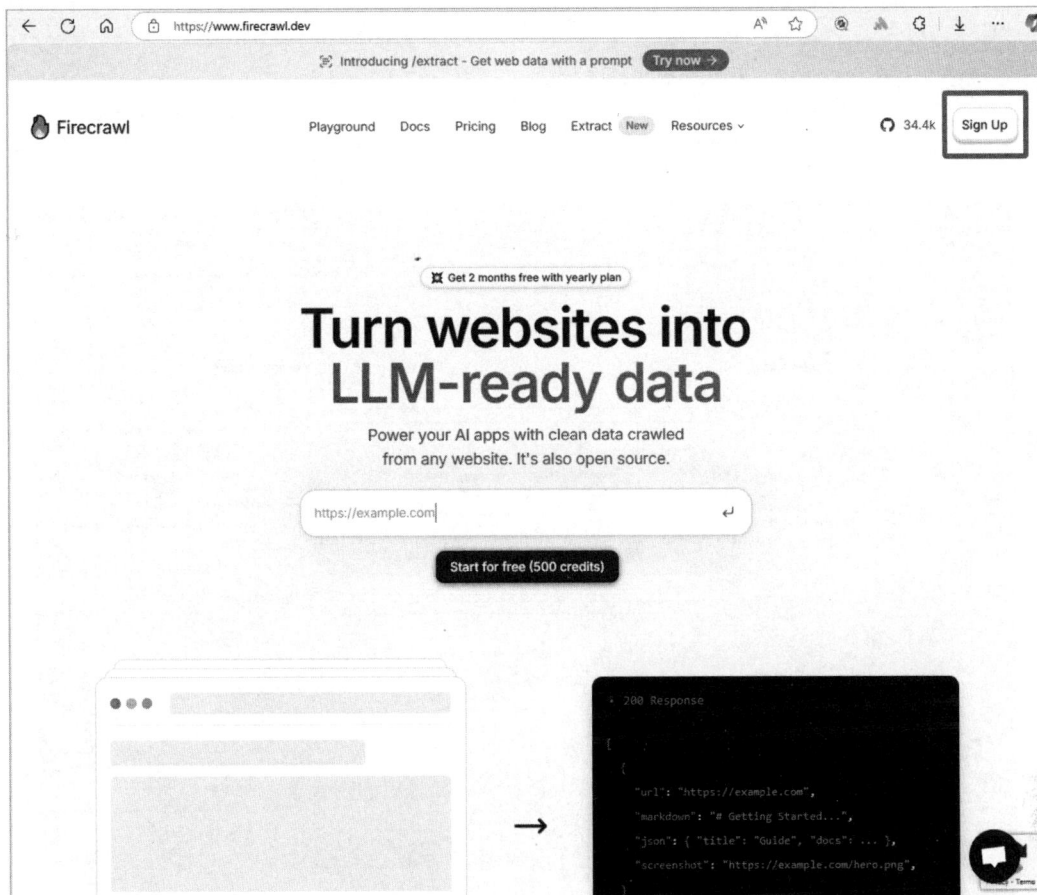

2. 登录成功后，可以在屏幕右侧看到"API Key"（如果没有显示，也可以在左侧单击 API Keys 自己手动生成一个），将其保存下来以供接下来的实验使用，如下图所示。

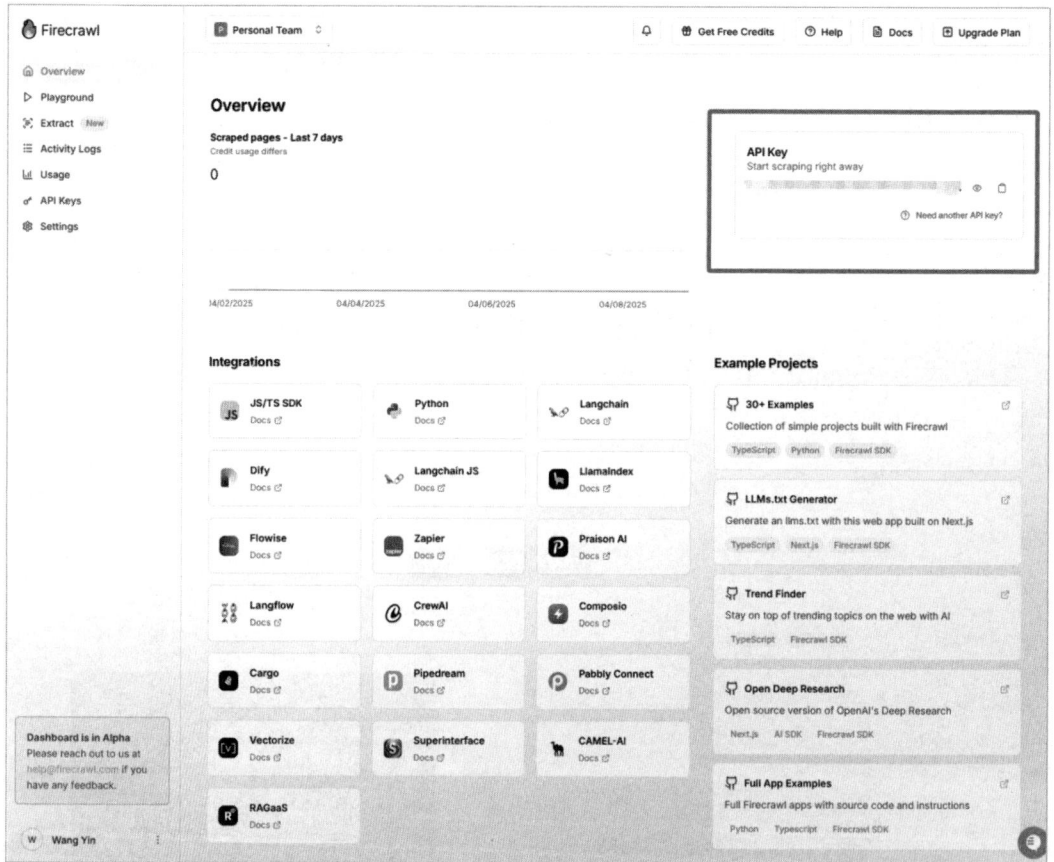

3. 与 Filesystem 一样，Firecrawl 也可以作为一种 MCP Server 加入 Claude Desktop 的配置文件。首先打开 claude_desktop_config.json，加入下面 Firecrawl MCP Server 的 JSON 格式配置命令：

```
"mcp-server-firecrawl": {
  "command": "npx",
  "args": ["-y", "firecrawl-mcp"],
  "env": {
  "FIRECRAWL_API_KEY": "在此处填写个人的 firecrawl API key",
  "FIRECRAWL_RETRY_MAX_ATTEMPTS": "5",
  "FIRECRAWL_RETRY_INITIAL_DELAY": "2000",
  "FIRECRAWL_RETRY_MAX_DELAY": "30000",
  "FIRECRAWL_RETRY_BACKOFF_FACTOR": "3",
```

```
  "FIRECRAWL_CREDIT_WARNING_THRESHOLD": "2000",
  "FIRECRAWL_CREDIT_CRITICAL_THRESHOLD": "500"
    }
  }
```

```
{} claude_desktop_config.json ●
1    {
2        "mcpServers": {
3          "filesystem": {
4            "command": "npx",
5            "args": [
6              "-y",
7              "@modelcontextprotocol/server-filesystem",
8              "C:\\Users\\wangy0l\\mcp_test"
9            ]
10         },
11         "mcp-server-firecrawl": {
12           "command": "npx",
13           "args": ["-y", "firecrawl-mcp"],
14           "env": {
15             "FIRECRAWL_API_KEY": "这里放个人的firecrawl API key",
16             "FIRECRAWL_RETRY_MAX_ATTEMPTS": "5",
17             "FIRECRAWL_RETRY_INITIAL_DELAY": "2000",
18             "FIRECRAWL_RETRY_MAX_DELAY": "30000",
19             "FIRECRAWL_RETRY_BACKOFF_FACTOR": "3",
20             "FIRECRAWL_CREDIT_WARNING_THRESHOLD": "2000",
21             "FIRECRAWL_CREDIT_CRITICAL_THRESHOLD": "500"
22           }
23         }
24       }
25   }
```

4. 重新启动 Claude Desktop（记住是以结束进程的方式重启 Claude Desktop），此时可以看到工具数量从实验 1 的 11 变为 21，说明 Firecrawl 集成了总共 10 个工具，如下图所示。

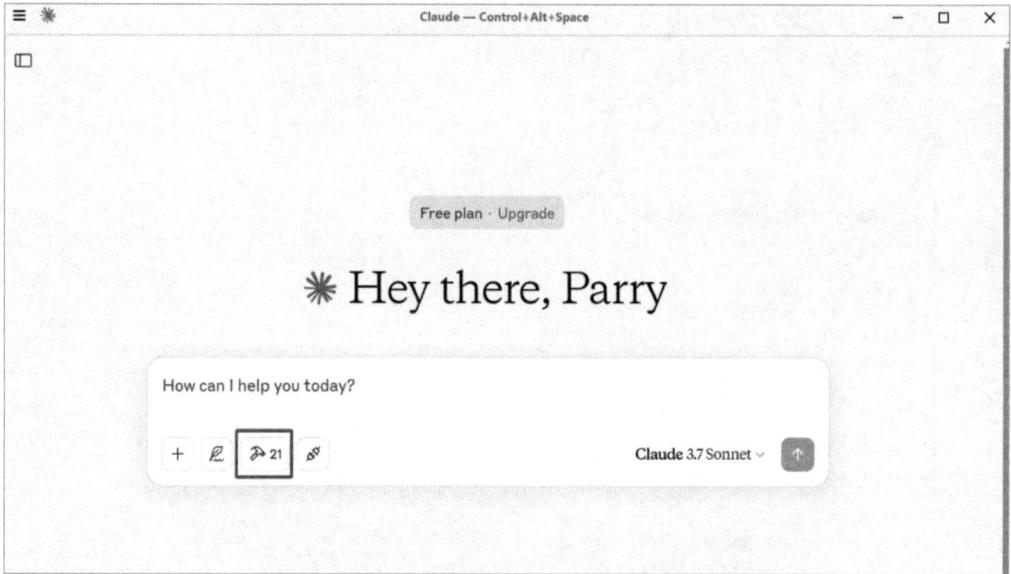

5. 打开 File→Settings→Developer 界面可以看到此时我们的 Claude Desktop 已经安装了 "filesystem" 和 "mcp-server-firecrawl" 两个 MCP Server，如下图所示。

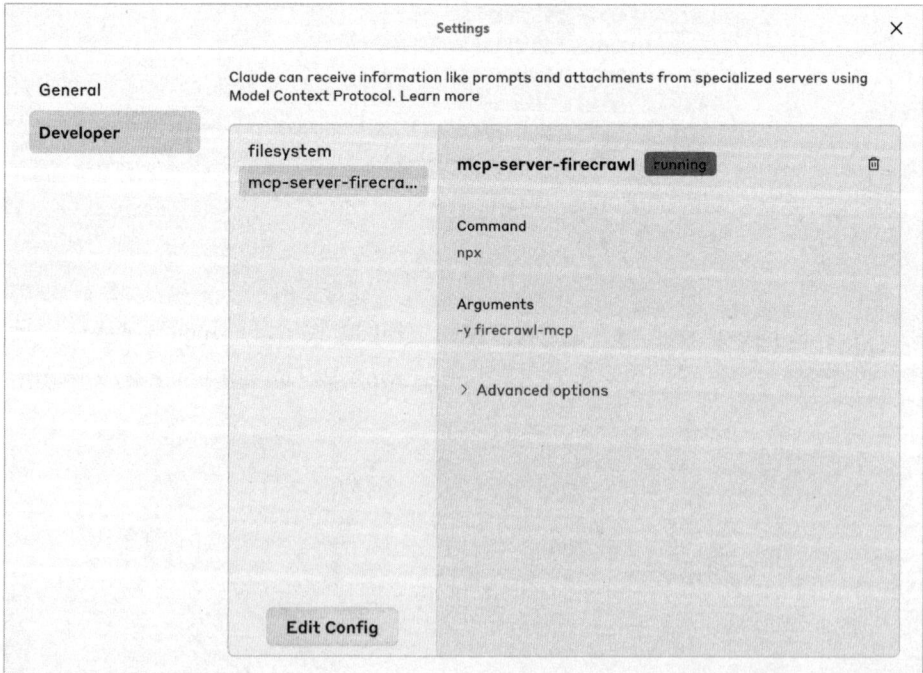

6. 准备就绪后，向 LLM 发出提问："搜索《网络工程师的 Python 之路》的相关信息"，可以看到 LLM 成功调用了 Firecrawl 中的 firecrawl_search 工具，以帮助我们在各种搜索引擎中完成搜索并对内容做出总结。实验成功，如下图所示。

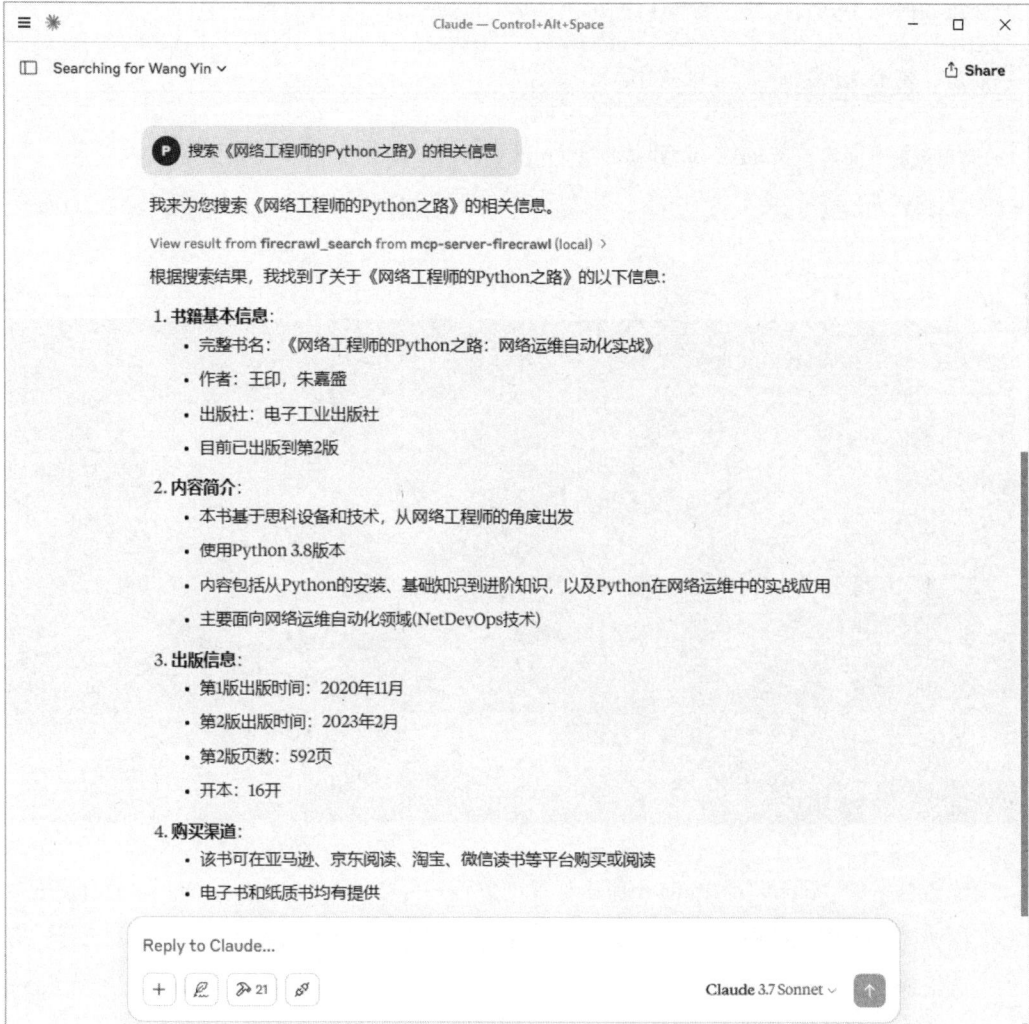

5.4　开发网络工程师自己的 MCP Server

在前面的实验中，我们使用了 Filesystem 和 Firecrawl 这两个现成的 MCP Server，辅助

LLM 完成了访问本地文件和文件夹，以及在线搜索信息的任务。那么作为网络工程师的我们，是否也可以开发可供我们自己在网络运维中使用的 MCP Server 呢？答案是肯定的。Anthropic 公司专门为 MCP 开发者们提供了"mcp"这个 SDK 来开发 MCP Server，下面我们介绍如何动手开发网络工程师自己可用的 MCP Server。

5.4.1 实验准备

开始实验前，首先通过 pip install "mcp[cli]" 安装必要的依赖库，如下图所示。

```
pip install "mcp[cli]"
```

注意这里的"mcp"是 Python 第三方库的名称，即 MCP 的 Python SDK，而[cli]则是 mcp 模块的一个额外依赖组（extras），用于指定安装与 MCP 命令行界面（CLI）工具相关的可选依赖。根据 Anthropic 官方的解释，MCP 的 Python SDK 提供了一个命令行工具（mcp 命令）用于开发和测试 MCP 服务器，例如：

```
mcp dev server.py #运行开发模式
mcp install server.py #将 MCP Server 安装到 Claude Desktop
```

这些 CLI 功能依赖额外的库（如命令行解析库），而这些库不是"mcp"核心功能需要的，这里我们使用 pip install "mcp[cli]"确保安装了执行 mcp 命令所需的额外依赖，而不强制安装其他无关的依赖。换句话说，如果我们只执行 pip install mcp，则只会安装核心 mcp 模块（不包括 CLI 工具所需的依赖），最终可能导致 mcp 命令不可用。

接下来，我们在命令行中输入 mcp 命令来测试 mcp 模块是否安装成功。在 Windows 系统中第一次安装 mcp 模块后，执行 mcp 命令时极有可能遇到 "'mcp' is not recognized as an internal or external command, operable program or batch file." 的报错，如下图所示。

```
Command Prompt

Microsoft Windows [Version 10.0.19045.5608]
(c) Microsoft Corporation. All rights reserved.

P:\>mcp
'mcp' is not recognized as an internal or external command,
operable program or batch file.

P:\>
```

出现这个报错的原因是 pip install "mcp[cli]"将模块以及 mcp.exe 这个可执行文件安装到了用户目录下（如 C:\Users\Username\AppData\Roaming\Python\Python310\Scripts），这么做的原因通常是因为系统级目录（如 C:\Program Files\Python310\Lib\site-packages）没有写入权限。

而通常用户级目录是没有被添加到环境变量的 Path 中的，导致我们无法直接使用 mcp.exe 这个可执行文件，解决方法如下（以 Windows 10 为例）：

1. 按 Win + S 组合键，搜索环境变量，选择编辑账户的环境变量，如下图所示。

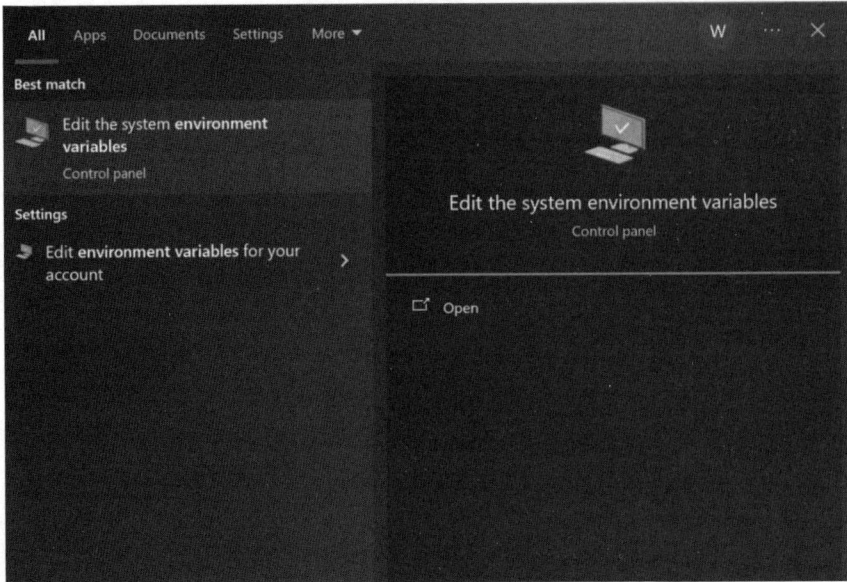

2. 在 "Advanced" 选项下单击 "Environment Variables" 按钮，如下图所示。

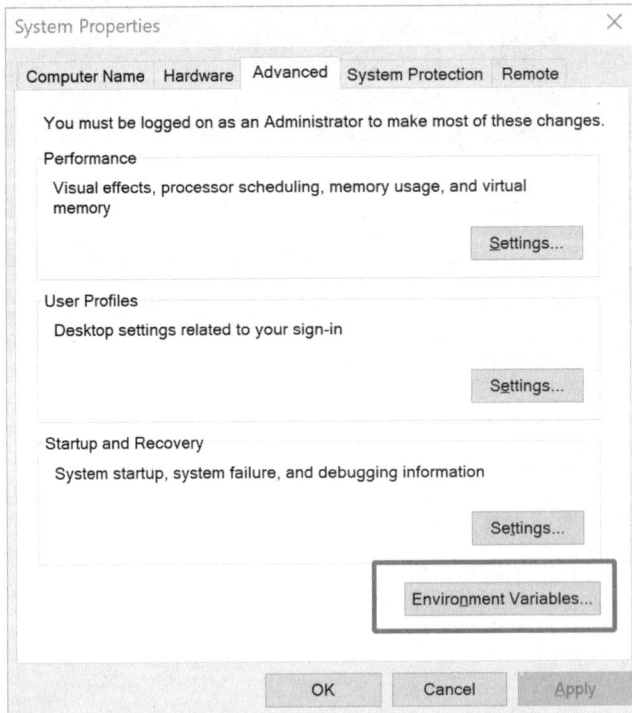

3. 选中用户变量中的 Path，然后单击"Edit"按钮，如下图所示。

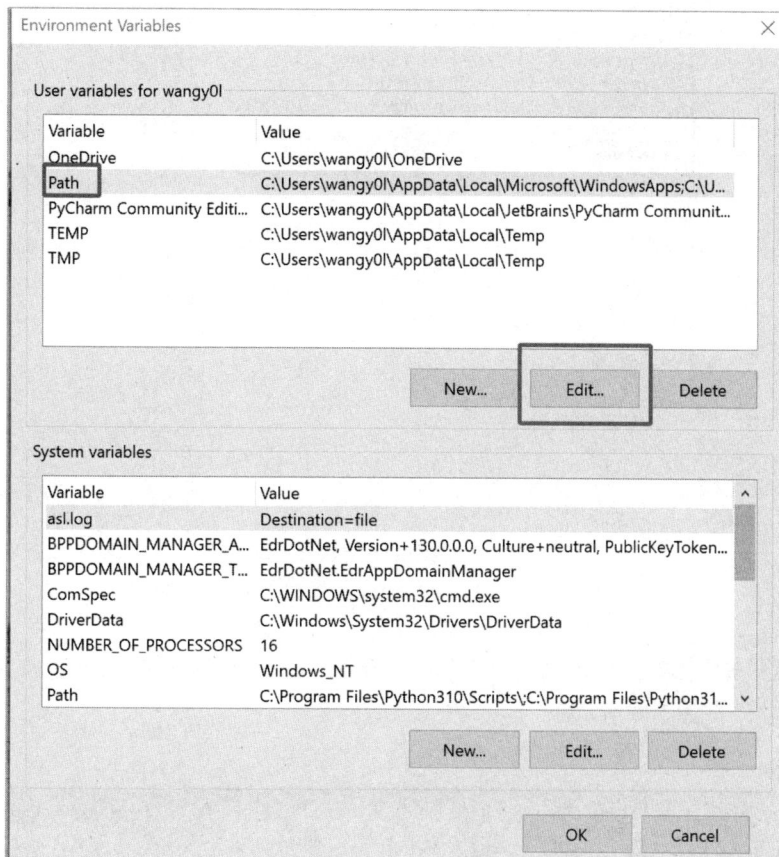

4. 然后单击"New"按钮添加一个新条目，把 Python 在用户目录下的绝对路径作为新条目加入进去，比如这里的 C:\Users\Username\AppData\Roaming\Python\Python310\Scripts，注意需要把其中的 Username 按需替换成你们自己的用户名，如下图所示。

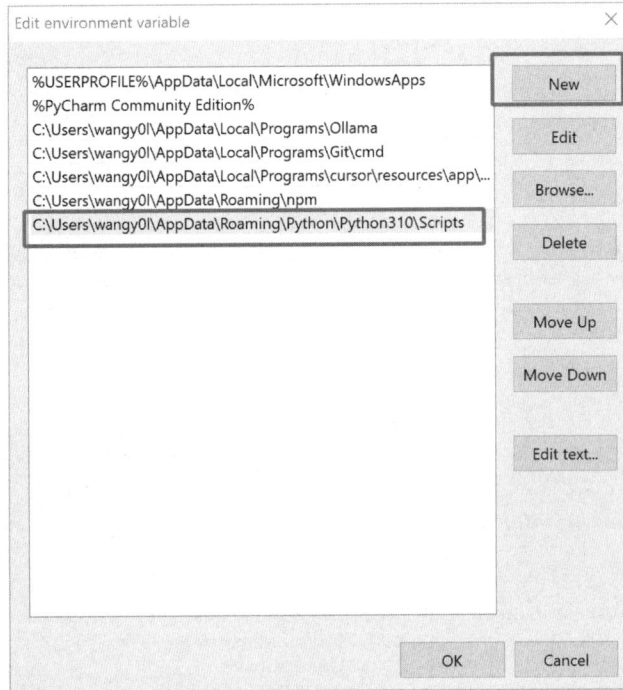

5. 环境变量设置好后，再次打开命令行并输入"mcp"，如果看到 mcp 命令选项，则说明问题解决了，如下图所示。

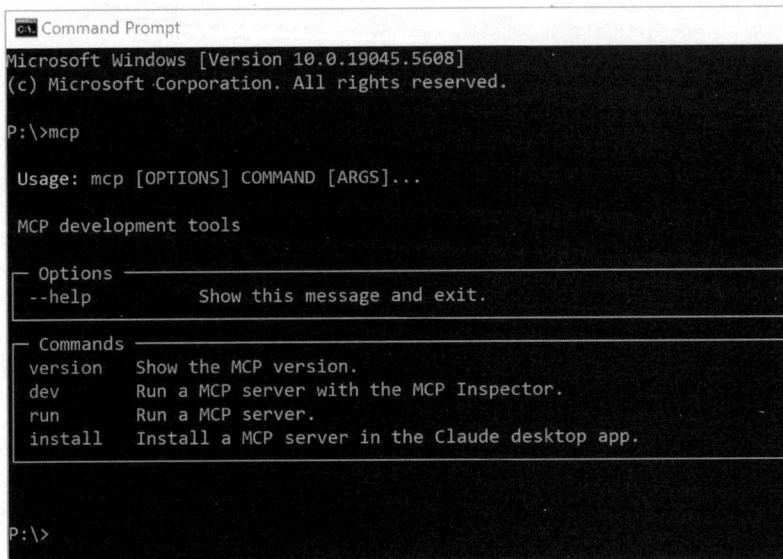

5.4.2　实验目的及实验代码

本次实验中，我们将开发一个专门为网络工程师量身定做，名字叫作 Network Toolkit 的 MCP Server，该 MCP Server 总共包含 4 个工具：

工具 1：get_device_config()，用来获取指定网络设备的 running config。

工具 2：ping_host()，用来在 Windows 主机上向指定 IP 执行 ping 命令。

工具 3：get_interface_status()，用来获取指定网络设备的指定端口的信息。

工具 4：document_network()，用来为指定的网络设备生成文档，包括该网络设备的基本信息、链接测试报告、端口信息以及优化建议等。

在创建我们自己的 MCP Server 代码之前，需要先在本地计算机上选择一个便于访问的位置，新建一个叫作 mcp 的文件夹（文件夹名字可以是任意的），比如在 C 盘下新建一个叫作 mcp 的文件夹，在该文件夹里创建一个叫作 network_mcp_server.py 的 Python 脚本（脚本的名字也可以是任意的），如下图所示。

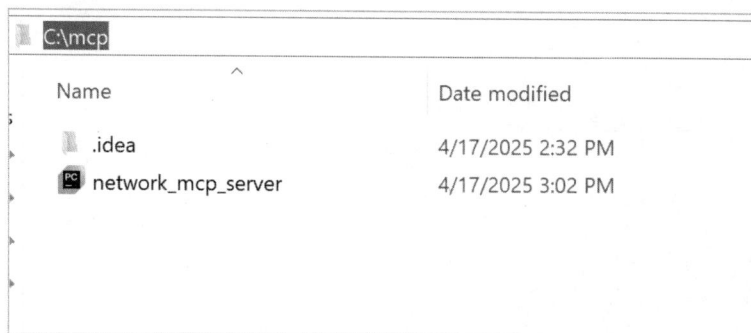

C:\mcp	
Name	Date modified
.idea	4/17/2025 2:32 PM
network_mcp_server	4/17/2025 3:02 PM

实验代码如下：

```
import subprocess
import re
from mcp.server.fastmcp import FastMCP
from mcp.server.fastmcp.prompts import base
from netmiko import ConnectHandler

mcp = FastMCP("Network Engineer Toolkit", dependencies=["netmiko"])
```

```python
def create_netmiko_connection(ip_address):
    device = {
        "device_type": "cisco_ios",
        "host": ip_address,
        "username": "在此处填写个人的username",
        "password": "在此处填写个人的password",
    }
    return ConnectHandler(**device)


@mcp.tool
def get_device_config(ip_address):
    try:
        with create_netmiko_connection(ip_address) as conn:
            config = conn.send_command("show running-config")
            return config
    except Exception as e:
        return f"Error retrieving configuration for {ip_address}: {str(e)}"


@mcp.tool()
def ping_host(host, count=4):
    try:
        cmd = f"ping -n {count} {host}"
        result = subprocess.run(
            cmd,
            shell=True,
            capture_output=True,
            text=True,
            timeout=10
        )
        output = result.stdout
        packets = re.search(r"Sent = (\d+), Received = (\d+), Lost = (\d+)", output)
        if packets:
            sent, received, lost = packets.groups()
            loss = (int(lost) / int(sent)) * 100
            return f"Ping results for {host}:\n{output}\nPacket loss: {loss:.1f}%"
        return f"Ping results for {host}:\n{output}"
    except subprocess.TimeoutExpired:
        return f"Error: Ping to {host} timed out"
    except Exception as e:
        return f"Error pinging {host}: {str(e)}"
```

```
@mcp.tool()
def get_interface_status(ip_address, interface):
    try:
        with create_netmiko_connection(ip_address) as conn:
            status = conn.send_command(f"show interfaces {interface}")
            return f"Interface {interface} status on {ip_address}:\n{status}"
    except Exception as e:
        return f"Error retrieving interface status for {ip_address}: {str(e)}"


@mcp.prompt()
def document_network(ip_address, ctx):
    config = get_device_config(ip_address, ctx)
    return [
        base.UserMessage(f"Create documentation for device at {ip_address}"),
        base.UserMessage(f"Configuration:\n{config}"),
        base.AssistantMessage(
            "I'll help create structured documentation. What specific aspects would you like
to document? (e.g., interfaces, routing, VLANs)")
    ]


if __name__ == "__main__":
    mcp.run()
```

代码分段讲解如下：

a. 在模块导入部分，subprocess 用来在 Windows 主机执行 ping 命令，re 则用来在执行 ping 命令后统计丢包情况。在 MCP 模块部分，mcp.server.fastmcp 中 mcp 是 MCP Python SDK 的主包，server 是子模块，包含与 MCP Server 相关的功能，fastmcp 则是 server 子模块下的一个模块，用来提供这里被我们导入的 FastMCP 类，该类的作用是创建 MCP Server。而 mcp.server.fastmcp.prompts 中的 prompts 是 mcp.server.fastmcp 下的一个子模块，提供与提示（prompt）相关的功能，从该子模块导入的 base 用于构建提示消息的基类或工具，后面的代码中我们会用到 base.UserMessage 表示用户发送的消息（即 MCP Client 请求），用 base.AssistantMessage 表示 MCP Server（或 LLM）回复的消息。最后的 netmiko 则用来登录我们的网络设备。

```
import subprocess
import re
```

```
from mcp.server.fastmcp import FastMCP
from mcp.server.fastmcp.prompts import base
from netmiko import ConnectHandler
```

b. 首先我们使用 FastMCP 来初始化一个 MCP Server 的实例，并将其赋值给变量"mcp"。它的作用是创建一个 MCP Server，处理 MCP 客户端（如这里我们使用的是 Claude Desktop）的请求并支持资源（resource）、工具（tool）和提示（prompt），它是整个 MCP Server 的核心，承载该 MCP Server 的所有功能（如 get_device_config()、ping_host()等），类似 Flask 中的 app = Flask(__name__)。FastMCP 中的第一个参数"Network Engineer Toolkit"用来表示 MCP Server 的名称，第二个参数 dependencies=["netmiko"]用来指定 MCP Server 运行所需的 Python 模块（仅做参考使用，实际我们还是需要通过 pip install netmiko 安装所需的依赖模块）。

```
mcp = FastMCP("Network Engineer Toolkit", dependencies=["netmiko"])
```

c. 其余代码逻辑清晰易懂，相信大家能够自行理解掌握。这里只重点讲解@mcp.tool()和@mcp.prompt()这两个装饰器。这两个装饰器是来自 FastMCP 的实例，也就是前面我们创建的变量"mcp"，它们的作用是注册不同类型的功能到 MCP Server，分别对应 MCP 的两种核心交互模式：工具（tool）和提示（prompt），这里我们对它们分别做详细解释：

- 顾名思义，@mcp.tool()用来注册一个 MCP 工具（tool），工具模式不需要 URI 模板，它允许 LLM 通过函数调用的方式执行操作（类似于 API 调用），这里的 ping_host()和 get_interface_status()两个自定义函数都是通过工具模式调用的。
- @mcp.prompt()用于注册一个 MCP 提示（prompt），它表示一个交互式对话的起点。提示模式允许服务器与 LLM 进行多轮对话，生成结构化输出（如文档）。提示模式不需要 URI 模板，但使用该模式的函数通常需要 ctx（即 Context）参数来支持对话上下文。这里我们用来为指定的网络设备生成文档的 document_network(ip_address, ctx)函数就用到了提示模式和 ctx 这个上下文参数，该函数返回的值是一个消息列表，由前面讲到的 base.UserMessage 和 base.AssistantMessage 构造。

```
def create_netmiko_connection(ip_address):
    device = {
        "device_type": "cisco_ios",
        "host": ip_address,
        "username": "在此处填写个人的username",
        "password": "在此处填写个人的password",
```

```
    }
    return ConnectHandler(**device)

@mcp.tool()
def get_device_config(ip_address):
    try:
        with create_netmiko_connection(ip_address) as conn:
            config = conn.send_command("show running-config")
            return config
    except Exception as e:
        return f"Error retrieving configuration for {ip_address}: {str(e)}"

@mcp.tool()
def ping_host(host, count=4):
    try:
        cmd = f"ping -n {count} {host}"
        result = subprocess.run(
            cmd,
            shell=True,
            capture_output=True,
            text=True,
            timeout=10
        )
        output = result.stdout
        packets = re.search(r"Sent = (\d+), Received = (\d+), Lost = (\d+)", output)
        if packets:
            sent, received, lost = packets.groups()
            loss = (int(lost) / int(sent)) * 100
            return f"Ping results for {host}:\n{output}\nPacket loss: {loss:.1f}%"
        return f"Ping results for {host}:\n{output}"
    except subprocess.TimeoutExpired:
        return f"Error: Ping to {host} timed out"
    except Exception as e:
        return f"Error pinging {host}: {str(e)}"

@mcp.tool()
def get_interface_status(ip_address, interface):
    try:
        with create_netmiko_connection(ip_address) as conn:
            status = conn.send_command(f"show interfaces {interface}")
```

```
        return f"Interface {interface} status on {ip_address}:\n{status}"
    except Exception as e:
        return f"Error retrieving interface status for {ip_address}: {str(e)}"


@mcp.prompt()
def document_network(ip_address, ctx):
    config = get_device_config(ip_address, ctx)
    return [
        base.UserMessage(f"Create documentation for device at {ip_address}"),
        base.UserMessage(f"Configuration:\n{config}"),
        base.AssistantMessage(
            "I'll help create structured documentation. What specific aspects would you like
to document? (e.g., interfaces, routing, VLANs)")
    ]


if __name__ == "__main__":
    mcp.run()
```

5.4.3 使用自定义的 MCP Server

在我们自己开发的 MCP Server 脚本准备就绪后，我们需要将它安装到 Claude Desktop，首先打开命令行，进入脚本所在的盘符，输入下面命令：

```
mcp install network_mcp_server.py --name "Network Toolkit"
```

这里我们使用 mcp 模块的 install 命令，将我们的脚本作为 MCP Server 安装到 MCP Host（即 Claude Desktop），并将其命名为 Network Toolkit，如下图所示。

```
Microsoft Windows [Version 10.0.19045.5608]
(c) Microsoft Corporation. All rights reserved.

P:\>c:

C:\>cd mcp

C:\mcp>mcp install network_mcp_server.py --name "Network Toolkit"

C:\mcp>
```

此时打开 Claude Desktop 的配置文件 claude_desktop_config.json，可以看到，除了原有的 filesystem 和 firecrawl 两个 MCP Server，现在多出了一个名为 Network Toolkit 的服务，

这正是我们刚刚创建的自定义 MCP Server，如下图所示。

```json
network_mcp_server.py    {} claude_desktop_config.json  ×
1   {
2     "mcpServers": {
3       "filesystem": {
4         "command": "npx",
5         "args": [
6           "-y",
7           "@modelcontextprotocol/server-filesystem",
8           "C:\\Users\\wangy0l\\mcp_test"
9         ]
10      },
11      "mcp-server-firecrawl": {
12        "command": "npx",
13        "args": [
14          "-y",
15          "firecrawl-mcp"
16        ],
17        "env": {
18          "FIRECRAWL_API_KEY": "fc-12b9c2cd1c7a4b888cc17afcfdf21da4",
19          "FIRECRAWL_RETRY_MAX_ATTEMPTS": "5",
20          "FIRECRAWL_RETRY_INITIAL_DELAY": "2000",
21          "FIRECRAWL_RETRY_MAX_DELAY": "30000",
22          "FIRECRAWL_RETRY_BACKOFF_FACTOR": "3",
23          "FIRECRAWL_CREDIT_WARNING_THRESHOLD": "2000",
24          "FIRECRAWL_CREDIT_CRITICAL_THRESHOLD": "500"
25        }
26      },
27      "Network Toolkit": {
28        "command": "uv",
29        "args": [
30          "run",
31          "--with",
32          "mcp[cli]",
33          "mcp",
34          "run",
35          "C:\\mcp\\network_mcp_server.py"
36        ]
37      }
38    }
39  }
```

可以看出，我们用 mcp install 命令安装 Claude Desktop 的 MCP Server 的启动命令为 uv，而非 npx。这个 uv 是一个用 Rust 语言编写的快速 Python 包管理和项目管理工具，用来替代传统的 Python 工具如 pip、venv、pip-tools 等，其目的是为 Python 提供更快、更高效的依赖管理和脚本运行体验。

但是因为我们的实验环境中没有用到 uv，所以这里我们还需要将该 MCP Server 的配置修改如下：

```
"Network Toolkit": {
  "command": "python",
  "args": [
    "C:\\mcp\\network_mcp_server.py"
  ]
}
```

将 uv 替换成 python，在参数部分只保留我们 MCP Server 脚本的绝对路径，如下图所示。

　　保存配置之后再次打开 Claude Desktop，可以看到榔头图标旁边的数字由之前的 21 变为了 24，如下图所示。这是因为我们的 MCP Server 脚本中用 @mcp.tool() 注册了 get_device_config()、ping_host() 和 get_interface_status()3 个工具，用 @mcp.prompt 注册的提示：document_network() 虽然也是我们 Network Toolkit 的工具之一，但是它并没有被 Claude Desktop 从严格意义上算作工具。

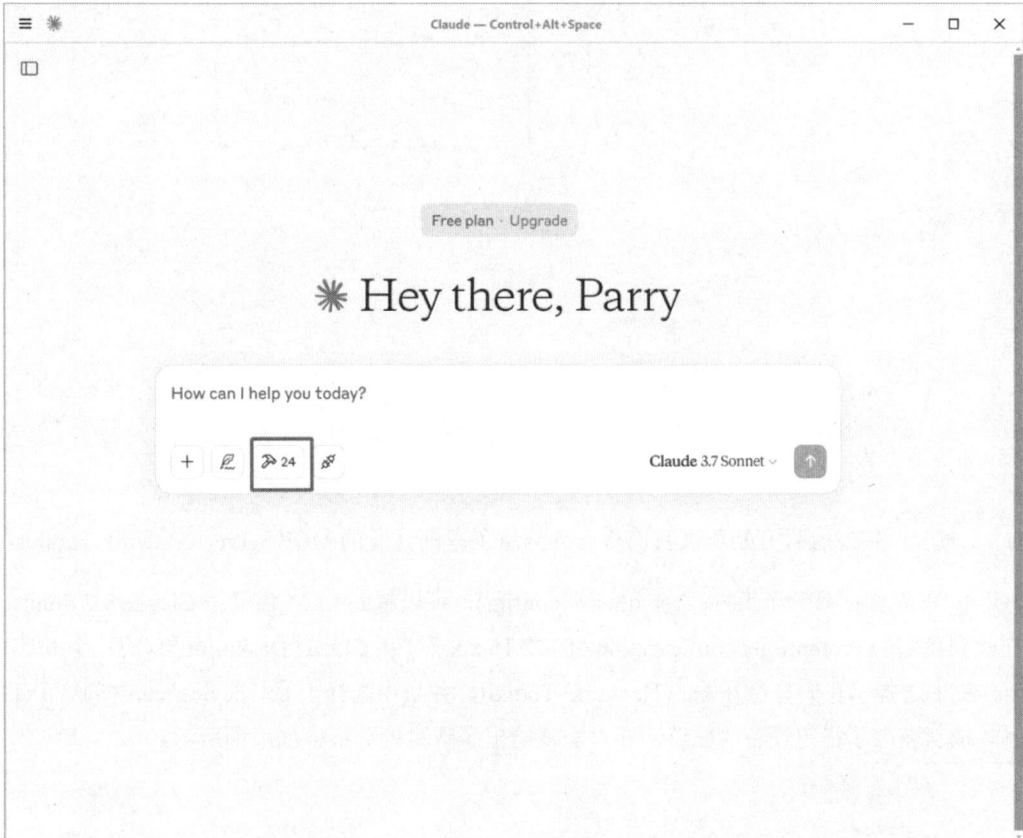

　　然后继续打开 File→ Settings→Developer，可以看到此时我们的 Claude Desktop 已经安装了 filesystem、mcp-server-firecrawl 和 Network Toolkit 3 个 MCP Server，如下图所示。

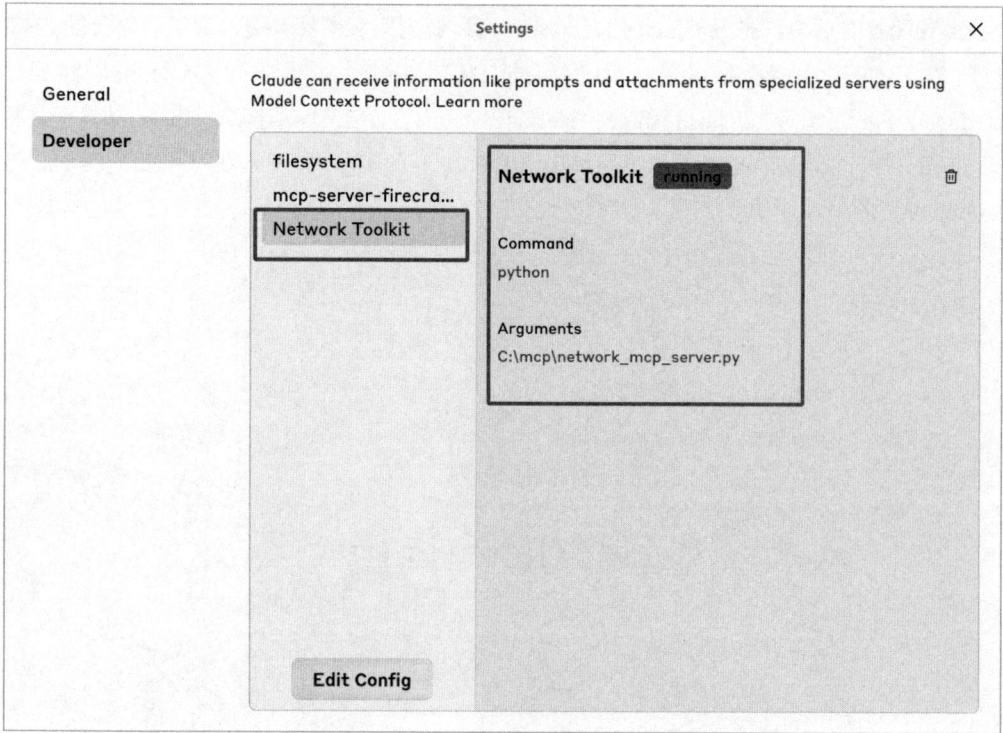

一切准备就绪后，开始测试我们自己为网络工程师开发的 MCP Server: Network Toolkit。

1. 首先测试第一个工具：get_device_config()，可以看到 LLM 也就是 Claude 3.7 Sonnet 在收到我们的 Prompt：get configuration of 172.16.x.x 后，从 Claude Desktop 已有的几个 MCP Server 中选择了我们自己开发的 Network Toolkit，并从中选择了 get_device_config()这个工具，成功获取了指定设备的配置，并对配置给出了详尽的分析，如下图所示。

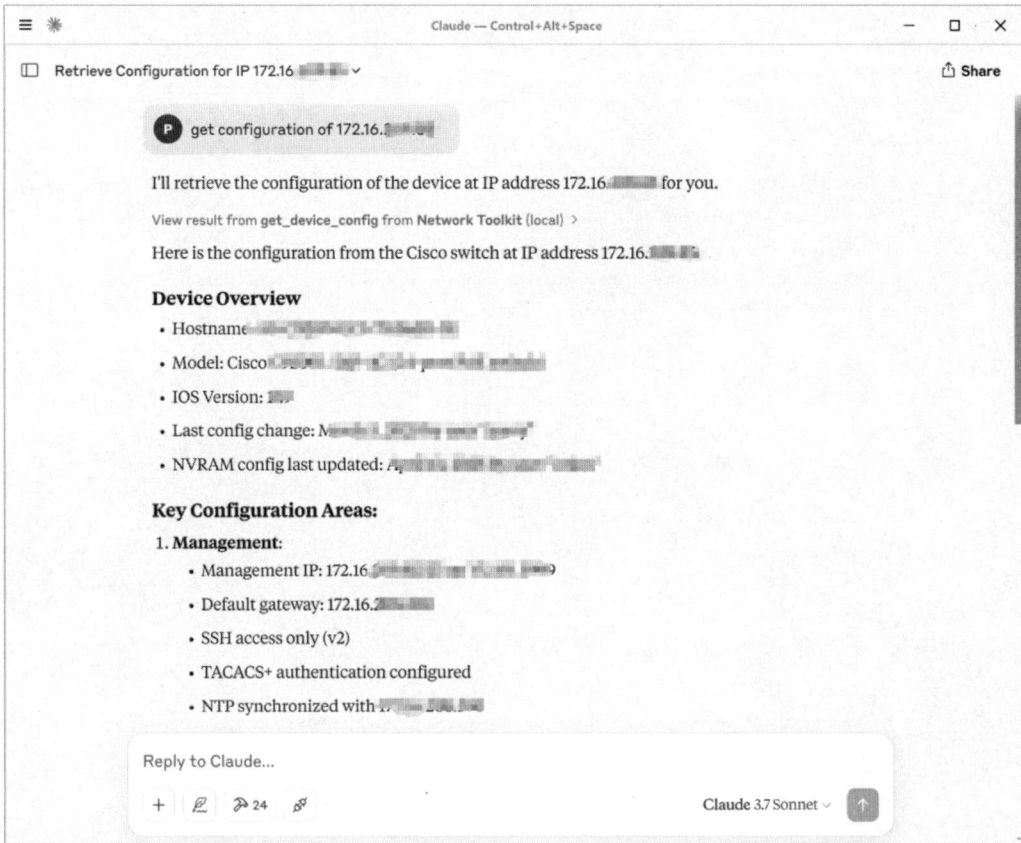

2. 接下来测试第二个工具：ping_host()，LLM 在收到我们的 Prompt：ping 8.8.8.8 后正确地从 Network Toolkit 这个 MCP Server 中调用了 ping_host()工具，成功地从主机（注意是我们自己的主机，而非网络设备）上执行了 ping 8.8.8.8 这个命令并返回了报告，如下图所示。

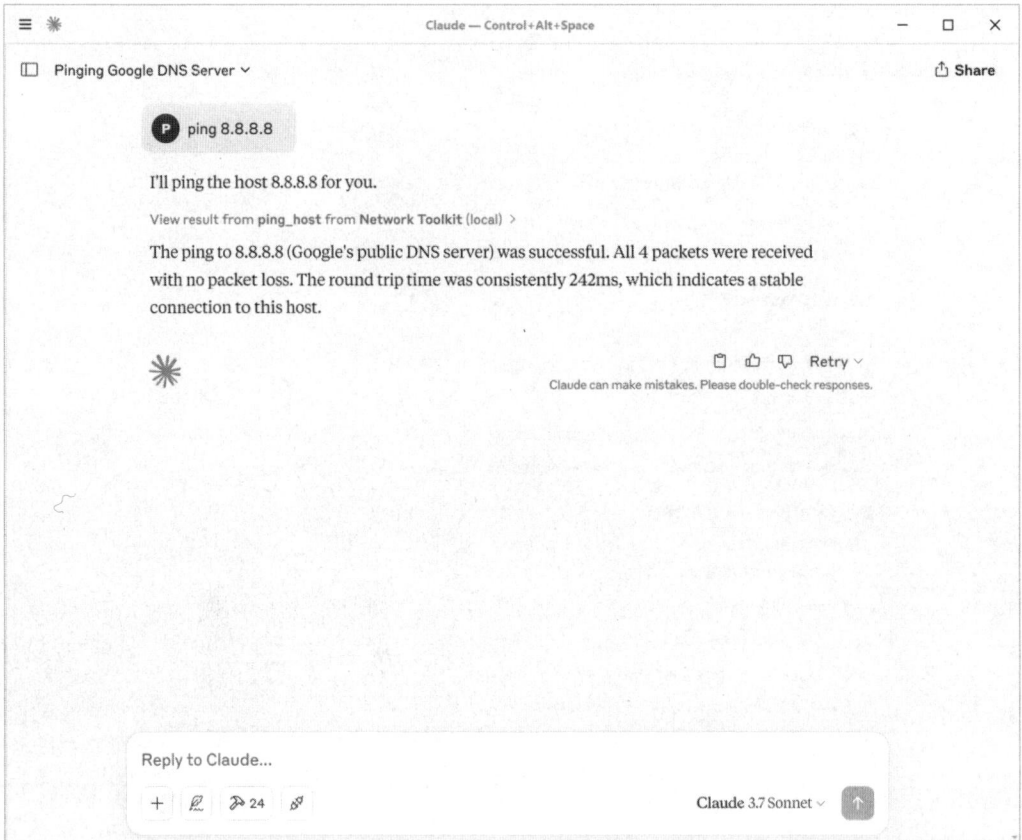

3. 然后测试第三个工具：get_interface_status()，LLM 在收到我们的 Prompt：check interface gi1/0/12 of 172.16.x.x 后正确地从 Network Toolkit 这个 MCP Server 中调用了 get_interface_status()工具，随后成功地登录了交换机 172.16.x.x 并执行了命令 show interface gi1/0/12，并根据响应内容返回了相应的报告，如下图所示。

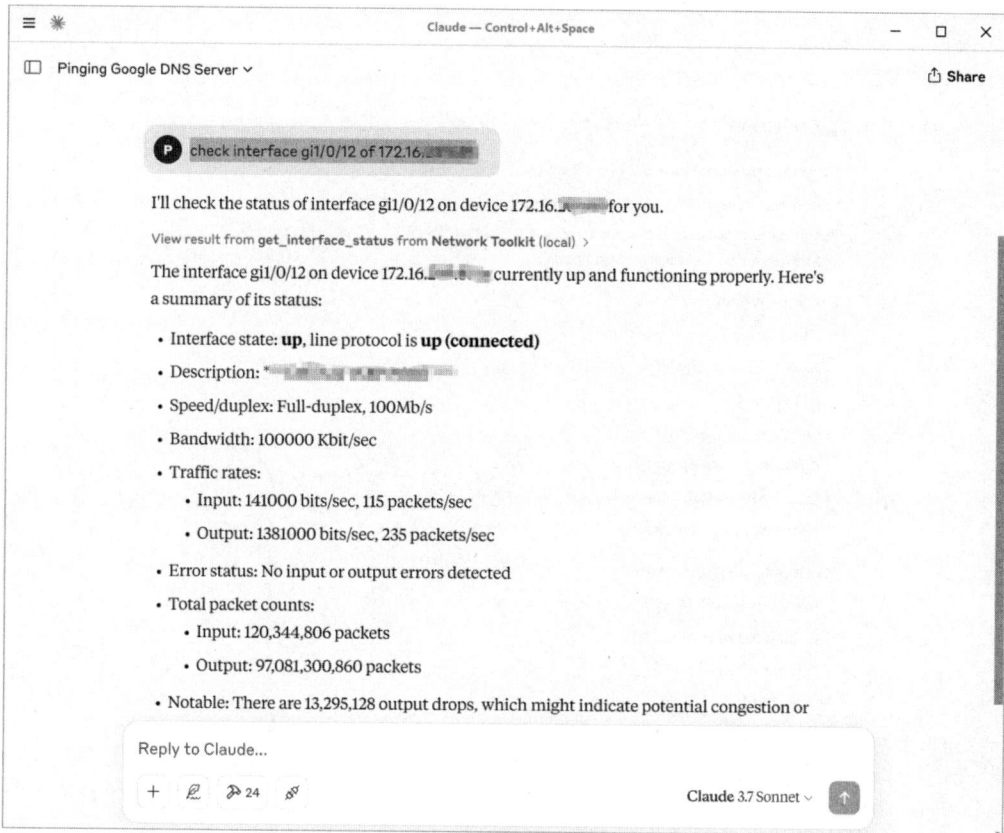

4. 最后我们来测试 document_network()工具，LLM 在收到我们的 Prompt：get documentation of 172.16.x.x 后，正确地从 Network Toolkit 这个 MCP Server 中调用了 document_network()，该工具在调用了 get_device_config()后，根据响应内容和 LLM 进行了几轮对话，最终对交换机 172.16.x.x 的情况做出了总结并给出了相应的报告，如下图所示。

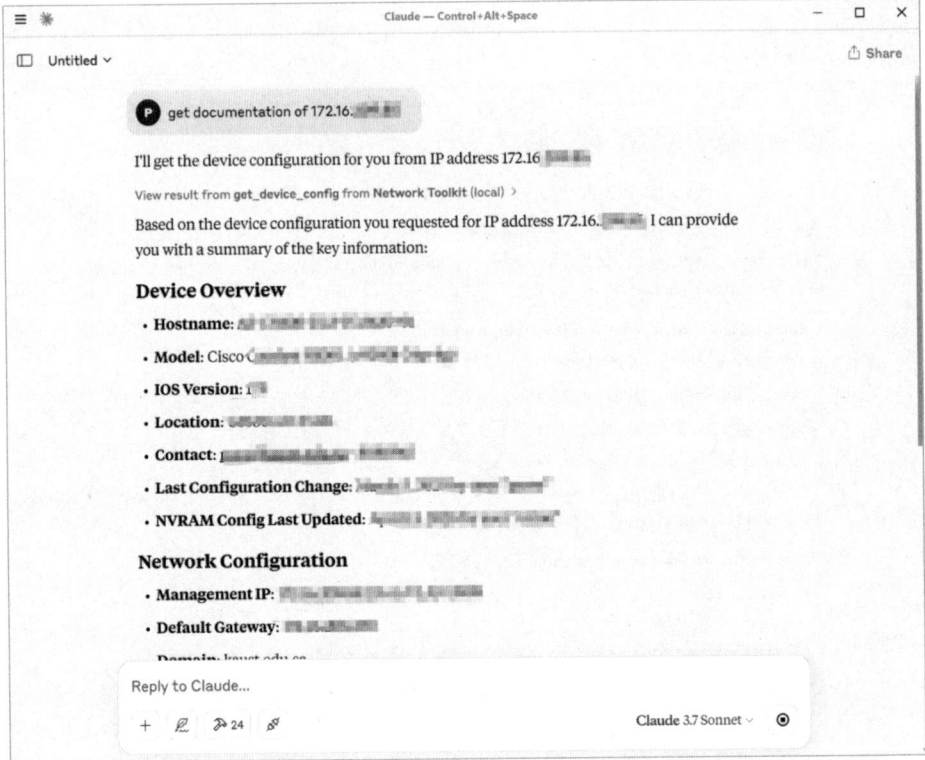

5.5　MCP 的局限性

　　截至 2025 年 4 月，MCP 还不支持离线 LLM，当前 MCP 的主要客户端（如 Claude Desktop、Cursor、Windsurf 等）只能依赖 Anthropic、OpenAI、Google 的在线 LLM 才能使用，这意味着用户输入和服务器响应都会经过外网的云端处理，对于重视数据隐私的企业而言，这是一个致命缺陷。对我们网络工程师来说，公司的网络安全团队不可能允许我们将公司网络设备配置、日志或诊断数据发送给在线 LLM 进行处理，因此，目前我们仍然需要依赖本地部署的离线 LLM，通过 LangChain 等 LLM 框架来开发公司内部的网络运维 AIOps 系统。

　　当然不可否认的是，2024 年 11 月才发布的 MCP 还是一个很新的协议，其生态系统（客户端、服务器 SDK、集成工具）仍在发展中，至于未来是否有完美支持离线 LLM 的 MCP 客户端诞生，我们将拭目以待。

6

第 6 章
国产 AI 大模型在国产
网络设备中的使用

2022 年底 ChatGPT 横空出世，国内也迅速涌现出众多卓越的 AI 大模型，如阿里云的通义千问、百度的文心一言、华为的盘古大模型、科大讯飞的星火大模型、Kimi、智谱清言等，一时间形成了"百模大战"的激烈格局。这些模型各有所长，性能和应用场景各异。截至本书截稿，最具影响力的大模型非 DeepSeek 莫属。

客观公正地评价，国产 AI 大模型与国外最前沿技术相比，仍存在一定差距。随着国际局势演变和数字技术发展，各国对网络信息安全日益重视。因此，我们不仅需要关注 AI 大模型的安全性和可靠性，更需警惕其潜在风险。特别是在利用 AI 大模型进行网络运维时，确保输入和输出数据的安全、防止敏感信息泄露尤为重要。

作为国内网络工程师，我们完全可以借鉴国外先进 AI 大模型（如 Chat、Claude、Grok 等）和国外先进网络设备厂商（如思科、Juniper 等）的自动化运维、AIOps 实践思路，进行迁移尝试并寻求个性化创新，从而真正助力国内网络运维领域的持续发展。同样，我们也可以尝试将这些国产 AI 大模型嵌入国产网络设备的网络运维流程中，逐步辅助或替代传统运维方式。

总体而言，国产 AI 大模型在国产网络设备中的应用是一个值得探索的领域。通过巧妙运用 AI 技术，我们不仅能提升网络运维的效率和准确性，也能降低运维成本，为企业的数字化转型提供强有力的支持。

在本章中，我们将简单提炼出在网络运维领域如何利用 Python 联动在线或离线 AI 大模型的通用策略。随后，我们将选取本书前序部分中的 ChatGPT 与思科的实验案例，转换为使用 DeepSeek 与华为的实验案例。

特别说明，由于篇幅限制，本书中我们主要聚焦于提炼和迁移国产化思路。所有涉及思科具体实验案例，本书也将为其提供华为版的"翻译"，并以"书例拓展"的形式在作者专栏中发布。

6.1　国产 AI 大模型在网络运维中的应用

随着 AI 人工智能技术的飞速发展，结合当前国内外形势和网络信息安全状况，国产 AI 大模型和国产网络设备部分替代甚至完全取代国外 AI 大模型和国外网络设备已成为大势所趋。幸运的是，2025 年初，随着 DeepSeek 的火爆出圈，我国在 AI 领域的发展已步入世界前列。

DeepSeek 不仅在技术上实现了重大突破，还在实际应用中展现出了强大的性能。它能够在短时间内处理海量数据，提供精准的分析和预测结果，为各行各业带来了前所未有的智能化变革。与此同时，DeepSeek 的国产化背景使其在维护我国网络信息安全方面具有显著优势，能够有效避免国外技术潜在的监控和风险，为我国网络信息安全提供了有力保障。

随着 DeepSeek 的崛起，国产 AI 大模型势必如雨后春笋般涌现，进一步推动我国 AI 技术领域的自主创新和自主可控进程。这些模型不仅显著提升了数据处理和分析的效率，还能根据国内市场的特定需求进行定制化开发，更好地服务于各行各业。同时，它们的广泛应用也有助于完善国内网络信息安全体系，为构建更加安全、可靠的网络环境贡献力量。展望未来，随着技术的持续进步和应用场景的不断拓展，国产 AI 大模型将在更多领域发挥重要作用，引领我国攀登 AI 技术的新高峰。

在 AI 时代，我们网络工程师同样需要紧跟新趋势，在日常生产中逐步融入 AI 元素。这些 AI 大模型不仅提升了网络运维的效率，还为网络工程师带来了更智能的工作方式。实际应用场景包括信息解析与数据提取、性能监控与优化、故障排查与诊断、自动化配置与管理、知识库与智能助手、网络知识培训与技能提升、结合 AIOps 实现智能运维等。

例如，在信息解析与数据提取方面，AI 大模型借助自然语言处理技术，能迅速从大量网络日志和配置文件中提取关键信息，为网络工程师提供精准的数据支持。在性能监控与优化方面，AI 大模型能实时分析网络流量和性能指标，发现潜在问题并提出优化建议，确保网络的稳定运行。此外，在故障排查与诊断方面，AI 大模型利用深度学习技术（AI 领域各种技术），能快速定位故障点并给出解决方案，大幅缩短故障恢复时间。

在将 AI 融入网络自动化运维的过程中，掌握一门编程语言是极其有益的。在本书中，我们选择了 Python 作为编程工具。关于网络工程师如何入门使用 Python 编程语言，我们在《网络工程师的 Python 之路》一书中进行了详细阐述。

在 AI 加持下的 Python，将给网络工程师带来更高效的编程体验和更强大的数据处理能力。AI 与 Python 的深度融合，将进一步推动网络运维的智能化进程。AI 能够自动优化代码结构，提升运行效率，同时通过智能分析网络数据，助力工程师快速解决复杂问题……

6.1.1　国产 AI 大模型简介

随着"百模大战"持续开展，国内涌现的 AI 大模型种类繁多，各具特色。例如，百度推出的文心一言（ERNIE Bot），凭借其强大的自然语言处理能力，在理解和生成文本方面表现出色。阿里云推出的通义千问（Qwen），拥有丰富的知识库，在对话理解和生成上具有高准确性。腾讯的混元大模型得益于多年来微信、QQ 生态的语料积累，在内容侧具有显著优势。科大讯飞推出的星火大模型，结合了科大讯飞在语音识别和合成领域的深厚积累，实现了高效的语音交互。深度求索的 DeepSeek-R1 模型专注于数学和代码推理，逻辑严谨，适合解决复杂技术问题。月之暗面的 Kimi 模型在情感分析和创意生成方面独树一帜。华为推出的盘古大模型，凭借其强大的计算能力和广泛的应用场景，成为众多企业和开发者的首选。智谱 AI 的 GLM-4 模型在自然语言理解和生成方面展现出卓越性能，实用价值很高。这些模型各有千秋，为不同领域的应用提供了丰富选择。

在网络运维的实践中，AI 大模型的应用场景日益丰富。网络工程师可以通过不断学习和实践，将 AI 思维融入日常工作中，从而在面对各种复杂网络问题时，能够迅速找到解决方案。这种跨领域的学习和应用能力对网络工程师来说至关重要。

对于网络工程师而言，我们不应局限于某一特定的 AI 大模型，而应通过实践和尝试，深入掌握 AI 的底层思维。这样，无论市场上哪个模型发展迅速、表现优异，我们都能迅速掌握并运用其效能，使其为我们的工作服务。

目前而言，本书在前文介绍了大量的 OpenAI 的产品，就国内情况来看，智谱清言是紧随 ChatGPT 发展动态的主要模型，市面上许多支持 ChatGPT 的 Python 库都能直接适配智谱清言。而 DeepSeek 因其在国际上的广泛认可，各种 AI 相关的 Python 库对其支持也相对较强。鉴于 DeepSeek 大模型是开源的，本书将重点聚焦于 DeepSeek 大模型。通义千问的 Qwen3 系列发布后也备受关注。

当然，国内外各个 AI 大模型在逻辑上是大体相通的，它们之间有很多是"相互借鉴"的关系。建议大家多加尝试，选择自己喜欢或合适的模型。无论选择哪个模型，重要的是不断学习和实践，掌握 AI 技术的核心思维和方法论，以便在未来的工作中更有效地应用这些技术。

6.1.2　DeepSeek/Qwen

DeepSeek 的起源可以追溯到 2022 年初，其开发公司幻方量化专注于量化交易，其模型在数学能力和代码生成等方面表现出色。自成立以来，DeepSeek 始终致力于构建一个开源、高效、易用的 AI 大模型，目标是向全球用户提供卓越的 AI 服务。经过不断的迭代和优化，DeepSeek 大模型在众多 AI 大模型中脱颖而出，成为行业的佼佼者。

DeepSeek 之所以是全球备受瞩目的国产 AI 大模型，是因为其具备卓越的性能和高性价比。与其他同类模型相比，DeepSeek 在实现相似效果的同时，显著降低了计算资源的需求，例如其最轻量级的 1.5B 模型仅需 8GB 内存和 CPU 支持，适合初学者和资源有限的用户使用。DeepSeek 还采用开源策略，多个模型对研究人员和商业用户免费开放。这促进了技术的传播和创新，形成了活跃的开发者社区。通过灵活的 API，DeepSeek 能够轻松集成到各种应用场景中，有助于推动网络自动化和智能化的进程。

对于国内网络工程师而言，DeepSeek 在文本语义和中文文本理解方面表现出色。就本书截稿之时，DeepSeek 有两个主流模型：V3 和 R1。简单来说，R1 增加了推理功能，V3 更适用于网络运维领域。当然，AI 技术发展迅速，当你阅读本书时，DeepSeek 或者其他 AI 厂商可能已经推出了更具颠覆性的模型，抑或其他 AI 厂商大模型已追赶超越。在 AI 时代，技术的快速迭代和更新已经成为常态。

DeepSeek 1.5b 作为轻量级 AI 模型，提供了一个便捷的入门平台，很适合手头上没有高端硬件的初学者。它体积小巧，运行时无须高端硬件支持，普通计算机即可轻松驾驭，这使得大多数人无须额外投资就能开始 AI 学习之旅。通过实际部署和操作 DeepSeek 1.5b，用户能快速掌握模型加载、推理、微调等基础技能，深入理解 AI 大模型的工作原理，为后续学习更大规模的模型打下坚实基础。此外，DeepSeek 1.5b 在网络工程领域也展现出一定的应用价值，特别是在解析命令报文响应方面，已经能辅助网络工程师进行日常工作了。

通义 Qwen 系列模型是阿里巴巴为了推动 AI 技术进步，特别是在自然语言处理和多模态交互领域，推出的一系列开源大模型。自 2023 年 8 月首次亮相以来，Qwen 系列模型经历了多次版本更新，涵盖了从微型到超大规模的模型，以满足不同应用场景的需求。DeepSeek 与 Qwen 在技术上存在着深厚联系。例如，基于 Qwen 模型，DeepSeek 通过蒸馏技术生成轻量级的新模型。这种技术上的关联促进双方在开源社区中形成了一种独特的生态格局："Qwen 提供基座能力，DeepSeek 专注推理优化"。作为网络工程师，我们只需对这些有基本的了解就好。

通常，像 Llama、DeepSeek 和 Qwen 等开源大模型都会提供一系列不同规模的模型版本。我们可以根据自己的硬件配置选择合适的模型。通过从轻量级模型入手的学习方式，不仅能降低入门难度，还为未来的进一步实践奠定了基础。一旦后续拥有更强大的硬件资源，便能迅速将我们所学知识应用到实际生产环境中。

在 Ollama 官方网站上，我们可以轻松找到 DeepSeek 模型，同样也可以找到 Qwen 模型。截至目前，通义 Qwen 系列的最新版本是 2025 年 4 月发布的 Qwen3。随着 AI 技术的不断进步，我们可以预期，未来将会有更多更新的版本陆续推出。

值得一提的是，除了我们熟知的 Ollama 平台，市面上还有许多其他工具可以用于部署本地离线 AI 大模型，例如 LM Studio、vLLM、LocalAI 等。

6.1.3 网络模拟环境

在前面的章节中，我们的许多实验都是在真实的网络设备环境中进行的。考虑到我们的读者群体中有很多计算机网络专业的学生，或者网络工程师初学者，他们可能无法直接使用现网设备进行测试实验。在开展具体实验之前，我们借此机会先来讨论一下网络模拟器，以及如何搭建实验环境。

在《网络工程师的 Python 之路》出版以后，我们围绕着网络工程师和 Python，构建了一个基于 EVE-NG/PNET 网络模拟器的网络自动化实验环境。在网络运维 AI 的应用上，我们同样可以有效地利用这个实验环境。与 Python 脚本一样，我们也可以将 AI 大模型进行串联或旁路连接，如下图所示。

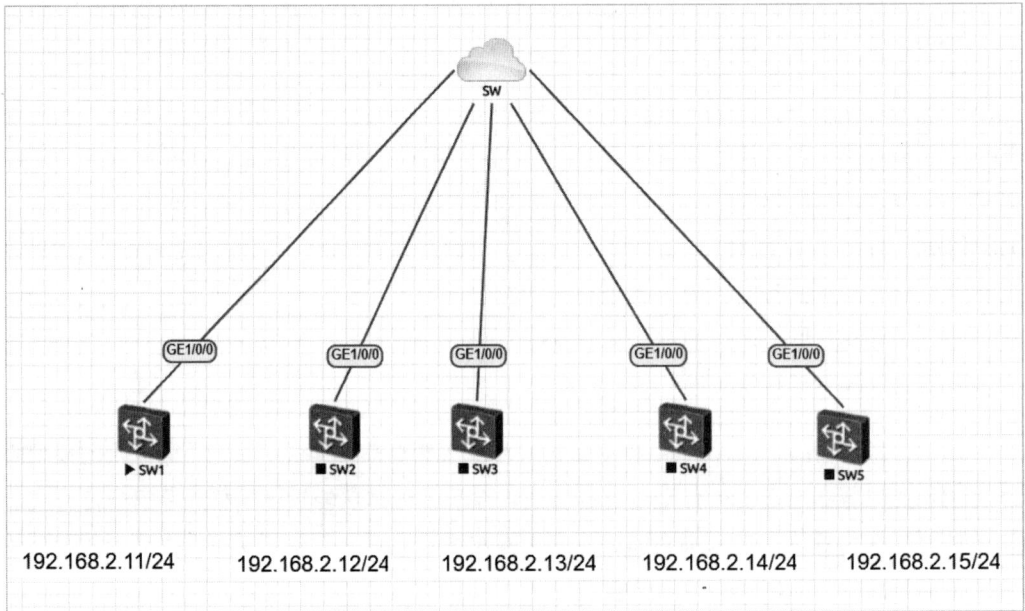

EVE-NG（Emulated Virtual Environment Next Generation）是一款强大的网络模拟器，专为网络工程师的实验和学习需求而设计（如下图所示）。构建于 Ubuntu 操作系统之上，作为 Unetlab 的最新版本，EVE-NG 融合了多种虚拟化技术，如 Dynamips、IOL 和 KVM，能够模拟多种网络设备，包括路由器、交换机和防火墙等。得益于 Ubuntu 操作系统的兼容性，EVE-NG 可在 Windows 和 Linux 平台上运行，用户既可在 VMware Workstation 或 PVE（Proxmox Virtual Environment）上安装，也可通过 HTML5 实现无客户端访问，便于用户在任何支持浏览器的设备上进行网络拓扑设计和实验。

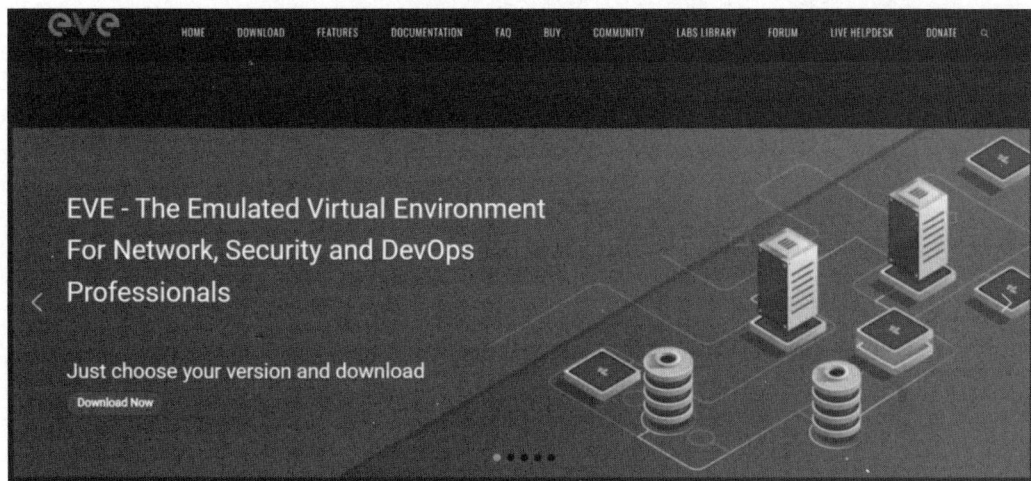

EVE-NG 支持多种设备镜像，包括思科、华为和华三等主流厂商，非常适合进行跨厂商的网络模拟实验。EVE-NG 广泛应用于网络工程师的学习和实验，尤其在网络自动化和 Python 编程实践方面表现出色。我们可以利用 EVE-NG 构建实验环境，测试网络配置和自动化脚本，从而提高实际操作技能。

此外，EVE-NG 拥有一个活跃的用户社区，可提供丰富的文档和教程。用户可以通过社区获取支持并分享经验。同时，EVE-NG 分为社区版和专业版，其中社区版为免费提供，适合个人学习和小型实验使用。

市面上还有另一款名为 PNET 的网络模拟器，在功能上它与 EVE-NG 有许多相似之处。它们都是基于虚拟化技术构建的网络模拟器，旨在提供一个灵活的环境来模拟各种网络设备和拓扑结构。它们的设计理念非常相似，可以说是同根同源。

特别说明，本书不涉及市面上各模拟器的比较和争议，仅从网络工程师的实验和学习角度出发。除 EVE-NG/PNET 外，常见网络模拟器包括厂商专用和第三方多厂商支持两类。厂商专用模拟器中，思科 Packet Tracer 界面友好，适合初学者了解网络原理和设备配置；华为 eNSP 用于华为设备学习实验，虽官方停更、高级实验受限，但仍可用于基础知识巩固；华三 HCL 主要针对华三网络设备。第三方多厂商支持模拟器方面，GNS3 以模拟思科设备为主，也能加载其他厂商镜像，使用简单、界面友好，可模拟思科路由大部分内容和交换机部分功能，还能抓包分析，不过较耗计算机资源。此外，还有历史上使用过但如今较少用的 DynamipsGUI（小凡模拟器）。大家可以根据个人喜好选择使用模拟器，只要觉得顺手即可。就目前来看，EVE-NG/PNET 网络模拟器环境，适合 Python 网络自动化实践，也适合 AI 网络自动化学习。

由于篇幅限制，本书不包含 EVE-NG/PNET 等网络模拟器的安装和实验环境搭建的具体教程，相关内容请详见本书作者更新的专栏文章。

6.1.4　实验：从信息解析切入

近年来，网络自动化运维（NetDevOps）一直是网络工程师关注的焦点。事实上，人工智能运维（AIOps）的理念也有着深远的历史。随着 AI 技术的兴起，将 AI 与 NetDevOps 相结合已成为一种新趋势。我们可以初步将 AIOps 视为 NetDevOps 发展的一个新阶段，或者说，NetDevOps 正朝着 AIOps 的方向演进。

对于具备一定 NetDevOps 经验的网络工程师，可以直接运用 LangChain 框架，结合 Paramiko、Netmiko、Nornir 等传统在线库，开展 AIOps 作业。然而，对于初涉 NetDevOps 和 AIOps 的网络工程师，考虑到实际网络环境中的安全规范要求，以及纯网络模拟器环境仅适用于测试和学习，无法立即产生实际生产效益等情况，本书也建议初学者从信息解析环节入手。

网络自动化运维的相关流程大致可以抽象为以下几个步骤：业务需求分析、设备联机、信息获取、信息解析、信息存储、信息提取、信息渲染和信息呈现（包括但不限于这些环节）。网络工程师利用各种网络自动化技术（包括 AI），实现持续集成和持续交付，这是 NetDevOps 的核心内容。对于网络自动化初学者来说，我们建议将重点放在"信息解析"环节上。这样既可以在安全可控的前提下快速启动学习，也可以产生一定的生产效能。

接下来，我们进行一个简单的启动实验。假设你手头上有一份华为交换机的配置文件或命令响应文本，例如：

```
<R1>display interface brief main
Interface                PHY     Protocol     InUti OutUti  inErrors  outErrors
Eth-Trunk31              up      down         0.53% 0.81%        0          0
 GigabitEthernet9/1/2(10G)  up      up           0.83% 0.82%        0          0
 GigabitEthernet3/0/4(10G)  up      up           0.22% 0.81%        0          0
```

Eth-Trunk41	up	down	2.44%	29.91%	0	0
GigabitEthernet7/1/0(10G)	up	up	1.45%	28.95%	0	0
GigabitEthernet5/0/3(10G)	up	up	3.43%	30.87%	0	0
Eth-Trunk50	up	down	0.01%	0.06%	0	0
GigabitEthernet5/0/5(10G)	up	up	0.01%	0.05%	0	0
GigabitEthernet7/1/6(10G)	up	up	0.01%	0.06%	0	0
Eth-Trunk6	up	down	0.01%	0.01%	0	0

如果文本中不包含敏感信息，我们可以将其复制到 AI 聊天窗口（如 DeepSeek、Kimi、豆包等），并要求 AI 对文本进行解析。

Prompt：华为路由器的 display interface brief main 的命令响应，请帮我解析这段文本，返回所有端口名称，形成一个端口列表。反馈结果如下图所示。

> 根据提供的命令回显，以下是所有端口名称的列表：
>
> 1. Eth-Trunk31
> 2. GigabitEthernet9/1/2(10G)
> 3. GigabitEthernet3/0/4(10G)
> 4. Eth-Trunk41
> 5. GigabitEthernet7/1/0(10G)
> 6. GigabitEthernet5/0/3(10G)
> 7. Eth-Trunk50
> 8. GigabitEthernet5/0/5(10G)
> 9. GigabitEthernet7/1/6(10G)
> 10. Eth-Trunk6
>
> 注意：括号中的"(10G)"表示端口速率，可根据实际需要决定是否保留。

Prompt：现在我只需要物理接口，请帮我重新提取，结果返回 Python 形式的列表格式。问答详情如下图所示。

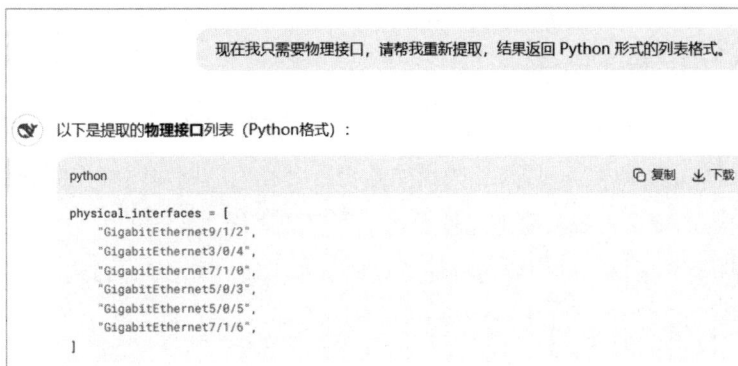

> 现在我只需要物理接口，请帮我重新提取，结果返回 Python 形式的列表格式。
>
> 以下是提取的**物理接口**列表（Python格式）：
>
> ```python
> physical_interfaces = [
>     "GigabitEthernet9/1/2",
>     "GigabitEthernet3/0/4",
>     "GigabitEthernet7/1/0",
>     "GigabitEthernet5/0/3",
>     "GigabitEthernet5/0/5",
>     "GigabitEthernet7/1/6",
> ]
> ```

> **Prompt：** 请帮我统计一下分别有多少个聚合口（Eth-Trunk）和多少个物理端口。
> 直接给我结果即可。问答详情如下图所示。

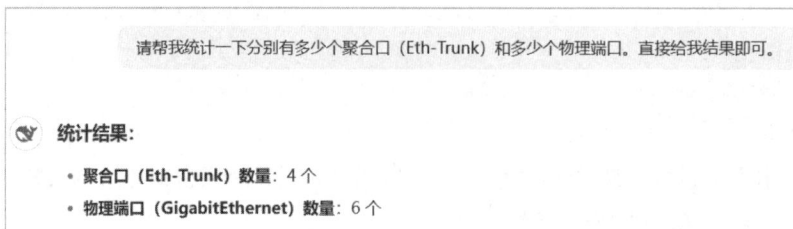

> 请帮我统计一下分别有多少个聚合口（Eth-Trunk）和多少个物理端口。直接给我结果即可。
>
> **统计结果：**
> - 聚合口（Eth-Trunk）数量：4 个
> - 物理端口（GigabitEthernet）数量：6 个

数据解析是网络运维的基础环节，涉及从各种设备和系统中提取、处理和分析信息。通过与 AI 聊天工具的互动，实现文本解析、统计等功能，这已经在实际生产中展现出一定的价值。

这一部分无须我们具备任何网络自动化基础，只要具备路由交换基础知识，能够输入命令并理解命令响应信息即可。如果采用传统的网络自动化方法，如编写 Python 脚本配合正则表达式、TextFSM 或 TTP 等进行信息解析和数据统计，则存在一定的学习门槛。而现在，我们只要与 AI 进行简单聊天即可实现这些功能。换句话说，AI 大模型也极大降低了网络工程师入门网络自动化（NetDevOps）的门槛。

值得注意的是，AI 聊天工具是基于概率生成回复信息的，因此每次与 AI 交互得到的结果可能并非完全一致，甚至可能存在一定的偏差。在这种情况下，我们需要注重 Prompt 的精确限定。打磨 Prompt 同样需要不断积累经验，我们可以通过持续与 AI 的互动来提升这一技能。市面上有很多 Prompt 经验总结公式，如"立角色+述问题+定目标+补要求"等，但很多时候我们不能单纯套用公式，而要多与 AI 工具交互，刻意练习，积累互动经验，慢慢形成真正属于自己的可用套路。

此外，需要特别强调的是，在与公网在线 AI 大模型交互之前，我们必须确认文本信息是否涉及保密或敏感内容，以及相关操作是否符合我们的网络运维作业规范。对于涉及保密或敏感内容的情况，我们可考虑使用本地部署的离线 AI 大模型。网络运维信息是否属于敏感信息，需要根据不同网络的特性进行评估和界定。请大家自行判断，并妥善管理。

6.2　Python 联动在线版 DeepSeek

在日常使用中，AI 聊天工具的主窗口是人与 AI 交互的界面。在网络自动化运维领域，我们一般通过脚本程序（如 Python）与 AI 大模型进行交互，而这种交互的媒介通常是 API。简单来说，AI 大模型的 API 就像是一个"桥梁"或者"翻译官"，让不同的软件系统能和 AI 大模型顺畅交流。借助它，开发者无需了解大模型内部的复杂细节，就能调用其强大功能。

API 调用的步骤通常如下：

请求首行，包含请求的 URL 地址和请求方法（如 POST）。

请求头，包含授权信息（如 API Key）和内容类型（如 JSON）。

请求体，包含具体的请求数据，如模型名称和用户输入等。

以网络运维实战场景为例，在实践网络自动化时，程序脚本就可通过 API 与 AI 大模型交互。我们获取 API 密钥后，将其嵌入应用，就能实现和大模型的连接。像开发聊天界面、智能体、语音助手等应用时，API 都能发挥作用，实现与 AI 模型的对话、查询信息、处理数据等功能。

目前，许多 AI 大模型供应商，如 GPT、DeepSeek、Kimi、豆包等，都为用户提供了 API 服务。不同大模型 API 的操作思路大体相似，很多还兼容了 OpenAI 规定的格式，使用起来较为便捷。

接下来，我们将探讨如何实现 Python 脚本通过 API 与在线版 DeepSeek 的联动。

6.2.1　在线 LLM 开放平台 API 的获取

首先，我们需要访问 DeepSeek 的官方网站，寻找"API 开放平台"的相关信息，官网页面截图如下图所示。

接下来，查看账户的费用余额情况。如果需要充值，则单击"去充值"按钮。通常，对于我们网络工程师的日常应用场景来说，充值 10 元可以使用相当长的一段时间。DeepSeek 主打高性价比，用量信息如下图所示。

AI 大模型 API 的充值机制与我们日常生活中水、电、煤气等基础设施的费用计算方式相似。DeepSeek 甚至采用了类似于电价的峰谷计费模式。在使用 AI 大模型的 API 服务时，我们需要通过充值来获取相应的算力，这与支付水、电、煤气费用非常相似，都是按实际使用量进行计费的。因此，我们认为 AI 工具具有很强的基础设施属性。

例如，DeepSeek API 采用了基于 token 的计费模式，用户在调用 API 时，根据输入和输出的 token 数量进行收费。这种透明的计费方式使用户能够清晰地了解自己的使用情况和费用支出。具体计价信息请参阅各 AI 大模型的计费说明。

最后，我们选择"API Keys"选项，然后单击"创建 API Key"按钮，输入一个名称后，我们将会获得一串类似于"sk-86d49********************8b40"的编码，这就是 API 密钥，如下图所示。

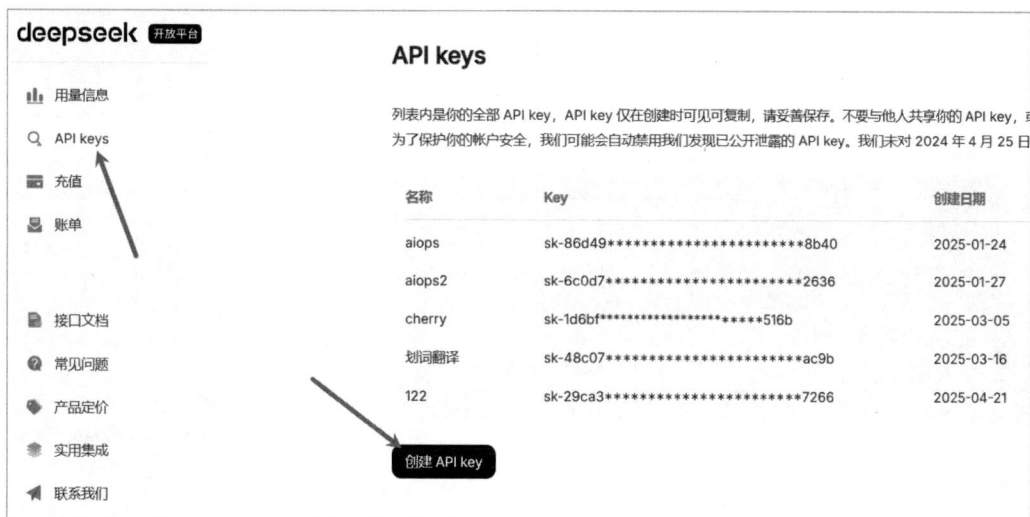

请注意，通常情况下，我们需要妥善保管自己生成的密钥，避免泄露，因为一旦密钥被盗用，可能会导致不必要的损失。如果怀疑密钥已被盗用，我们也无须惊慌，可以在管理后台直接删除该密钥并重新创建一个新的密钥。

现在，我们已经成功获取了一个 AI 大模型的 API 密钥，可以将其嵌入 Python 代码，使运维脚本轻松拥有 AI 功能。

6.2.2　实验 1：Python OpenAI 库联动在线版 DeepSeek

通过浏览器访问 DeepSeek 的 API 手册，首次调用 API 页面如下图所示。

检索与 Python 相关的信息，很快就能定位到 Python 的示例代码，如下图所示。

在 AI 时代，我们可以利用 AI 会话工具，通过"聊天"这一互动形式，直接学习官网上的示例代码。我们可以复制文本，甚至简单地将示例代码截图，发送给 AI 工具（如下图所示）。无论何时，我们都可以向 AI 提出任何疑问并与之进行深入的多轮对话交流，直至完全领悟。

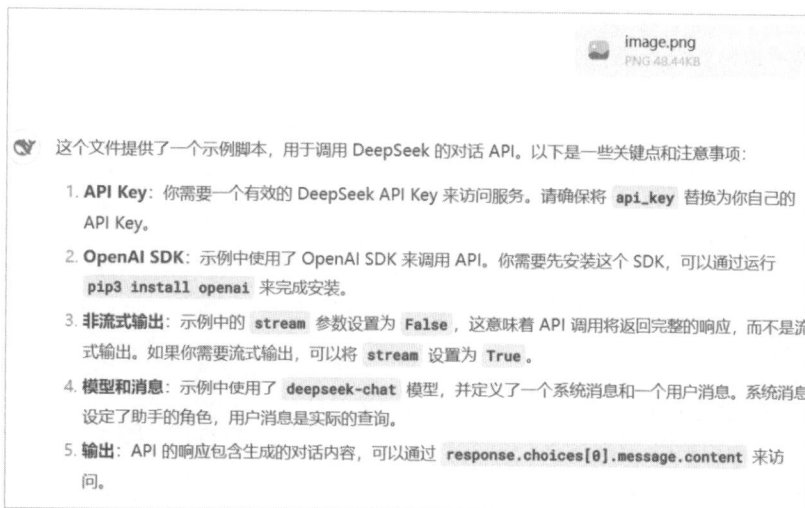

根据指导，我们需要安装 OpenAI 库。客观而言，当前许多应用，在不同程度上都受到了 OpenAI 的启发和影响，DeepSeek 也不例外。

若选择使用官方源进行安装，可执行以下命令：

```
pip3 install openai
```

如果你觉得官方源的速度较慢，则可以考虑使用国内的镜像源，例如清华大学提供的镜像源，相应的安装命令如下：

```
pip3 install -i https://pypi.tuna.********.edu.cn/simple openai
```

稍候片刻后，安装成功后，系统会提示安装成功。同时，我们也可以使用命令来查看OpenAI 库的详细信息。

```
pip3 show openai
```

```
C:\>  pip3 show openai
Name: openai
Version: 1.61.0
Summary: The official Python library for the openai API
Home-page: https://github.com/openai/openai-python
Author:
Author-email: OpenAI <support@openai.com>
License:
Location: C:\Users\zhuji\AppData\Roaming\Python\Python311\site-packages
Requires: anyio, distro, httpx, jiter, pydantic, sniffio, tqdm, typing-extensions
```

我们在自己的计算机上，选择一个合适的文件夹，创建一个名为 deepseek_openai_lab1.py 的文件，并将示例代码输入其中。请注意，代码文件中的 API 密钥是私密的，不要泄露给他人。如果不慎泄露，无需紧张，我们可以前往后台管理页面，删除原有的密钥，并创建一个新的密钥。

```python
from openai import OpenAI

client = OpenAI(api_key="改成你的API密钥", base_url="https://api.********.com")

response = client.chat.completions.create(
    model="deepseek-chat",
    messages=[
        {"role": "system", "content": "你是我的得力助手"},
        {"role": "user", "content": "请你说一下DeeSeek为什么最近这么火？"},
    ],
    stream=False
)

print(response.choices[0].message.content)
```

我们测试一下，测试内容如下图所示。

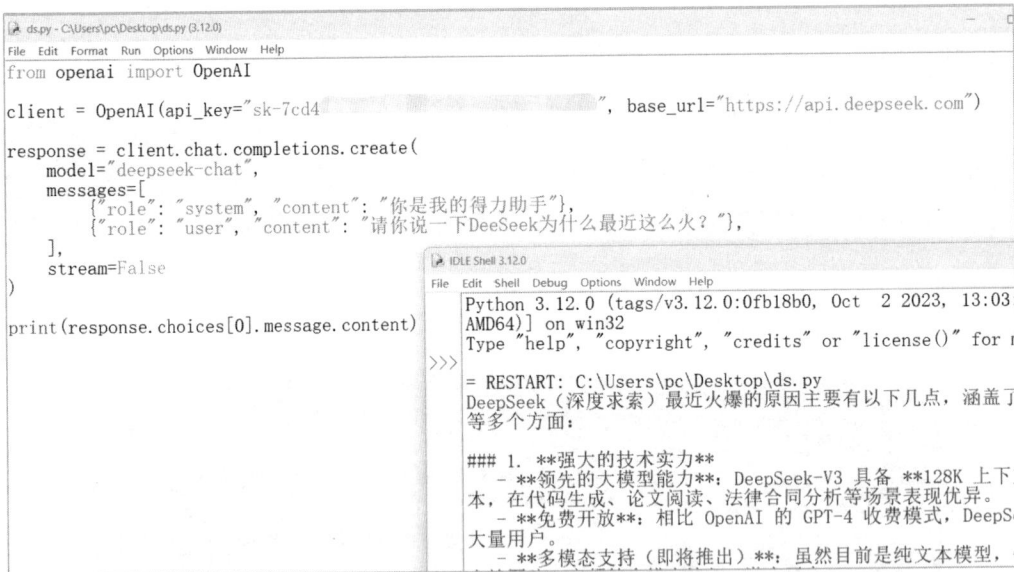

如果 Python 脚本正常运行并返回了内容，则表明我们已经成功按照 DeepSeek 开放平台 API 手册的指导，完成了测试代码的运行。

特别说明，model="deepseek-chat"对应的是 V3 模型。若需使用 R1 模型，可将代码修改为 model="deepseek-reasoner"。大家可以自行尝试。DeepSeek 的 V3 和 R1 是两款定位和架构迥异的大模型。V3 采用混合专家（MoE）架构，总参数规模达 6710 亿参数，但每次仅激活 370 亿参数，擅长处理通用 NLP 任务，如多语言翻译、代码生成和长文本处理，适合高效、低成本部署。R1 则专注于复杂逻辑推理，基于强化学习（RL）训练，在数学证明、代码生成等任务中表现卓越，适合需要深度推理的场景。两者互补，V3 提供广泛适用性，R1 强化专业推理能力。DeepSeek 的这种调用方式，在其他国产大模型的 Python 调用中也是常见的思路。

作为网络工程师，现阶段在日常执行运维脚本等操作时，我们可以优先选择使用 V3 模型，即 model="deepseek-chat"。未来，随着 AI 模型的不断迭代，势必会出现更多其他版本，但 API 的调用方式相似。

接下来，我们可以借鉴之前在浏览器中通过手动操作 AI 聊天工具完成的"信息解析"实验的思路，通过 Python+API 的方式，进一步推进网络自动化。感兴趣的人不妨自己试一试。

6.2.3　实验 2：Python Requests 库联动在线版 DeepSeek

在前面的 AI 大模型实验中，我们采用了网络连接方式，并通过 API 密钥进行操作。我们使用了 Python 的一个第三方库——OpenAI 库。OpenAI Python 库是 OpenAI 官方提供的 Python 工具包，旨在简化对 OpenAI REST API 的访问，它支持 Python 3.7 及以上版本。这个库提供了同步和异步客户端，可以用于多种任务，包括文本生成、图像创建和嵌入计算。安装过程非常简单，只需执行 pip install openai 命令，并通过 API 密钥（可以设为环境变量或直接配置）进行认证。

既然这些操作都涉及 HTTP 交互，那么我们是否可以考虑使用更为熟悉的 Requests 库呢？答案无疑是肯定的。接下来，我们将探讨如何通过 Python 脚本，利用 Requests 库与 AI 大模型（例如 DeepSeek）进行交互。

Requests 库是一个用于发送 HTTP 请求的 Python 库，广泛应用于网络爬虫、API 调用等场景。它支持多种 HTTP 方法（如 GET、POST 等），并能较为友好地处理请求参数、头信息、Cookies 等。

对网络工程师而言，Requests 库并不陌生。我们在网络自动化的有关 RestConf 的实验中就曾使用过它，相关页面如下图所示。

与我们熟悉的 AI 聊天窗口不同，实践网络自动化通常涉及程序脚本与 AI 大模型的交互。其中，API（应用程序编程接口）是一个关键概念。实际上，我们在上一个实验中已提及。API 是一组预定义的规则和协议，允许不同的软件系统之间进行交互和通信。它就像一个"桥梁"，让我们能够调用其他软件、服务或库的功能，而无须了解其内部实现细节。API 可以以多种形式存在，比如函数、类、网络接口等。例如，通过天气服务的 API，可以获取实时天气数据；通过支付平台的 API，可以实现支付功能。如今，各 AI 大模型供应商（如 GPT、DeepSeek、Kimi、豆包等）也纷纷为用户提供了 API 服务。对我们用户而言，只要获取 API 密钥，将其嵌入我们的应用即可。

API 密钥就像一把特殊的钥匙，它允许你的程序安全地与在线服务或 API 进行交流。当你使用这项服务时，你需要出示这把钥匙，这样就能知道是你在请求使用，并确保你的数据安全。对于我们网络工程师来说，我们可以在 NetDevOps 脚本代码中嵌入 API 密钥，实践网络自动化。

根据上一个实验的思路，我们依然可以从 DeepSeek "API 开放平台"上获取形如 "sk-86d49********************8b40"之类的 API 密钥。接下来，我们希望通过 Python 脚本，使用 Requests 库来调用这个 API，实现与 AI 大模型的联动。

我们再次到相关 AI 大模型的开放平台上探寻，相关步骤如下图所示。

经过一番探索，我们重点关注页面示例代码区域。在这里，我们既能看到 OpenAI 库的示例代码，也能观察到 Requests 库的示例代码，如下图所示。

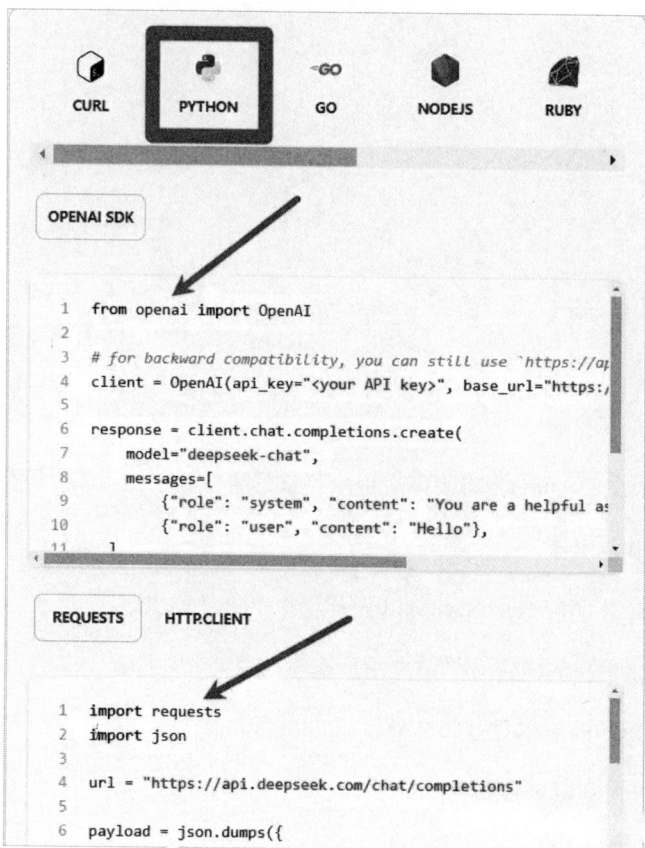

我们在计算机上选择一个合适的目录，创建一个名为 deepseek_requests_lab1.py 的文件，并写入示例代码。为了方便演示，我们对示例代码进行了简化。

```python
import requests

API_KEY = 'sk-6c0【整个字符串要改成你自己的 API 密钥】2636'

# DeepSeek API 的端点
API_URL = 'https://api.********.com/chat/completions'

# 请求头，包含 API 密钥
headers = {
    'Authorization': f'Bearer {API_KEY}',
    'Content-Type': 'application/json'
}

# 请求体，根据 API 文档填写
payload = {
    "model": 'deepseek-chat',
    "messages": [{"role": "user", "content": '请介绍一下华为公司？'}],
}

# 发送 POST 请求
response = requests.post(API_URL, headers=headers, json=payload)

# 打印结果
print(response.text)
```

这份代码是根据 DeepSeek 的接口文档内容进行简化处理的版本，其核心逻辑是：

1. 构建 HTTP 请求体。

2. 通过 Requests 库向 DeepSeek API 发送一个 POST 请求。

3. 请求中包含用户的问题（"请介绍一下华为公司？"）。

4. 获取 API 返回的响应并打印结果。

我们测试一下，测试内容如下图所示。

如此一番操作，我们便成功实现了通过 Python 脚本与 DeepSeek 大模型的联动。大家可以根据个人实际需求，深入学习 API 文档，探索更多应用场景，以满足实战需求。

从代码结果来看，response.text 是一个 str 类型，实际上它可以转换成一个 json 类型，以便更好地解析，比如提取 DeepSeek 的回答内容。

到这里为止，我们已经成功借助 Python 脚本，通过 API 的形式，完成了与在线版 AI 大模型的联动。结合前面的几个实验，我们已经可以设计出一些网络自动化的场景了，比如通过 Paramiko、Netmiko、Nornir 等完成网络设备联机操作，执行巡检指令，其返回的响应结果交由 AI 大模型进行信息解析。

6.3 Python 联动离线版 DeepSeek

有人可能会想到，在现实网络运维中，出于安全要求，可能很难（甚至无法）直接使用在线版 AI 大模型。在现实生产环境中，部署及使用离线版 AI 大模型是一个较为普遍的做法。下面我们将重点介绍如何使用 Python 脚本，联动离线版 AI 大模型。我们依然选取 DeepSeek 为例。

6.3.1 在 Ollama 内网部署离线 LLM

前面我们已经介绍了 Ollama 及如何使用它部署 Llama3 模型。有人将 Ollama 比作灯座，而各个开源大模型（如 DeepSeek）则是灯泡，用户可以根据自己的喜好选择安装。对于 IT 从业者，我们也可以将其比作 VMware WorkStation Pro，允许用户在其平台上安装不同的虚拟系统。本次我们依然选择在国内部署 DeepSeek 大模型，即在 Ollama 上安装 DeepSeek。

Llama 是 Meta 公司开源的 AI 大模型"家族"，因其强大性能和开放许可在 AI 社区广受欢迎。而 Ollama 是一个独立的开源工具项目，基于 llama.cpp 框架开发，旨在简化类 Llama 模型（包括 Llama 官方版本及社区衍生模型）的本地部署与推理流程。通过 Ollama，开发者可以便捷地在本地环境运行大模型，无须依赖云端资源。

Ollama 与 Llama 的关系，可以理解为一种致敬和趣味联动。如果说 Llama 是点亮智慧的"灯泡"，那么 Ollama 就是为它服务的"灯座"。你有没有留意到，为什么 Ollama 的默认端口号是 11434 呢？数字 1 对应字母 L，数字 4 对应字母 A，数字 3 对应字母 M，那么，11434，正好就是 LLAMA。在九键输入法中，11434 打出来就是"Llama"。这样既是对 Llama 的致敬，也带点幽默感。我们可以联想，当时开发者选择这个端口号，不仅方便了记忆，也体现出一定的艺术感。这应该算是一个有趣的"彩蛋"吧。

Ollama 官网信息显示，DeepSeek 的第一代推理模型在性能上与 OpenAI 的 o1 模型相媲美。此外，这些模型与 Llama、Qwen 等其他模型还存在各种关联。我们目前无需深入理解这些关系，在你看到本书时，可能已经出现了更多更好的开源 AI 模型，但它们的底层逻辑在很长一段时间内大概率是相通的。

有人可能会觉得轻量级 AI 大模型（如 DeepSeek 的 1.5b 版本）显得较为愚笨，缺乏实际应用价值。在此，笔者想分享一下自己的看法。对于初学者来说，DeepSeek-R1:1.5b 实际上是一个相当理想的入门级 AI 模型。它体积小巧，运行时无需高端硬件支持，甚至无须 GPU 资源，仅普通计算机就能轻松驾驭。这意味着，大多数人无须额外投资，就能轻松开始他们的 AI 学习之旅。

通过实际部署和操作 DeepSeek-R1:1.5b 模型，新手可以快速学习并掌握模型加载、推理、微调等基础技能，同时深入了解 AI 大模型的工作原理。这种经验对于后续将技能迁移到其他更大规模的模型非常有帮助。我们可以先尝试在个人计算机上进行轻量级 AI 大模型的练习和实验，以积累必要的经验。一旦我们的组织团队提供了更强大的硬件资源，我们就能够迅速地将所学知识应用到实际的生产环境中，实现学习与实践的无缝对接。

　　这种从轻量级模型入手的学习方式，不仅降低了入门的难度，而且为未来的进一步实践奠定了坚实的基础。简而言之，如果你手头有硬件资源，则可以部署参数更多的 AI 大模型；如果你手头没有什么硬件资源，则可以从轻量级模型开始尝试。

　　在 Ollama 的官网上，DeepSeek 的几个模型按照从小到大的顺序依次排列（如下图所示），我们大体上浏览一下。

deepseek-r1

DeepSeek's first-generation of reasoning models with comparable performance to OpenAI-o1, including six dense models distilled from DeepSeek-R1 based on Llama and Qwen.

| 1.5b | 7b | 8b | 14b | 32b | 70b | 671b |

⤓ 42.5M Pulls　　⏲ Updated 2 months ago

| 7b ⌄ | 🏷 29 Tags | ollama run deepseek-r1 | 📋 |

1.5b	1.1GB
7b	4.7GB
8b	4.9GB
14b	9.0GB
32b	20GB
70b	43GB
671b	404GB

View all

0a8c26691023 · 4.7GB

parameters **7.62B** · quantization **Q4_K_M**　　　4.7GB

| begin__of__sentence |>", "< | end__of__sentence |>",　　148B

}}{{ .System }}{{ end }} {{- range $i, $_ := .Messag…　　387B

pyright (c) 2023 DeepSeek Permission is hereby grante…　　1.1kB

Readme

　　在一般情况下，模型的规模与其对硬件的要求成正比，规模越大，对硬件的性能要求越高。同时，大规模模型通常展现出更出色的"智能"表现。然而，无论模型的大小如何，其部署策略基本相同，主要取决于硬件的性能。

　　为了适应更多读者朋友的需求，我们先以 DeepSeek 1.5b 为例（如下图所示）。如果你拥有高性能的计算机或具备显卡算力，那么可以考虑选择参数更多的模型。

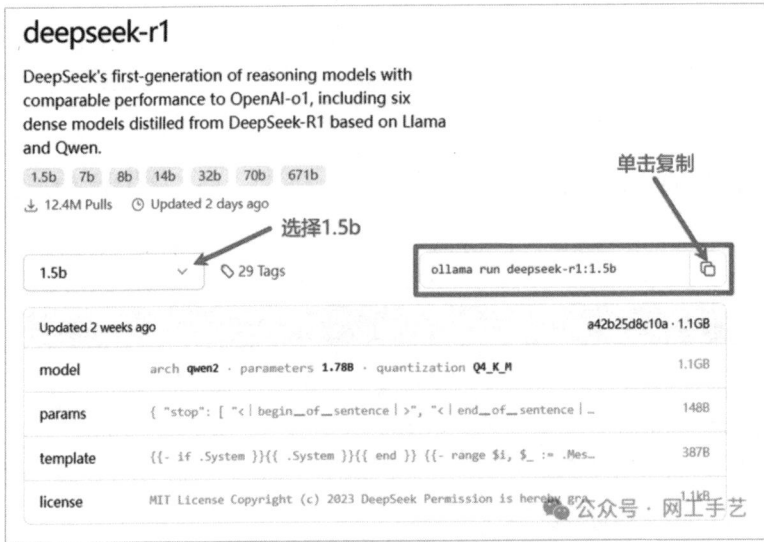

关于 Ollama 的安装部署，可以参考前序章节的详细介绍，此处不再重复讨论。

复制命令，随后在 Windows 的 CMD 终端上粘贴该命令，如下图所示。

当终端中出现提示 ">>>Send a message (/? for help)" 时，恭喜，本地版的 DeepSeek 大模型已经成功"站"在了我们面前。现在，我们可以开始与它进行对话了。首先，让我们试试说一句"你好啊"，如下图所示。

至此，我们已经成功地在本地部署了 DeepSeek 大模型。请记住，这个版本是轻量级的，也可以被称作"简化版"。然而，就像俗话说的"麻雀虽小，五脏俱全"，该有的功能它都有。

尽管本地 AI 大模型已经在 Ollama 上成功部署，但那个单调的黑色窗口界面并不够友好。因此，我们可以考虑安装一些额外的工具，以使其操作界面更像网页版的聊天窗口（如下图所示），从而得到更好的使用体验。

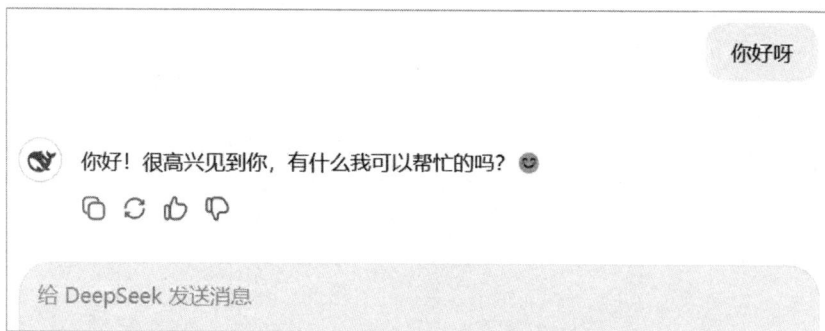

此类前端工具我们实际上有很多选择，例如 Chatbox、WebUI 等。此外，还有 Cherry Studio 等 AI 聊天部署工具，可以进一步丰富和优化我们的 AI 聊天体验，如下图所示。

- Chatbox

- WebUI

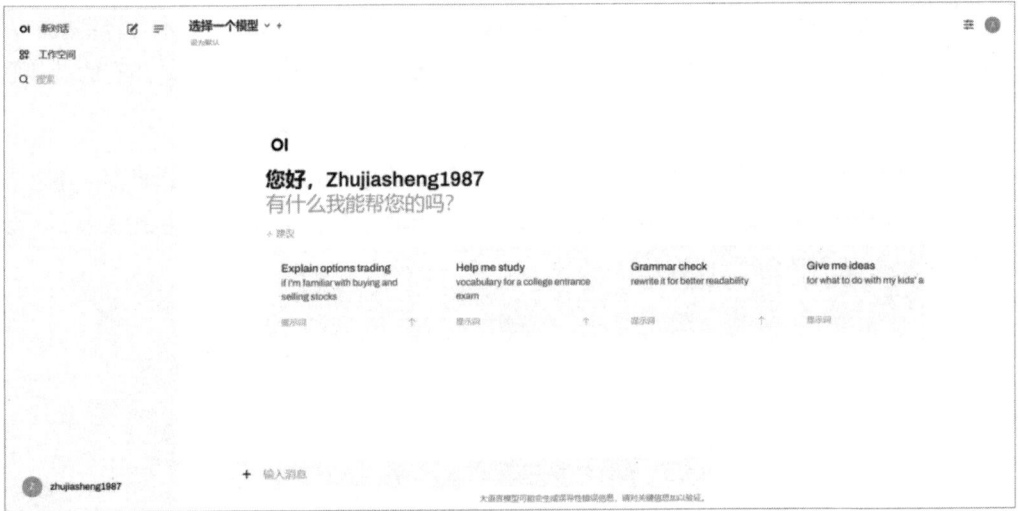

- Cherry Studio

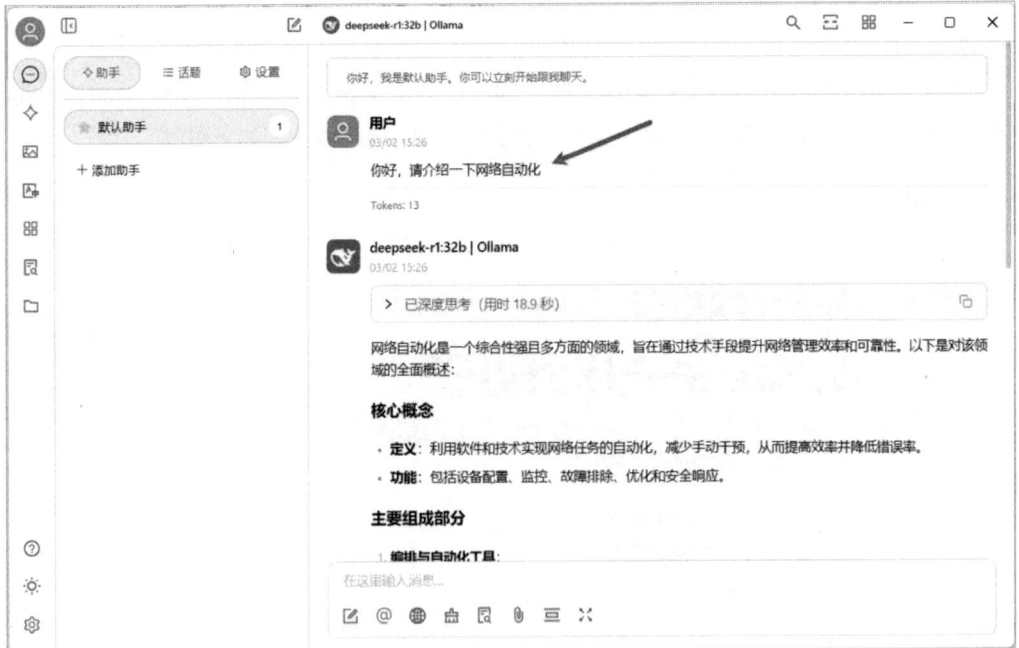

　　关于这几款 AI 大模型连接工具的安装和使用教程，你可以参考本书作者的个人专栏文章。这些工具各具特色，在日常使用中，你只需选择一款合适的工具即可。

6.3.2　实验 1：Python OpenAI 库联动离线版 DeepSeek

通过将 AI 大模型部署到本地，我们能够绕过对网络服务的依赖，从而在保护数据隐私的同时，充分利用 AI 的强大能力。这种方法特别适合那些需要严格内网隔离的生产场景。当然，生产环境中的本地部署需要考虑到算力硬件资源和运维支持。

我们前面已经探讨了 Python 在与在线版 AI 大模型交互时，通常采用 API 形式。Ollama 是一个用于本地部署和管理大模型的工具。当你使用 Ollama 部署 DeepSeek 时，Ollama 会在本地启动一个服务并暴露一个 API 端点，供其他程序调用。因此，Python 在与离线 AI 大模型交互时，同样可以采用 API 形式。

于是，在目前的实践场景中，无论是在线的公用 AI 大模型还是离线的本地 AI 大模型，我们都可以暂时将它们视为在底层逻辑上是相通的，可以通过 API 形式进行交互。（实际上，离线 AI 大模型还可以采用其他调用方式。）

在 Python 与大模型的交互中，我们可以使用 OpenAI 库。这个库通常用于与 OpenAI 的在线 API 进行通信，但通过适当的配置（比如修改 base_url 或 api_key），它也能与本地部署的模型服务进行交互。当我们利用 OpenAI 库调用本地部署的 AI 大模型（如 DeepSeek、Llama3、Qwen 等）时，实际上是通过 HTTP 请求与 Ollama 提供的本地 API 端点进行通信的。

API 的概念非常重要，我们前面已有讨论，这里我们再次复习一下 API（应用程序编程接口）的概念。API 是一组预定义的规则和协议，它允许不同的软件系统之间进行交互和通信。你可以把它想象成一个"桥梁"，它让我们能够调用其他软件、服务或库的功能，而无须了解其内部实现细节。API 可以以多种形式存在，包括函数、类、网络接口等。例如，通过天气服务的 API，我们可以获取实时天气数据；通过支付平台的 API，我们可以实现支付功能。

Python 提供了丰富的库来发送 HTTP 请求，方便与基于网络的 API 进行交互。Ollama 平台提供了 API，我们可以轻松地将其集成到自己的应用程序中，实现各种特定功能。由于 OpenAI 公司是行业的先行者，早前已经开发了 OpenAI 库，这使得 Python 脚本可以方便地与 ChatGPT 进行互动。Ollama 在开发过程中，实际上也预留了适配 OpenAI 库的方法，供我们直接调用。

现在，我们可以使用 OpenAI 库，通过 Python 脚本，与 Ollama 上的 DeepSeek-R1:1.5b

离线 AI 大模型进行联动。

首先，我们直接访问 Ollama 的官网，查找相关的帮助文档。官网会引导我们前往其 GitHub 仓库，这里提供了一些示例代码，我们可以直接参考或使用。

在计算机上选择一个合适的目录，创建一个名为 ollama_deepseek_openai_lab1.py 的文件，并将示例代码写入其中，如下图所示。

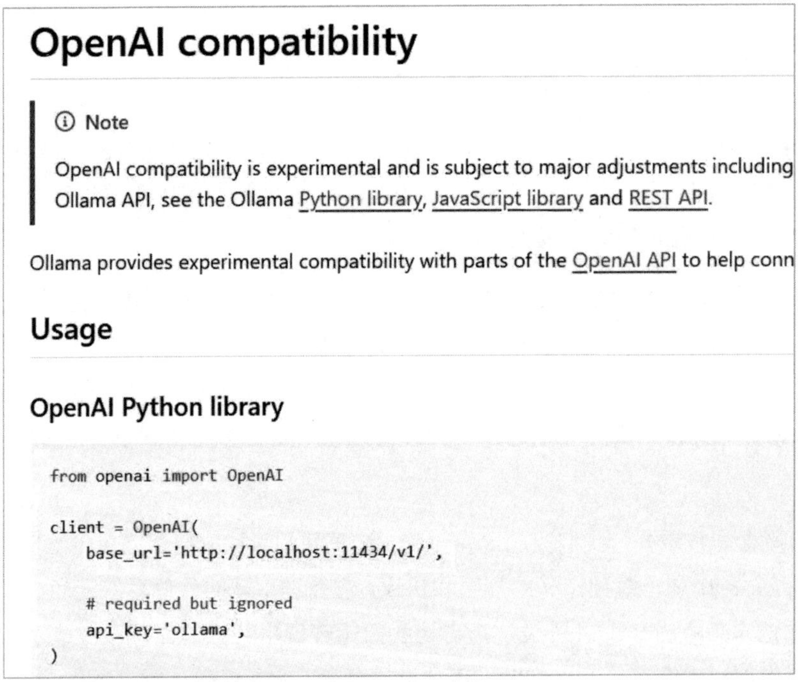

OpenAI compatibility

ⓘ Note

OpenAI compatibility is experimental and is subject to major adjustments including Ollama API, see the Ollama Python library, JavaScript library and REST API.

Ollama provides experimental compatibility with parts of the OpenAI API to help conn

Usage

OpenAI Python library

```python
from openai import OpenAI

client = OpenAI(
    base_url='http://localhost:11434/v1/',

    # required but ignored
    api_key='ollama',
)
```

为了便于演示，我们对示例代码进行了进一步简化。

```python
from openai import OpenAI

client = OpenAI(
    base_url='http://localhost:11434/v1/',

    # required but ignored
    api_key='ollama',
)
```

```
chat_completion = client.chat.completions.create(
    messages=[
        {
            'role': 'user',
            'content': '请介绍一下网络自动化',
        }
    ],
    model='deepseek-r1:1.5b',
)

result = chat_completion.choices[0].message.content
print(result)
```

这段 Python 脚本代码的逻辑如下：

- base_url 用于指定 API 的目标地址，这里指向本地运行的 Ollama 服务。
- api_key 是 OpenAI 客户端库的必需参数，本地服务可以忽略。
- messages 定义了对话的上下文，model 指定了要使用的模型。

这段脚本的主要功能是：Python 连接到本地运行的 Ollama 模型服务，向模型发送一个问题如"请介绍一下网络自动化"，获取模型的回复并打印出来。

记住，关于 Python 代码逻辑和语法，如果你有任何疑问，都可以随时与任意 AI 聊天工具进行交流。

我们测试一下，测试内容如下图所示。

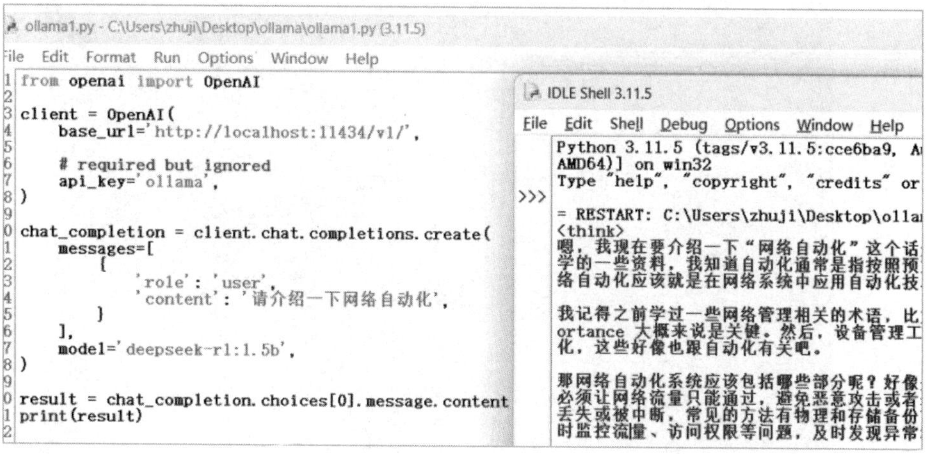

DeepSeek 正常响应了我们的请求，这表明我们的 Python 脚本已经成功与 Ollama 上本地部署的 AI 大模型实现了联动。

6.3.3　实验 2：Python Requests 库联动离线版 DeepSeek

在之前的章节中，我们已经成功利用 OpenAI 库实现对本地 AI 大模型的调用，也已经对 Requests 库进行了讨论。现在，我们考虑直接用 Requests 库进行调用。

在 AI 时代，我们不再局限于传统的查阅文档的方式，而是选择直接利用 AI 聊天工具（如 DeepSeek）来辅助我们编写代码。

关于 DeepSeek 的离线版本，在初学阶段，我们可以从 1.5b 版本开始练习。然而，对于实际生产环境，建议使用参数更多的版本，例如接下来提到的 32b 版本，如下图所示。

Prompt：请帮我写一个最简单的 Python 脚本，使用 Requests 库，联动 Ollama 中的 deepseek-r1:32b 模型。问答详情如下图所示。

以下是一个最简单的 Python 脚本，使用 `requests` 库调用 `ollama` 中的 `deepseek-r1:32b` 模型：

脚本代码

```python
import requests

# 定义API端点和模型名称
API_URL = "http://localhost:11434/api/generate"
MODEL_NAME = "deepseek-r1:32b"

# 定义要发送的提示
prompt = "你好, deepseek-r1! "

# 准备请求数据
data = {
    "model": MODEL_NAME,
    "prompt": prompt,
    "stream": False  # 设置为False以获取完整响应
}

# 发送POST请求
response = requests.post(API_URL, json=data)

# 检查响应状态
if response.status_code == 200:
    # 解析响应内容
    result = response.json()
    print("模型响应:", result.get("response"))
else:
    print(f"请求失败, 状态码: {response.status_code}")
    print("响应内容:", response.text)
```

　　如今，得益于各类 AI 工具的辅助，日常编写脚本变得相对"轻松"。然而，我们仍需要具备一定的基础知识，了解如何与 AI 进行有效交互，以及如何根据 AI 的反馈调整代码以满足我们的需求。AI 的表现往往与使用者的能力相关，即"遇强则强，遇弱则弱"。

　　话说回来，如果不依赖 AI 聊天来辅助编写 Python 脚本，那么我们应该如何通过查阅手册来方便地参考和编写脚本呢？请你自行尝试一下吧。

　　接下来，在计算机上选择一个合适的目录，创建一个名为 ollama_deepseek_requests_lab1.py 的文件并写入示例代码。为了便于演示，我们同样对示例代码进行简化，具体如下。

```python
import requests
import json

# Ollama 的 API 端点（本地部署）
API_URL = 'http://【IP】:11434/api/generate'

# 请求头
headers = {
    'Content-Type': 'application/json'
}

# 请求体，根据 Ollama 的 API 文档填写
payload = {
    "model": "deepseek-r1:32b",  # 模型名称
    "prompt":"请介绍一下网络自动化",
    "stream" : False  # 启用流式输出
}

# 发送 POST 请求
response = requests.post(API_URL, headers=headers, json=payload)
print(response.text)
```

　　稍微解释一下这段代码的逻辑：这段代码通过 HTTP 协议发送 POST 请求，调用本地部署的 Ollama API，使用指定的模型（例如 deepseek-r1:32b）来生成对 Prompt "请介绍一下网络自动化"的响应。请求体采用 JSON 格式，包含模型名称、Prompt 以及流式输出设置（在这里关闭了流式输出）。代码发送请求后，可以通过 response.text 获取 AI 生成的结果，如下图所示。

```
import requests
import json

# Ollama 的 API 端点（本地部署）
API_URL = 'http://192.168.     :11434/api/generate'

# 请求头
headers = {
    'Content-Type' : 'application/json'
}

# 请求体，根据 Ollama 的 API 文档填写
payload = {
    "model" : "deepseek-r1:32b",    # 模型名称
    "prompt" :"请介绍一下网络自动化",
    "stream" : False  # 启用流式输出
}

# 发送 POST 请求
response = requests.post(API_URL, headers=h
print(response.text)
```

```
IDLE Shell 3.12.0
File  Edit  Shell  Debug  Options  Window  He
Python 3.12.0 (tags/v3.1
AMD64)] on win32
Type "help", "copyright"
>>>
= RESTART: C:\Users\pc\D
>>>
================= RESTA
{"model":"deepseek-r1:32
se":"\u003cthink\u003e\n
络自动化是通过工具和技术
的一种趋势，特别是随着云
的目标包括提高效率、降低
具体是如何实现的。比如，
快地完成任务？\n\n接下来
```

仅用短短几行代码，Python 脚本便与 Ollama 上的 DeepSeek 成功实现了联动。这就是 Python 作为"胶水语言"的魅力所在。

在上述内容中，我们使用了目前风靡全球的 DeepSeek 模型进行了演示。实际上，一旦掌握了基本的使用思路，也就掌握了市面上绝大多数主流 AI 大模型的操作方法。许多 AI 大模型开发团队之间会相互参考和借鉴，我们不妨将其称为"相互致敬"。

一旦我们理解了 Python 与 AI 大模型之间在不同维度上的交互逻辑，其他运维小伙伴编写的 Python 脚本对我们来说就会变得易于理解。在日常的生产中，我们只需根据自己的偏好选择一种交互方式即可。

在 AI 时代，Python 的基础知识依然至关重要。有很多学习探索的基础方法，比如 dir 和 help，你还记得它们吗？这些方法在学习探索场景中都能派上用场。

在成功解决了 Python 与 AI 大模型联动的问题之后，我们就可以继续前进，逐步探索 LangChain 等其他业界主流框架，从而真正开启 AIOps 的探索之旅。

除了 DeepSeek 大模型，国内还有很多其他优秀的 AI 大模型可供选择。每个模型都有其独特的优势和适用场景，因此，在选择时需要根据自己的实际需求和偏好进行权衡。

此外，在使用国产 AI 大模型时，我们需要考虑其与国产网络设备的兼容性。由于不同厂商的网络设备在命令集、接口规范等方面存在差异，因此我们需要确保 AI 大模型能够正确解析和执行针对特定设备的命令。这可能需要我们利用知识库等特性，对 AI 模型进行一定的训练和优化，以提高其准确性和效率。

6.4　AI 大模型联动国产网络设备

在有了前期基础之后，我们将逐步把本书前序章节的内容迁移至国产人工智能大模型和国产网络设备上。这一过程更多的是思路的迁移。

6.4.1　实验 1：使用 ChatGPT 登录华为交换机并执行单个 display 命令

我们先使用 ChatGPT 模型，将设备由思科改为华为。下面，我们开始迁移前序的代码。在计算机上选择一个合适的目录，创建一个名为 chatgpt_huawei_lab1.py 的文件，并写入示例代码。

```python
from netmiko import ConnectHandler
from langchain.prompts import PromptTemplate
from langchain_openai import ChatOpenAI
from langchain_core.runnables import RunnableLambda


OPENAI_API_KEY = "换成你自己的GPT-API"    # 需要特殊的网络条件
USERNAME = "python"              # 换成你自己的设备用户名密码
PASSWORD = "Abcd@123456"


def run_commands_on_switch(device_ip, username, password, command):
    try:
        print(f"Connecting to {device_ip}...")
        device = {
            "device_type": "huawei",
            "ip": device_ip,
            "username": username,
            "password": password,
        }
        with ConnectHandler(**device) as ssh_conn:
            print(f"Running command: {command}")
            output = ssh_conn.send_command(command)
            return f"\n=== Output for '{command}' ===\n{output}"
    except Exception as e:
        return f"Error: {str(e)}"

llm = ChatOpenAI(model="gpt-4o-mini", openai_api_key=OPENAI_API_KEY)
```

```
prompt = PromptTemplate(
    input_variables=["user_query"],
    template="""

    You are a network assistant. Parse the user's query to extract the following:
    1. The command to run on the switch
    2. The IP address of the switch

    Query: "{user_query}"
    Response Format:
    Command: <command>
    IP: <switch_ip>
    """
)

parse_chain = RunnableLambda(
    lambda inputs: llm.invoke(prompt.format(user_query=inputs["user_query"]))
)

#Process a user query, parse it, connect to the switch and run the commands.
def process_query(user_query, username, password):
    #Step 1: Parse the query using LLM
    print("Parsing user query...")
    parsed_response = parse_chain.invoke({"user_query": user_query})
    parsed_content = parsed_response.content
    print("Parsed Response:\n", parsed_content)

    command, device_ip = None, None
    for line in parsed_content.splitlines():
        if line.startswith("Command:"):
            command = line.split("Command:")[1].strip()
        elif line.startswith("IP:"):
            device_ip = line.split("IP:")[1].strip()

    if not command or not device_ip:
        return "Could not parse the query. Ensure you specify a command and device IP."

    #Step 2: Run the command on the switch
    print(f"Executing command '{command}' on device {device_ip}...")
    result = run_commands_on_switch(device_ip, username, password, command)
```

```
  return result

if __name__ == "__main__":
  print("\n=== LLM-Powered Network Automation ===\n")
  while True:
      user_query = input("Enter your query (e.g., '在 172.16.x.x 设备上，执行 display
version') or type 'exit' to quit: ")
      if user_query.lower() == 'exit':
          print("Exiting... Goodbye!")
          break
      output = process_query(user_query, USERNAME, PASSWORD)
      print("\n=== Command Output ===")
      print(output)
```

我们将 Python 脚本应用到实验拓扑中的 SW1 设备上，即华为的交换机镜像，如下图所示。

```
=== LLM-Powered Network Automation ===

Enter your query (e.g., '在 172.16.x.x 设备上，执行 show version') or type 'exit' to quit: 请在 192.
168.2.11 设备上，执行 display version
Parsing user query...
Parsed Response:
 Command: display version
IP: 192.168.2.11
Executing command 'display version' on device 192.168.2.11...
Connecting to 192.168.2.11...
Running command: display version

=== Command Output ===

=== Output for 'display version' ===
Huawei Versatile Routing Platform Software
VRP (R) software, Version 8.180 (CE12800 V200R005C10SPC607B607)
Copyright (C) 2012-2018 Huawei Technologies Co., Ltd.
HUAWEI CE12800 uptime is 0 day, 0 hour, 59 minutes
SVRP Platform Version 1.0
Enter your query (e.g., '在 172.16.x.x 设备上，执行 show version') or type 'exit' to quit: exit
Exiting... Goodbye!
>>>
```

实际上，我们并未进行大量的代码修改，仅对连接类型、CLI 命令形式等进行了调整，随后程序便成功运行。这样，我们就成功地实现了从 ChatGPT+思科实验到 ChatGPT+华为实验的迁移。

在这里，我们采用了 LangChain 框架。接下来，我们将从 LangChain 框架出发，探讨如何将其与国产大模型如 DeepSeek 进行集成。

6.4.2 实验 2：LangChain 框架搭载 DeepSeek

浏览 LangChain 官网，我们可以发现，除了 Python 版本，LangChain 还提供了 JavaScript 版本。此外，除了 LangChain 项目本身，其生态系统还包含 LangGraph、LangSmith 等其他项目。这些项目的存在极大地丰富了大语言模型应用的开发工具和框架，为我们这些使用者提供了更多的选择和灵活性。

我们可以访问 LangChain 官网，找到手册部分（如下图所示）。

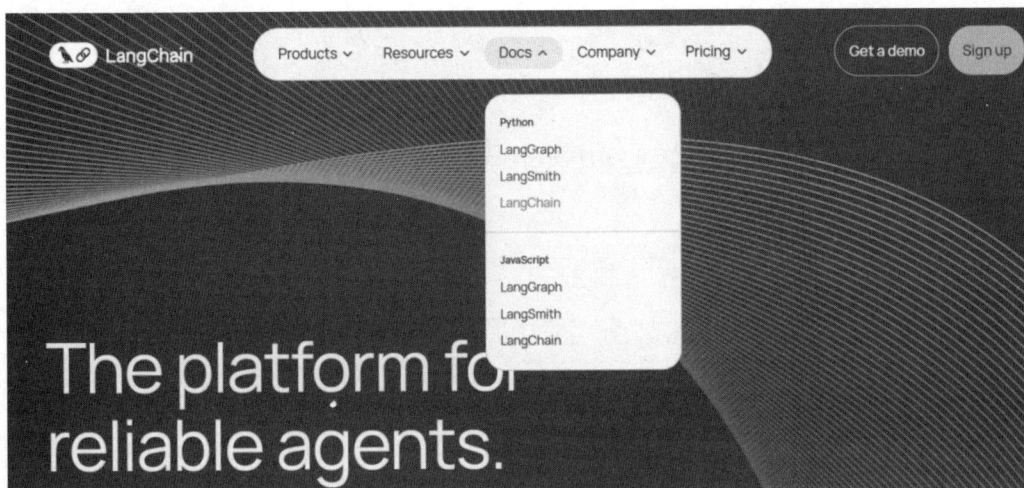

探索 LangChain 框架如何与 DeepSeek 大语言模型实现相互适配，如下图所示。

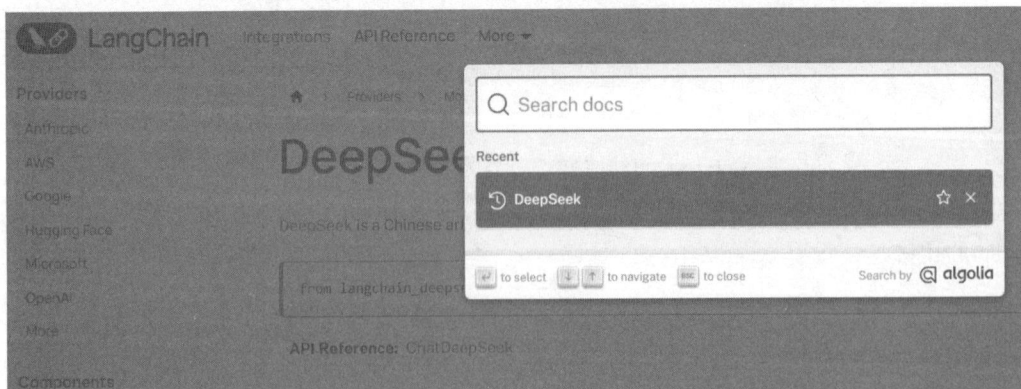

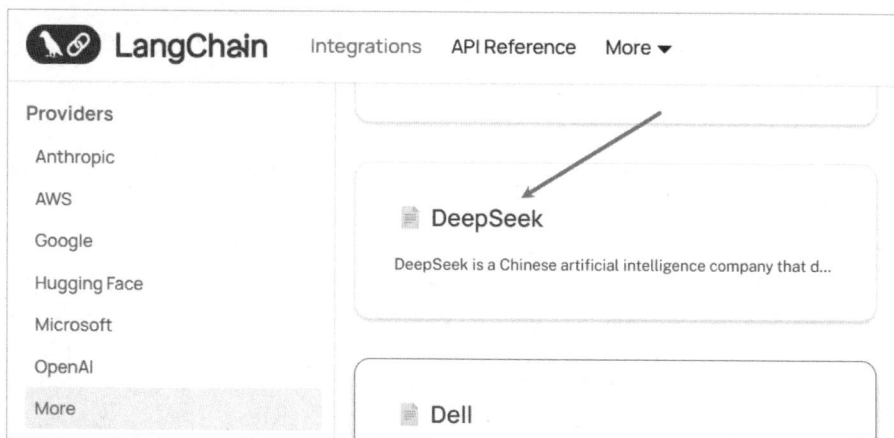

如果你想使用 ChatGPT，那么需要安装 langchain-openai 库。对于其他 AI 大模型，可以继续查阅 LangChain 文档以找到合适的适配方式。在查阅手册后，为了联动 DeepSeek，我们还需要额外安装 langchain_deepseek 库。当然，OpenAI 作为业界的"老大哥"，市面上许多其他 AI 模型都会反向适配它。如果官网上找不到对应的适配支持说明，那么我们可以尝试使用 langchain-openai 库。此外，我们还可以安装 langchain-community。

安装完成后，我们可以使用 pip list 或 pip show 命令进行检查。

在本书的撰写过程中，LangChain 的更新频率相当高。初稿时，LangChain 为 0.3.15 版本，核稿时已变成 0.3.20 版本，版本更迭情况如下图所示。

```
C:\Users>pip list | findstr langchain
langchain                 0.3.20
langchain-community       0.3.19
langchain-core            0.3.45
langchain-deepseek        0.1.2
langchain-openai          0.3.8
langchain-text-splitters  0.3.6
```

我们不必过于纠结于版本问题。随着 AI 时代的到来，世界再次加速，事物的迭代速度显著提升。古语有云：万变不离其宗。重要的是，我们要掌握思路，培养自己具备知识迁移的能力。

这里，我们采用了一个对新用户友好的示例代码进行演示，实际上仅使用了 langchain_deepseek 库。

我们在计算机上选择一个合适的目录，创建一个名为 langchain_deepseek_lab1.py 的文件，并将示例代码写入其中。

```
from langchain_deepseek.chat_models import ChatDeepSeek  # 导入 DeepSeek 的聊天模型

deepseek_api_key = "这里用你自己的 DeepSeek 密钥"

llm = ChatDeepSeek(model="deepseek-chat", temperature=0, api_key=deepseek_api_key)

response = llm.invoke(["你是一名咨询助理，请为华为写一个简介"])
print(response.content)
```

这段代码的大体逻辑是，通过调用 DeepSeek 的聊天模型生成一段关于华为公司的简介。

首先，导入 langchain_deepseek 库中的 ChatDeepSeek 类，这是与 DeepSeek 模型交互的核心工具。

接着，设置 DeepSeek API 的密钥 deepseek_api_key，用于验证用户身份并授权访问模型服务。

然后，初始化一个 ChatDeepSeek 的实例 llm，指定模型名称为 deepseek-chat，并将 temperature 值设为 0，以确保生成的文本的确定性和一致性。之后，代码调用 llm.invoke 方法，传入提示信息"你是一名咨询助理，请为华为写一个简介"，模型会根据提示生成相应的内容。

最后，生成的文本通过 response.content 获取并打印出来。

这里我们使用在线的 DeepSeek AI 大模型，直接到官网上新创建一个 API 密钥即可，如下图所示。

API keys

列表内是你的全部 API key，API key 仅在创建时可见可复制，请妥善保存。不要与他人共享你的 API key，或将其暴露在浏览器或其他客户端代码中。为了保护你的帐户安全，我们可能会自动禁用我们发现已公开泄露的 API key。我们未对 2024 年 4 月 25 日前创建的 API key 的使用情况进行追踪。

名称	Key	创建日期	最新使用日期		
aiops	sk-86d49********************8b40	2025-01-24	2025-01-27	✎	🗑
aiops2	sk-6c0d7********************2636	2025-01-27	2025-05-19	✎	🗑
cherry	sk-1d6bf*******************516b	2025-03-05	2025-03-10	✎	🗑
划词翻译	sk-48c07********************ac9b	2025-03-16	2025-05-13	✎	🗑
122	sk-29ca3********************7266	2025-04-21	-	✎	🗑
aiops3	sk-7cd41********************f089	2025-05-05	2025-05-13	✎	🗑
513	sk-6fd9e*******************c356	2025-05-13	-	✎	🗑

创建 API key　　**注意保密**

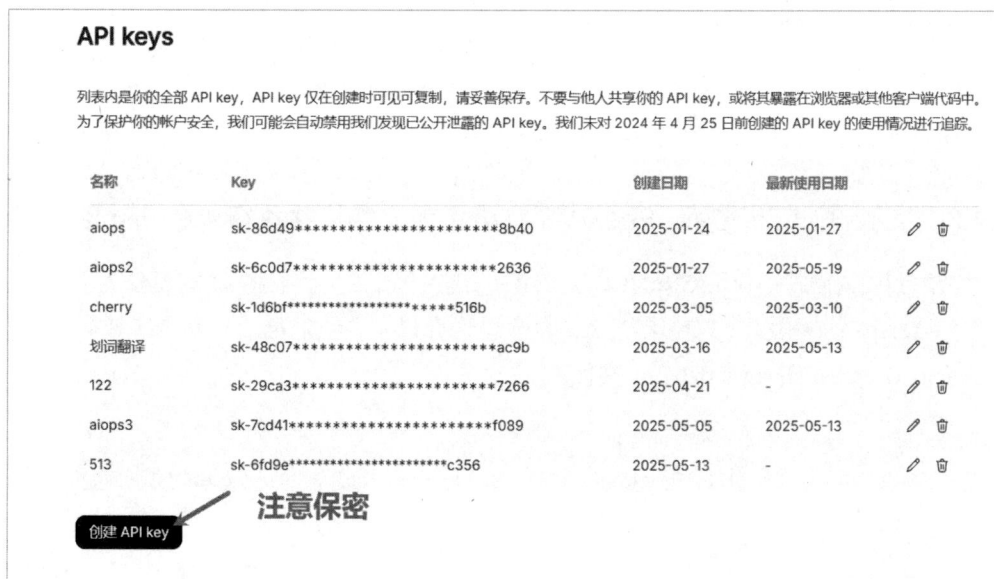

其他 AI 大模型的操作思路与 DeepSeek 类似。我们创建的密钥需要自行保管好，避免泄露。

顺便说一下，AI 基础设施的兴起，正如水、电、煤气等传统基础设施一样，采用了"挂表计费"的模式。用户可以根据实际使用的算力进行付费，类似于日常生活中根据水、电、煤气的消耗量计费。这种按需计费的方式，使得 AI 服务的获取更加灵活和经济。

LangChain 框架已部署，适配 DeepSeek 的 langchain_deepseek 模块已安装，Python 脚本已准备就绪。

接下来，我们只需运行脚本，开启实验，如下图所示。

```
🐍 langchain_deepseek_lab1.py - C:\Users\pc\Desktop\langchain_deepseek_lab1.py (3.12.0)
File Edit Format Run Options Window Help
from langchain_deepseek.chat_models import ChatDeepSeek  # 导入 DeepSeek 的聊天模型

deepseek_api_key = "sk-6c0d7e

llm = ChatDeepSeek(model="dee

response = llm.invoke(["你是一
print(response.content)
```

```
🐍 IDLE Shell 3.12.0
File Edit Shell Debug Options Window Help
Type "help", "copyright", "credits" or "license()"
>>>
= RESTART: C:\Users\pc\Desktop\langchain_deepseek_
**华为技术有限公司简介**

**公司概况**
华为技术有限公司（Huawei Technologies Co., Ltd.）
）解决方案供应商，成立于1987年，总部位于中国深圳。
消费者提供创新的ICT基础设施、智能终端及云计算服务，
务全球超过30亿人口。
```

稍等一下，运行成功后，我们已成功入门 LangChain 框架。

接下来，我们可以在 EVE-NG 网络模拟器上搭建《网络工程师的 Python 之路》实验拓扑，并通过 LangChain 框架嵌入 AI 大模型实践 AIOps。

6.4.3　实验 3：使用 DeepSeek-V3 登录华为交换机并执行单个 display 命令

考虑到国内同行们使用 ChatGPT 等可能有一些门槛，这里我们将 LLM 更换为当下比较火热的 DeepSeek 模型（其他国产 AI 大模型也类似）。我们继续迁移修改代码，创建 langchain_deepseek_huawei_lab1.py 文件。

```python
from netmiko import ConnectHandler
from langchain.prompts import PromptTemplate
# from langchain_openai import ChatOpenAI
from langchain_deepseek.chat_models import ChatDeepSeek
from langchain_core.runnables import RunnableLambda


deepseek_api_key = "sk-更换成你自己的 DeepSeek API"
# OPENAI_API_KEY = "换成你自己的GPT-API"    # 需要特殊的网络条件
USERNAME = "python"
PASSWORD = "Abcd@123456"


def run_commands_on_switch(device_ip, username, password, command):
    try:
        print(f"Connecting to {device_ip}...")
        device = {
            "device_type": "huawei",
            "ip": device_ip,
            "username": username,
            "password": password,
        }
        with ConnectHandler(**device) as ssh_conn:
            print(f"Running command: {command}")
            output = ssh_conn.send_command(command)
            return f"\n=== Output for '{command}' ===\n{output}"
    except Exception as e:
        return f"Error: {str(e)}"


#llm = ChatOpenAI(model="gpt-4o-mini", openai_api_key=OPENAI_API_KEY)
```

```
llm = ChatDeepSeek(model="deepseek-chat", temperature=0, api_key=deepseek_api_key)
# V3 模型

prompt = PromptTemplate(
    input_variables=["user_query"],
    template="""

    You are a network assistant. Parse the user's query to extract the following:
    1. The command to run on the switch
    2. The IP address of the switch

    Query: "{user_query}"
    Response Format:
    Command: <command>
    IP: <switch_ip>
    """
)

parse_chain = RunnableLambda(
    lambda inputs: llm.invoke(prompt.format(user_query=inputs["user_query"]))
)

#Process a user query, parse it, connect to the switch and run the commands.
def process_query(user_query, username, password):
    #Step 1: Parse the query using LLM
    print("Parsing user query...")
    parsed_response = parse_chain.invoke({"user_query": user_query})
    parsed_content = parsed_response.content
    print("Parsed Response:\n", parsed_content)

    command, device_ip = None, None
    for line in parsed_content.splitlines():
        if line.startswith("Command:"):
            command = line.split("Command:")[1].strip()
        elif line.startswith("IP:"):
            device_ip = line.split("IP:")[1].strip()

    if not command or not device_ip:
        return "Could not parse the query. Ensure you specify a command and device IP."

    #Step 2: Run the command on the switch
```

```
    print(f"Executing command '{command}' on device {device_ip}...")
    result = run_commands_on_switch(device_ip, username, password, command)
    return result

if __name__ == "__main__":
    print("\n=== LLM-Powered Network Automation ===\n")
    while True:
        user_query = input("Enter your query (e.g., '在 172.16.x.x 设备上，执行 display
version') or type 'exit' to quit: ")
        if user_query.lower() == 'exit':
            print("Exiting... Goodbye!")
            break
        output = process_query(user_query, USERNAME, PASSWORD)
        print("\n=== Command Output ===")
        print(output)
```

我们对代码进行测试，使用国内网络即可实施实验，如下图所示。

```
=== LLM-Powered Network Automation ===

Enter your query (e.g., '在 172.16.x.x 设备上，执行 show version') or type 'exit' to quit: 在 192.1
68.2.11 设备上，执行 disp int bri
Parsing user query...
Parsed Response:
 Command: disp int bri
IP: 192.168.2.11
Executing command 'disp int bri' on device 192.168.2.11...
Connecting to 192.168.2.11...
Running command: disp int bri

=== Command Output ===

=== Output for 'disp int bri' ===
PHY: Physical
*down: administratively down
^down: standby
(l): loopback
(s): spoofing
(b): BFD down
(e): ETHOAM down
(d): Dampening Suppressed
(p): port alarm down
(dl): DLDP down
(c): CFM down
InUti/OutUti: input utility rate/output utility rate
Interface                PHY      Protocol InUti OutUti  inErrors  outErrors
GE1/0/0                  up       up       0%    0%         0          0
GE1/0/1                  *down    down     0%    0%         0          0
GE1/0/2                  *down    down     0%    0%         0          0
GE1/0/3                  up       up       0%    0%         0          0
GE1/0/4                  *down    down     0%    0%         0          0
GE1/0/5                  *down    down     0%    0%         0          0
GE1/0/6                  *down    down     0%    0%         0          0
GE1/0/7                  *down    down     0%    0%         0          0
GE1/0/8                  *down    down     0%    0%         0          0
GE1/0/9                  *down    down     0%    0%         0          0
MEth0/0/0                up       down     0%    0%         0          0
NULL0                    up       up(s)    0%    0%         0          0
Enter your query (e.g., '在 172.16.x.x 设备上，执行 show version') or type 'exit' to quit: exit
Exiting... Goodbye!
>>> |
```

6.4.4　实验 4：使用 DeepSeek-R1 登录华为交换机并执行单个 display 命令

我们只要将 ChatDeepSeek(model="deepseek-chat"，改为 ChatDeepSeek(model="deepseek-reasoner"，即可实现从 DeepSeek-V3 切换成 DeepSeek-R1，如下图所示。

```
llm = ChatDeepSeek(model="deepseek-chat", temperature=0, api_key=deepseek_api_key)
# V3 模型

llm = ChatDeepSeek(model="deepseek-reasoner", temperature=0, api_key=deepseek_api_key)
# R1 模型
```

```
====

=== LLM-Powered Network Automation ===

Enter your query (e.g., '在 172.16.x.x 设备上，执行 show version') or type 'exit' to quit: 在 1
92.168.2.11 设备上，执行 display ip int bri
Parsing user query...
Parsed Response:
 Command: display ip int bri
IP: 192.168.2.11
Executing command 'display ip int bri' on device 192.168.2.11...
Connecting to 192.168.2.11...
Running command: display ip int bri

=== Command Output ===

=== Output for 'display ip int bri' ===
*down: administratively down
!down: FIB overload down
 down: standby
(l): loopback
(s): spoofing
(d): Dampening Suppressed
The number of interface that is UP in Physical is 3
The number of interface that is DOWN in Physical is 0
The number of interface that is UP in Protocol is 2
The number of interface that is DOWN in Protocol is 1
Interface                    IP Address/Mask      Physical Protocol VPN
GE1/0/0                      192.168.2.11/24      up        up        --
MEth0/0/0                    unassigned           up        down      --
NULL0                        unassigned           up        up(s)     --
Enter your query (e.g., '在 172.16.x.x 设备上，执行 show version') or type 'exit' to quit: exit
Exiting... Goodbye!
>>>
                                                                              Ln: 55  Col: 2
```

```
#llm = ChatOpenAI(model="gpt-4o-mini", openai_api_key=OPENAI_API_KEY)
#llm = ChatDeepSeek(model="deepseek-chat", temperature=0, api_key=deepseek_api_key)
llm = ChatDeepSeek(model="deepseek-reasoner", temperature=0, api_key=deepseek_api_key)

prompt = PromptTemplate(
    input_variables=["user_query"],
    template=""
```

通俗地说，DeepSeek-V3 是"全能选手"，适合日常聊天、写作等通用任务，速度快且便宜；R1 是"解题专家"，专攻数学、代码等复杂推理任务，逻辑更严谨但灵活性稍弱。

在网络自动化运维领域，我们也可以优先尝试使用 V3，效果不错，速度比较快。如果 V3 解决不了，那么再尝试用推理类 R1 等模型。

6.5　本章总结

在本章中，我们简要讨论了国产人工智能大模型的当前状况，并从网络安全和信息安全的视角，重点阐述了使用国产 AI 大模型和国产网络设备的重要性、必要性。国外的 AI、NetDevOps 等方面的经验都是值得我们学习和借鉴的。在编程语言（如 Python）和大语言模型（LLM）之间的交互中，有一些关键的联动方式需要我们掌握。在迁移代码框架（如 LangChain 等）的过程中，最关键的是要理解 LangChain 框架是如何与 LLM 进行交互的。我们重点以 DeepSeek 大模型为例进行实践。一旦掌握了这个思路，各模型之间的切换就有规律可循，通常需要参考 LangChain 的文档或 LLM 自己的文档。

鉴于本书的篇幅限制以及人工智能技术的快速发展，本书所涉及的国外 AI 大模型与思科实验如何"翻译"并迁移成国产 AI 大模型与国产网络设备实验的内容，将在作者的专栏中以"书例拓展"的形式结合 AI 的发展动态，持续发布和更新。我们也欢迎广大读者朋友参与到我们的"自学自驱学习体系"中来，一起梳理沉淀，分享交流，共同进步。

反侵权盗版声明

电子工业出版社依法对本作品享有专有出版权。任何未经权利人书面许可，复制、销售或通过信息网络传播本作品的行为；歪曲、篡改、剽窃本作品的行为，均违反《中华人民共和国著作权法》，其行为人应承担相应的民事责任和行政责任，构成犯罪的，将被依法追究刑事责任。

为了维护市场秩序，保护权利人的合法权益，我社将依法查处和打击侵权盗版的单位和个人。欢迎社会各界人士积极举报侵权盗版行为，本社将奖励举报有功人员，并保证举报人的信息不被泄露。

举报电话：（010）88254396；（010）88258888

传　　真：（010）88254397

E-mail：dbqq@phei.com.cn

通信地址：北京市万寿路 173 信箱　电子工业出版社总编办公室

邮　　编：100036